本书系国家社科基金重大项目

"审美主客体相互作用的中介范式及心脑机制研究"

（项目编号：19ZDA043）的阶段性成果

Shenmei De Naoshenjing Jizhi Yanjiu

审美的脑神经机制研究

胡　俊◎著

人民出版社

目　　录

审美之脑的新颖解读（代序）

神经美学是一门新兴前沿性交叉学科，国内的相关研究相对较迟且比较零散。国内学者指出：日益兴盛的审美神经机制研究为美学的未来发展提供了一种崭新的视角，虽然"目前的审美神经机制研究还不足以构建以它为基础的美学理论，但是它为美学的发展提供了新的可能，挖掘被美学理论家长期遗忘的神经机制将对美学的发展做出革命性的贡献"（丁晓君、周昌乐，2006）。《审美的脑神经机制研究》一书可以说是对神经美学作出了比较系统的综合性观照的一部开拓性著作，因而值得祝贺和勉励！

该书的作者胡俊博士先后在国内的重要学术期刊上发表了《当代中国认知美学的研究进展及其展望》(2014)、《神经美学——实验美学和认知神经科学的融合》(2014)、《艺术·人脑·审美——神经美学的研究进展、意义和愿景》(2015)、《蔡仪美学与辩证唯物主义认识论》(2014)、《"神经美学之父"泽基的审美体验及相关研究》(2018)、《音乐审美的脑神经机制研究》(2019)、《文艺创作的脑神经机制研究》(2019)、《论瓦塔尼安的审美快乐理论》(2020)、《试论典型性与审美愉悦的关系——从蔡仪的"美即典型"出发》(2020)、《神经美学视角下快乐与审美体验》(2021)、《神经美学视角下的审美现代性反思》(2021)、《神经美学视阈下的"大脑美点"存在吗？》(2021)、《"神经美学之父"泽基的"大脑—艺术契合论"》(2021)等一系列研究成果，不但体现了国内中青年学者在神经美学领域的辛勤耕耘及学术探新精神,还体现了尝试整合马克思主义美学、中国现代美学与西方当代神经美学的可贵思想视域及研究格局。

一

胡俊博士曾参与实施了国家社科基金重大项目"当代美学的基本问题及批评形态研究""当代西方前沿文论研究"工作,为其深入辨识当代神经美学的理论与实验工作奠定了坚实的思想理论基础。尔后,她先后主持完成了多个有关"当代西方神经美学""脑审美神经机制"的国家社科基金项目及博士后项目,开拓性地实施了"正常、异常、超常大脑在神经美学中的功能研究"等研究项目,从而为其构思与完成《审美的脑神经机制研究》一书积累了比较深厚的思想资源及学术知识。本书是她主持的国家社科基金重大项目"审美主客体相互作用的中介范式及心脑机制研究"的子课题"神经美学——审美中介体及主客观的心脑体表征范式研究"的阶段性成果。

该书共分十一章,体现了作者的三大思维焦点:首先对神经美学得以发生的学科基础、方法论特点及其对美学概念与理论的实证性表征等系列问题进行了系统考量和客观评价;其次对几大审美领域的脑机制研究(包括审美鉴赏、审美创作、智性愉悦和审美主客体之特征对人脑审美活动的影响)进行了深入细致的分析与评述;再次是对当代国内外审美的大脑机制研究的前景展望。

作者在第一章里考溯了神经美学得以发生的学科交叉背景及基本架构,第二章评述了神经美学在研究脑审美方面的方法论革新贡献,第三章概述了有关美学基本问题的脑机制研究结果,第四章分析了神经美学代表人物泽基对脑审美机制的研究工作,第五章和第六章分别审视了视觉审美及音乐审美的脑机制研究进展,第七章阐释客体特质对大脑审美机制的影响,第八章论述快乐与审美体验的脑机制,第九章开拓了关于重构审美现代性之中的智性愉悦的新颖内容,第十章论述审美创作的脑机制,第十一章展望了审美脑机制之研究前景。可以说,该书的框架完整,内容丰富,既体现了作者对已有研究的全面深入评述之功力,也显示了其对新问题的科学建构与尝试性解答之理论假说创制能力。尤其是作者结合对西方神经美学之自下而上的两种方法的比较,完整透视了当代中国的美学研究之四大方法(形而上法、马克思主义美学经典法、中国传统美学滋养法和西方参照法等),进而据此提出了审美之脑机制的研究方法革新之道,具有重要的思想启示及应用意义。另外,作者还辨识了审美主客体之特征对人脑审美活动的不同影响路径,实际上暗合学界有关"主观美"及"客观美"的价值标度。而作者独特概括的审美现代性语境之中的"智性愉悦",其实与现代之前的感性愉悦相对应,并逐步构成了现当代审美活动之美感(基于快感又高于快感)的核心价值来源。因而,作者所标立的这一范畴具有重大学术意义,其所探究的相关神经机制尽管尚不深入和完备,但是却开启了一个深远广阔新颖的思想天地。

整体而言,该书体现了下列特点:一是对当代神经美学的来龙去脉进行了条分缕析式的梳理与整饬,二是对当代神经美学所取得的成就及不足之处作出了全面深入的客观评价,三是对神经美学的方法论优势及薄弱环节作出了清晰的评判,四是提出了若干具有标识性意义的学理问题,五是尝试性解说了神经美学及大美学领域的几个元问题,六是针对当代神经美学研究所暴露的问题和不足,提出了建设性的思考。

首先,通过对文学、绘画和音乐等文艺生产的神经美学实验成果的比较性研究,提出了下列具有理论概括性的新颖认识:第一,一般脑区与特殊脑区的合作加工格局;第二,认知活动与情感反应的共同参与范式;第三,个体的内隐价值观与文化密码的核心意义建构与解读语境。可以说,上述认识对学界的相关研究工作具有独特的思想启示。

其次,归纳了有关审美过程中的两大神经机制:一是自下而上的线路,从初步感官感觉出发,直接激活快感中心,再输送到大脑皮层的相关脑区;二是自上而下的线路,从意义加工、推理反思等高阶认知活动来调节奖赏机制,激活审美愉悦的脑区,这些调节因素包括个体的内部因素和多种社会因素。与国外研究者如雅各布森等相似,胡俊博士高度重视审美活动中人脑自上而下的调节作用;不同于国外研究者的是,她将自上而下的调节机制归因于内外交合的情知意结构,将自下而上的加工标定为感性享受—情感体验。这种超越神经美学之微观实证研究格局的形而上神经美学视域,正是当代神经美学研究严重匮缺并亟需强化的一种治学维度。

再次,她结合对泽基与瓦塔尼安的审美思想和实验的综合研究,提出了下列几个重要而深刻的问题:一是我们不仅需要研究主体大脑的审美机制,还要继续探索客体本身的美,更要追寻的是客体中的一些共同因素导致了主体的审美机制的运作、还是大脑审美机制主动选择了拥有某些共同特性的客体从而使之成为美的客体。二是神经美学家们对审美体验与快感享受之关系的认识存在着分歧:两者在大脑的激活部位及反应水平上是否相同? 也就是说,审美体验作为一种快乐的奖赏,是不是与其他类别的快感享受共用一个神经通道? 如果共享神经网络,那么是不是说,审美体验与其他感官愉悦的奖赏体验其实没有什么区别? 如果两者不同,那么具体差异何在? 三是审美认识与审美感知存在着何种关系?"哲学史、美学史普遍重视美感中的感情活动,忽视或轻视其认识作用。审美只涉及主体的情感,或曰主观情感,而不关联客体的认识,这样就隔断了美感和认识的联系。美学家蔡仪主张认识是情感的基础,认为对于美的事物进行认识和欣赏之后,必然会发生美感即审美情感,这就将美的认识和感情的活动有机地结合起来了。"四是审美体验与审美判断之间的异同是什么? 大部分学者通过实验成果,把审美体验都归因于相关认知和情感的相互作用,但至于两者是如何关联起来,共同促发审美体验的,还不得而知。她深刻地指出:"体验到事物是美的,意味着对该事物进行一个判断。这就引发了一个康德已提出过的问题,即这个判断是发生在美的体验之前,还是在此之后？两者是否能够真正全部分开？尽管审美体验和判断期间部分涉及共同的大脑区域，但是两者关系仍有待深入研究。"她根据瓦塔尼安的审美快乐理论(即快乐在审美体验中对认知和感情具有联结作用)，尝试性回答了学界关于审美过程中是由认知还是情感主导的问题争议。"审美体验主要是人的认识过程还是由人的情感在其中主导，对这一美学基本问题，哲学家、美学家们一直有着不同观点。瓦塔尼安依据视觉审美脑成像实验的数据分析，认为审美体验是认知和感情加工互相作用的复杂结果，推测'快乐'在审美过程中起着连接认知和情感的作用。实验表明，随着审美偏好的降低，主管奖赏和动机的尾状核区域的激活程度也跟着降低。瓦塔尼安等认为，这个结果揭示了偏爱评级功能可能涉及加工情感或奖励的大脑皮层结构的共变。莱德等认为两者是相互作用的，认知加工五个阶段的输出结果不断调节和修正情感状态，同时情感状态又对认知加工进行相关渲染和引导。情感体验是一种有感情和认知成分的心理状态。这个情感体验状态还可能涉及认知成分，即关于有机体和环境之间关系的评估。莱德等的审美模式区分了被持续的感情评估登记过的感情和审美情感，审美情感是审美体验的两个终端产品之一。感情评估流和认知顺序流运行并行机制，来处理相继的信息加工流，而且在一个持续的基础上，感情流接收来自认知顺序流的输入。持续感情评估是与特别的审美体验有关。审美偏爱和审美判断都涉及感情和认知的成分。对艺术作品进行的第一人称偏爱判断可能会被促进核心感情的神经系统调节。一是核心感情形成了后来的情感体验的基础；二是核心感情及其心理表征形成了情感和认知的桥梁；三是核心感情形成了觉得快乐和不快乐的生理基础。所以审美过程中的有意识快乐体验在核心感情状态引发的审美情感与审美认知之间形成一个有效的理论连接。审美体验及审美认识涉及相关脑结构的三大加工系统：一是由感觉、知觉和运动系统组成的'感觉—运动'环路；二是专业知识、背景和文化组成的'知识—意义'环路；三是奖赏、情绪、渴望或喜爱组成的'情绪—效价'环路。"

对此,她提出了"中间阈值"。这个概念既与神经美学家所强调的"神经加工流畅性"密切相关,也与中国美学家蔡仪提出的"典型"(客体)的概念有关。她进一步概括神经美学对当代大美学、艺术学及心理学的可贵启示:一是对"美是什么""何以为美",即"美的定义""美的标准"进行了重新推定;二是对"美的成因",即"审美如何可能""何以体验到美"进行了深入细致的科学阐释;三是从审美认知神经基础的角度来验证以前的美学理论,或开拓新的理论。总之,神经美学的研究为美学发展提供了新的科学基础,为"美的定义"和"美的成因"等美学基本问题提供了新的理论解释和实验依据。

论及当代神经美学研究所暴露的问题和不足,她做出了严谨的批判性审视:为了推进神经美学的研究进程,我们需要清醒地看到当前神经美学研究所面临的问题:第一,研究范围和材料不够广泛。第二,研究者缺乏跨学科、跨文化背景。当前神经美学的研究者绝大多数是欧美等西方国家的神经生物学家、神经心理学家、神经病理学家、认知科学家,研究人员的这种结构不利于神经美学朝着美学方向进行深入发展。他们倾向于把神经美学研究看作认知神经科学的子学科,很少关注美学领域的基本或具体问题。而研究纯理论的美学家很少有人参与神经美学的研究,导致当前研究不仅对美学本身的理论建设不够系统,对美学基本规律的研究和审美原理的抽象提炼不够透彻,也没有达到一定高度;而且关于美学与认知神经科学融合的关联性以及融合的目标、前景研究做得也不好。神经美学实验的艺术材料和被试者也大都以欧美国家为主,对于跨文化的审美神经机制研究严重不足,这样会影响研究结论的科学性和普遍性。第三,研究任务过于简化。"神经美学为了追求其实验研究的科学性而往往需要将艺术审美问题简化为能满足限定实验条件的可观测的操作任务(例如偏好评分、判断美丽与否等),其所分析的只能是审美行为的某个特定侧面,而忽视审美行为及其发生背景的整体性,因此研究结果的构念效度和生态效度难免受质疑。"(张卫东,2012)。第四,不同层次实验的研究结论相互矛盾,研究缺乏整体感。

针对当代神经美学研究所暴露的问题和不足，她提出了建设性的思考：神经美学作为一门新兴学科，正处于蓬勃发展时期，还有广阔的开拓空间，面对问题、质疑和挑战，展望未来，还需在以下几个方面进行拓展：第一，突破学科壁垒，促进美学、神经科学和认知科学的大融合。第二，加强神经美学在中国的研究进程，开展国际对话和交流。第三，将神经美学的成果应用到艺术创作、艺术教育和医学治疗等方面。第四，呼唤科学与人文的交融贯通。

二

自 2010 年以来，当代神经美学取得了一系列重要的理论新进展及实验新成果。这些新的知识必将造益国内的美学及神经美学研究，推动我国的美学研究事业向着大美学格局、大交叉视域、大整合框架、大回归目标值战略方向快速发展；其中，形而上的概念思辨需要与形而下的数据检验分兵出击、交流会合，借此实现中国当代美学的概念刷新、实验更新、理论创新，以此造益人类审美文化的长足发展。

第一，卡尔林等先后提出了音乐审美过程中人所产生的两种情感反应——"知觉性情感反应"和"感受性情感反应"，并得到了实验结果的佐证，从而成为一项划时代的标志性成果。

第二，里格尔等哲学美学家和神经美学家先后具微深化了审美活动中的"主体性自我"与"客体性自我"等标识性概念，并通过实验研究大体确定了两者所对应的神经网络系统，从而圆通地释说了前述的两种情感反应的发生机制，由此揭开了深幽隐藏的审美活动的第二客体之神秘面纱。

第三，卡巴尼斯等发现了人们喜爱伤感音乐及悲剧艺术的认知机制，进而揭示了伤感音乐及悲剧艺术激发出悲欣交集之美感的神经网络，从而进一步深化了学界对审美与自我之心脑关联机理的科学认识，为国内学者设计实施国家社科重大项目《审美主客体相互作用的中介范式及心脑机制研究》提供了思想资源、理论基础、概念参照系和实证范式。

同时,美学上的审美判断与神经美学所说的情感评价及认知评价加工、审美体验与审美奖赏及其自下而上与自上而下的不同奖赏机制及效应、审美的情感性移情及认知性移情与神经美学的迭代投射—再进入范式、审美认知的概念加工—理念加工与神经美学的知觉反应—觉识反应等多个对偶模块,也在神经美学的研究中实现了初步的贯通。

然而需要指出,目前的神经美学研究尚未深入辨识及系统梳理审美具身与审美移情反应之间的价值关系,因而影响着学界对审美主客体相互作用范式的中介机制之深微认识。其实,审美具身加工也具有情感性和认知性这两个维度,甚至还可增加意识性和身体(生理内稳态)性这两个极性维度(一个位于顶层,一个位于底层);并且审美具身反应的发生早于审美移情——其间现象学有关先验自我自然化的外向投射属于意向性质。上述范畴直接构成了客体审美与自我审美之关系的价值交流内涵,并有助于深微表征主客体相互作用的中介机制、主观美与客观美的发生滥觞、两种情感反应乃至两种美感的滋生根基。另外,此处需要加以适当区别的是,该书所说的"智性愉悦"(理性美感)及"感性愉悦"可能同时涉及"主观美"与"客观美"及其意象表征体。更为重要的是,美之形成及美感之涌现的核心内容,可能主要来自审美主体的创造性的审美想象(包括对审美客体及自我的二度创作、审美重塑与价值完善、意识性体验和价值具身性转化等关键环节)。有关的艺术认知神经科学的实验表明,审美想象(尤其是涉及自我、情感觉识等情形)能够显著提高大脑默认系统、奖赏系统和感觉—运动系统等多重网络的激活水平,甚至达到最大化程度、最优化水平、最强化效应。

鉴于上述近几年神经美学等相关领域之最新进展以及自己的研究体会,笔者认为,我们的美学研究还可以在以下几个方面进行进一步深入挖掘和探讨:

一是充实当代神经美学有关审美主客体相互作用机制的研究成果,以便据此落叶归根,有效深化、细化上述美学元问题之心脑表征机制,实现美学元概念与神经美学元事实的无缝对接,顺着形而上—形而中—形而下的思想迭代路径贯通美学与神经美学这两大世界,继而沿着形而下—形而中—形而上的思想递归路径建构新时代的全科美学之高阶理论模型。其中,值得参考的有关概念和方法包括"思维中介""审美中介"等。

二是深化对"主观美"及"客观美"的神经美学实证研究内容。上述理论观点也属于美学的元范畴之一,顺着这些基准参照系进行自上而下的迭代、深化和细化,有可能发现新的科学事实,进而可据此勾勒美之形成及美感之涌现的多元一体化心脑框架。国外近几年的相关探究比较多,国内的研究相对稀少,因而需要予以聚集和强化。在这方面,莫里茨·盖格尔提出的审美价值的客观性与主观性内容、人在审美活动中的客观反应与主观反应,川上(Kawakami,A)、埃文斯(Evans,P)、卡尔林(Kallinen,K)及加布里尔森(Gab-rielsson,A)等提出的"知觉性情感反应"和"感受性情感反应"等论点与实验结果,可以资做进一步美学研究的镜鉴。

三是充实与深化有关审美想象的认知原理及神经机制。认知原理成为我们连接与贯通美学概念与审美的神经现象的逻辑桥梁,这也应成为国内美学家进军神经美学领域及神经美学家进军美学领域的思想中继站。其实,审美想象一是对审美意象的建构、完善、审美价值的增益、审美体验和具身性转化等过程发挥着决定性作用;二是它与人的审美具身反应和审美移情反应密切相关,或者说具体体现为审美主体—审美中介体—审美客体之间的多层级、回环往复式和双元化(情感性与认知性)的审美具身反应和审美移情反应。

四是完善审美与自我的相关思想认识、实验证据及理论模型。审美客体对审美活动的重要影响自不待言,但是审美主体之自我对美之形成、美感之滋生的深幽影响,迄今学术界对此语焉不详。同时,上述问题实际上涉及人之审美活动的最深层、最重要、最复杂和具有根本性决定性作用的环节,因而特别需要我们同心协力、集成攻关。譬如,为何人们喜欢伤感的音乐、悲剧艺术?

它们为何能带给人前所未有的美感？上述问题均与审美主体的本体性反应密切相关；诚然，审美主体对作为审美对象的伤感的音乐或悲剧艺术所作出的客体性或客观性反应乃是同种性质的情感反应。在这方面，还需要研究者们深入辨析与合理阐释审美主体对审美客体及自我所作出的两种显著有别的情感性、认知性、意识性与身体性反应，进而据此深微探观美及美感所蕴含的双元一体化价值意象。

<h2 style="text-align:center">三</h2>

三十而立。1991年，泽基发表了神经美学的标志性论文，至今正好30年。人到中年，正值情知意的高峰和体象行的顶级阶段。因而我们有理由期待她在未来的30年根深叶茂、花红果甜，取得更高水平的实验成果和高阶思想理论，为人类化解现代危机提供强大深厚持久的精神原动力！

胡俊博士对神经美学的未来发展前景做出了乐观的展望：在不久的将来，神经美学研究终将逐步打开"人脑究竟如何审美"的黑匣子，并在清晰探究和理解审美神经加工机制的科学基础上，使得相关美学基本原理和规律得以正确、科学地阐释，这也将是神经美学对未来的美学发展的革新性贡献！

在此，笔者寄语胡俊博士及国内有志于神经美学研究的学者们：一是找到自己最感兴趣的心理学（特别是认知神经科学）概念（及实验方法）——P程序，将之链接于美学领域自己所聚焦的问题、现象或观点、概念之上——A程序；二是将P程序链接于神经美学领域自己所需要弄清楚的结构、功能、反应模式、定量数据（包括多种脑成像图谱、脑电地形图、神经化学数值等）之上——N程序，进而据此悉心建构理论假设、精心考量关键概念、用心设计实施相应的实验方案（包括心理量表实验和神经科学实验），选择具有最大化反应及最小化反应的最佳被试，重点观测不同素质的被试者的生理反应、神经活动和心理（感觉性、情感性、认知性、意识性）反应，进而予以选择串并及有机整合,逐步形成用以检验自己的理论假说的客观事据,再将理论假说改造提升为正式的科学理论。

马克思有言:在科学上没有平坦的大道,只有不畏劳苦沿着陡峭山路攀登的人,才有希望达到光辉的顶点。马克思有关人的本质力量对象化、审美理想—审美意识—观念创造等系列睿智思想,应当成为我们最终揭开审美心脑奥秘之神秘面纱的强大思想武器! 世上无难事,只要肯登攀。让我们齐心合力、众志成城,为建设中国特色的美学、创造属于全人类的审美理论、造益于我国的教育改革事业和创新驱动工程,加快推动国富民强而努力奋斗吧! 美、美感、幸福皆属于实现自我最大化价值的过程化践行者和精神耕耘的收获者……

最后祝愿胡俊博士今后在神经美学领域更上层楼,产生新的佳作,取得新的进展,为我国的神经美学新发展做出新的贡献!

丁　峻

谨识于杭州

2021 年 10 月 20 日

绪　论

随着实验心理美学和脑科学的发展,20世纪末开始兴起审美脑神经机制研究的热潮,诞生了一门新兴学科——神经美学。从神经美学的发展历史看,1999年伦敦大学学院(University College London,简称UCL)泽基教授(Semir Zeki)出版的第一部认知神经美学专著《内在视觉:关于大脑与艺术关系的探索》(*Inner Vision:An Exploration of Art and The Brain*),标志神经美学作为一个独立研究方向或者学科的形成。近年来,随着肖(Gordon L.Shaw)、列文斯通(Margaret S.Livingstone)、拉马钱德兰(Vilayanur S.Ramachandran)、泽基、查特杰(Anjan Chatterjee)、瓦塔尼安(Oshin Vartanian)、扎德(Dahlia W.Zaidel)、莱德(Helmut Leder)、斯塔尔(Gabrielle G.Starr)、克拉-孔迪(Camilo J.Cela-Conde)等人持续进行了艺术审美认知神经机制的科学探索,引发了一批神经生物学家、认知神经学家、心理学家、美学家的关注和加入,国外认知神经美学进入繁荣兴盛时期,欧美也成立了多家神经美学研究机构,如英国伦敦大学"神经美学研究所"、德国"神经美学协会"等。神经美学已经形成清晰的研究领域和广泛的研究范围,主要集中于文学、绘画、音乐等方面的审美神经机制研究,试图通过脑成像等科学实证研究来探知这些不同艺术形式的人脑审美活动过程中的共同神经基础。具体有这样几大任务:一是进行审美相关脑区的定位,即弄清楚人类在自然欣赏、艺术欣赏和艺术创作等人脑审美活动过程中到底激活了大脑的哪些脑区;二是对与审美活动相关的脑区进行功能细分,弄清它们之间的关系,以及它们是如何关联的;三是弄清审美体验、审美情感、审美判断和审美偏爱等审美活动的神经加工处理过程是怎样的;四是提出审美活动神经机制的解释框架或模型,等等。为了解决这些问题,进入21世纪,国外认知神经美学研究主要围绕以下方面展开,并已取得以下一些成果:

一是视觉审美的神经机制。神经美学家通过病理学方法和无损脑功能成像实验,来测试不同的视觉艺术所激活的不同脑区,发现审美与大脑中的眶额部皮质等存在着重要关系,观察大脑对形状、颜色、线条、位置和运动等不同视觉刺激要素的反应、认知和整合,研究视觉审美活动过程中的神经加工通路和运行机制。

相对于其他领域,神经美学家们对于绘画艺术的视觉审美机制研究开展得较早。泽基通过视觉艺术研究发现,视觉神经细胞在加工不同视觉信息特征时是有选择的,而且对于视觉信息特征的处理过程是非同步性的。[1] 他还通过不同风格视觉艺术作品的脑成像研究,如写实画、肖像画、印象派、抽象派和野兽派等不同类型的绘画作品,发现不同艺术风格的审美感知与神经生理学的结论是一致的,所以他研究认为艺术家是遵循直觉而非知识,不自觉地模仿视觉神经系统的运行机制进行艺术创作的。[2] 泽基和川端秀明(Hideaki Kawabata)运用功能性核磁共振成像(functional Magnetic Resonance Imaging,简称 fMRI)方法,对被试者欣赏不同种类的绘画作品进行脑扫描分析,如肖像画(portrait)、风景画(landscape)、静物写生画(still life)、抽象画(abstract composition)等,实验结果发现,"美""中性""丑"的不同刺激在眶额部皮层(orbit-

----

① Semir Zeki, "Parallel Processing, Temporal Asynchrony and the Autonomy of the Visual Areas", *The Neuroscientist*, Vol.4, No.5(September 1998), pp.365–372.

② Semir Zeki, *Inner Vision: An Exploration of Art and the Brain*, NewYork: Oxford University Press, 1999, p.1.

ofrontal cortex)的激活程度是从强到弱的,从而他们认为美与大脑中的眶额部皮质存在着重要关系。①迪奥(Cinzia D.Dio)等对原雕像和改变比例的仿品进行脑成像对比研究,发现原雕像激活了被试者的双侧枕叶(lateral occipital gy-rus)、楔前叶(precuneus)、前额叶(prefrontal areas)和脑岛右部(the right insu-la)。②

在视觉审美神经机制方面,神经美学研究者们除了以绘画艺术为研究对象,还比较关注舞蹈。克丽斯汀瑟(Julia F.Christensen)和卡尔沃-梅里诺(Beatriz Calvo-Merino)挑战性地研究大脑的神经机制是如何加工舞蹈审美的。尽管一些神经影像学研究显示人们能够从简单表现和复杂舞蹈序列中识别出情感表达,可是到目前为止,鲜有证据支持情绪或情感加工在舞蹈审美经验中起重要作用。克丽斯汀瑟和卡尔沃-梅里诺对此进行了一些可能的解释,提出一些改进意见以进行更好探索。③

二是听觉审美的神经机制。神经美学家们关注音乐等听觉艺术,通过各种实验方法来试图研究清楚有关音乐审美感知的大脑神经活动机制。

从进化艺术史学的角度,一部分学者研究音乐的历史进程以及与人类的密切联系。克劳斯(Ian Cross)和莫利(Iain Morley)通过研究认为,西欧发现的一些鸟骨制造的36000年前的乐管,精细程度甚至超过许多中世纪的相关乐器。④ 还有学者推论,既然现代人类4万年前迁徙到欧洲大陆时,已经有了比较复杂的音乐演奏,这样就可以得出一个可能推论,乐器在4万年现代人类

① Hideaki Kawabata & Semir Zeki,"Neural Correlates of Beauty",*Journal of Neurophysiology*,Vol.91,No.4(May 2004),pp.1699-1705.

② Cinzia Di Dio,Emiliano Macaluso,Giacomo Rizzolatti,"The Golden Beauty:Brain Response to Classical and Renaissance Sculptures",*Plos One*,Vol.2,No.11(November 2007),p.1201.

③ Julia F.Christensen & Beatriz Calvo-Merino,"Dance as a Subject for Empirical Aesthetics",*Psychology of Aesthetics,Creativity,and the Arts*,Vol.7,No.1(December 2013),pp.76-88.

④ Ian Cross & Iain Morley,"The Evolution of Music:Theories,Definitions and the Nature of the Evidence",in *Communicative Musicality:Exploring the Basis of Human Companionship*,Stephen Malloch,Colwyn Trevarthen(eds),Oxford:Oxford University Press,2008,pp.61-82.

迁徙到欧洲之前的很多年前已经制造出来了,那么如此类推,需要发出声音以及进行身体运动的音乐活动甚至在乐器制造出来之前就已经出现了。[1] 可见,音乐是人类生活的一个重要部分,已知的最古乐器和人类的出现是一样的久远,音乐发展史和人类进化史基本是同步的。

音乐神经美学是神经美学的一个重要分支,这主要得益于近20年来对于音乐知觉、认知和情绪的神经基础研究,确定了音乐神经科学作为认知神经科学分支的地位,使得音乐神经美学已经明确成为一个新的研究领域。布如特克(Elvira Brattico)和皮尔斯(Marcus Pearce)在《音乐神经美学》(The Neuroaesthetics of Music)中对音乐神经美学的学术研究史进行了梳理、总结和归纳。音乐神经美学的研究主要涉及音乐的三个基本审美反应(情感、判断和偏爱)与知觉、情感和认知加工的神经机制和结构。布如特克等指出一些神经美学研究者经常把音乐认知与语言加工相比较,把音乐引发的情绪与视觉刺激下的情绪相比较,这些学者得出这样的推论:音乐知觉和认知加工主要由额颞部脑区神经机制(the frontotemporal brain mechanisms)支撑,音乐情感由边缘和旁边缘神经网络(the limbic and paralimbic networks)负责。但是布如特克等认为音乐审美反应的神经计时法和结构还需要进一步研究,并指出另一些神经美学家们最近开始观测音乐审美中聆听者、聆听状态、音乐性质的调节影响。布如特克等除了在文中陈述一些神经美学家们对于音乐审美的知觉、认知和表达加工理解的研究史,他们自己还进行了大量关于音乐知觉、认知和情感的神经机制的实验,研究听觉神经加工过程是如何进行审美体验和欣赏的。[2] 总之,布如特克等对于音乐神经美学的研究,目的是创建一个音乐审美神经机制的研究程序和框架,探索人脑对于音乐是如何描绘、感知和被触

---

① Nicholas J. Conard, Maria Malina & Susanne C. Münzel, "New Flutes Document the Earliest Musical Tradition in Southwestern Germany", *Nature*, Vol.460, No.7256(August 2009), pp.737-740.

② Elviro Brattico & Marcus T. Pearce, "The Neuroaesthetics of Music", *Psychology of Aesthetics, Creativity, and the Arts*, Vol.7, No.1(February 2013), pp.48-61.

动的,以及大脑是如何获得审美情感、审美判断和审美倾向的。

此外,还有一些神经美学家们从各个角度对听觉审美的大脑神经机制进行了深入研究。肖通过研究指出,审美活动与大脑的智力发展是相连的,经常聆听莫扎特 D 大调 k.448 号作品的人,可以提高大脑的时空推理能力。① 萨琳普(Valorie N.Salimpoor)和萨托雷(Robert J.Zatorre)的研究主要关注音乐欣赏的情感问题,聚焦于理解能使某些声音序列让人听起来更能感觉愉快的神经机制,观测大脑的中脑边缘奖赏和强化回路(the brain's mesolimbic reward and reinforcement circuitry)在音乐体验和享受中的作用,这涉及提升抽象愉悦的高水平认知的几个大脑区域的联合。② 布朗(Steven Brown)等进行了听觉审美的正电子断层成像(Positron Emission Tomography,简称 PET)实验,结果发现聆听条件下的听觉审美活动不仅激活了大脑初级听觉区(primary auditory)、次级听觉区(secondary auditory)和颞极区(temporal polar areas),与此同时,还激活了大脑边缘和旁边缘系统(limbic and paralimibic system)的神经活动。③布拉德(Anne J.Blood)等进行了听觉审美机制的 PET 实验,观测到人脑的右楔前叶(right precuneus)、海马旁回(parahippocampal gyrus)的激活程度与不谐音的评价成正相关,腹内侧前额叶皮层(ventral medial prefrontal cortex,简称 VMPFC)、双侧眶额部皮层和体下扣带皮层(subcallosal cingulate)的激活程度与此成负相关。④ 他由此得出结论:视觉审美神经加工机制不仅包含视觉皮层——一般视觉神经加工系统,还包括与审美、情感决策相关脑区的神经活

① Frances H.Rauscher, Gordon L.Shaw & Catherine N.Ky "Music and Spatial Task Performance", *Nature*, Vol.365, No.6447(October 1993), p.611.

② Valorie N.Salimpoor & Robert. J.Zatorre, "Neural Interactions That Give Rise to Musical Pleasure", *Psychology of Aesthetics, Creativity, and the Arts*, Vol.7, No.1(February 2013), pp.62-75.

③ Steven Brown, Michael J.Martinez & Lawrence M.Parsons, "Passive Music Listening Spontaneously Engages Limbic and Paralimibic Systems", *Neuroreport*, Vol.15, No.13(October 2004), pp.2033-2037.

④ Anne J.Blood, Robert J.Zatorre, Patrick Bermudez, Alan C.Evans, "Emotional Responses to Pleasant and Unpleasant Music Correlate with Activity in Paralimibic Brain Regions", *Nature Neuroscience*, Vol.2, No.4(May 1999), pp.382-387.

动,这是视觉神经审美机制中的重要部分。

三是审美体验的神经机制。审美体验是美学研究中绕不开的一个关键问题,是关于"美感是怎样产生"的神经机制研究,主要涉及审美的感知、知觉和情感等方面,是呈现高级、复杂形态的大脑意识活动。泽基认为,人在欣赏美的事物或艺术时,脑部都存在相似的审美体验神经机制。克拉-孔迪等运用脑磁图描记仪(magnetoencephalography,简称 MEG)进行观看摄影作品的实验观测,发现当被试者感知、体验到美时,前额叶区域被选择性地激活。他们推测审美是通过特别的大脑加工系统来感知属性,其中前额皮层起了主要作用。通过进一步研究,发现被试者产生美感体验时,背外侧前额皮层(the dorsolateral prefrontal cortex,简称 DLPFC)被激活;进行审美判断时,扣带回(cingulate gyrus)被激活。[①] 迪奥和加莱塞(Vittotio Gallese)的研究表明,被试者对视觉艺术作品产生审美体验时,感觉运动区域、核心情感中心和相关奖赏中心都被激活。他们根据这些被激活功能的关联性,分析认为审美体验是一个多级的加工过程,不仅包括对艺术作品的纯粹视觉感知、分析,还与内脏运动、感觉运动和情感共相关。情感与审美的一个明显神经连接,表明至少在基本加工层面上,审美体验受到核心情感中心——脑岛(insula)和杏仁核(amygdala)的调节。他们认为审美体验的产生不仅和客观的审美价值有关,也和主观的审美判断相连。[②] 此外,迪奥和马卡鲁索(Emiliano Macaluso)等研究发现,审美体验的主观判断与被试者的情感调节有关,可见审美体验、审美判断是受到情感、情绪的影响。[③] 菲尔普思(Elizabeth A. Phelps)的研究也证实

① Camilo J. Cela-Conde, Gisèle Marty, Fernando Maestu, Tomas Ortiz, Enric Munar, Alberto Fernandez, Miquel Roca, Jaume Rossello & Felipe Quesney, "Activation of the Prefrontal Cortex in the Human Visual Aesthetic Perception", *PANS*, Vol.101, No.16(February 2004), pp.6321-6325.

② Cinzia Di Dio & Vittotio Gallese, "Neuroaesthetics: a review", *Neurobiology*, Vol.19, No.6 (October 2009), pp.682-687.

③ Cinzia Di Dio, Emiliano Macaluso, Giacomo Rizzolatti, "The Golden Beauty: Brain Response to Classical and Renaissance Sculptures", *Plos One*, Vol.2, No.11(November 2007), p.1201.

了审美体验与情感的关系,因为被试者对审美偏好的视觉刺激反应激活了人脑的右侧杏仁核。①

　　四是审美活动过程的脑神经动态加工模型。早期的神经美学由于处于起步阶段,主要研究了各种不同的审美活动分别激活了大脑的哪些脑区,并对审美相关的脑区进行定位和功能细分。在掌握了这些审美与大脑神经区域和功能关联之后,当前的神经美学研究更加关注人脑审美感知、情感、判断等复杂、动态、整体的处理过程。神经美学家们根据实验成果,对审美活动过程中人脑神经的运行机制进行了阶段划分,建构了审美神经机制的几种基本加工模型,从而对人脑处理审美过程进行了科学推测,不过这都还需进一步验证和细化处理。查特杰在神经美学史上第一次提出视觉审美的认知神经加工的"三阶段"模型。查特杰的视觉审美加工模型,把视觉审美神经机制划分为三个认知加工阶段:第一阶段是早期加工阶段,主要由枕叶视觉皮层区对视觉特征元素(如形状、颜色等)进行提取、分析。第二阶段是中期加工阶段,主要通过内侧颞叶区对第一阶段提取的视觉元素进行有选择性地筛选和加工,包括自动剥离一些元素、组合另一些元素,激活相关记忆信息来赋予审美对象一定意义,从而形成统一的表征,接收额顶叶(注意皮层)的反馈信息。第三阶段是晚期加工阶段,在识别了审美对象以后,眶额部皮层和尾状核(caudatum,又称caudate nucleus)区会激活,引发主体的审美情感反应,最后是前扣带回(anterior cingulate cortex,简称 ACC)和背外侧前额叶区被激活,于是主体会产生审美偏好,从而对审美客体作出审美判断。② 莱德等提出审美体验的五阶段加工模型,五个阶段分别是知觉分析、内隐记忆整合、外显分类、认知控制和

---

　　① Elizabeth A.Phelps & Joseph E.LeDoux, "Contributions of the Amygdala to Emotion Processing:From Animal Models to Human Behavior". *Neuron*, Vol. 48, No. 2 (November 2005), pp.175-187.

　　② Anjan Chatterjee, "Prospects for a Cognitive Neuroscience of Visual Aesthetics", *Bulletin of Psychology and the Arts*, Vol.4, No.2(January 2003), pp.55-60.

评价,此外还提出各阶段的子加工过程。[①] 侯夫(Lea Höfel)和雅各布森(Thomas Jacobsen)在绘画视觉审美之外,还研究了审美的其他不同形式,如音乐、诗歌和舞蹈等,在 2007 年提出另一种审美加工三阶段说:第一阶段是感受阶段,主要是与知觉加工有关的枕叶、颞叶皮层区脑区神经被激活,对审美客体进行知觉加工。第二阶段是中央处理阶段,主要是由与工作记忆、情感反应和认知控制有关的前额叶皮层、扣带回等脑区神经完成对客体审美价值的思考,作出审美判断。第三阶段是产出阶段,主要是由控制身体动作的运动皮层负责,作出外显行为,进行绘画、音乐、诗歌和舞蹈等方式的审美表达。[②]

国外神经美学研究已成为炙手可热的学科,促进了人类对于审美神经机制的了解和运用,但由于认知神经美学兴起较晚,只有 20 多年的研究历史,目前关于人类审美活动的神经基础和机制没有形成系统完整的科学结论,也没有建立起以审美认知神经机制为基础的一整套美学理论。目前国外关于认知神经美学的研究,大多是由神经生物学家、神经心理学家、神经生理学家以美的艺术作品为实证实验材料,观测被试者欣赏时的脑神经活动及其神经机制,进行认知神经学的科学分析,同时在美学方面提出一些观点,而缺少美学研究者关于美学原理的构建和系统分析。此外,神经美学在具体研究上也存在一些不足:一是审美材料和审美主体以西方为主,对审美神经机制的跨文化研究开展不够;二是采用较简单、易判断的刺激材料来控制实验结果,还需更为精细的审美实验设计;三是具体的研究主题而言,还需在知觉与审美体验的关系、审美判断的性质、审美奖赏的特征等方面开展深入研究。

国内关注神经美学始于 21 世纪初期,国内神经美学研究处于起步阶段,

---

① Helmut Leder, Benno Belke, Andries Oeberst & Dorothee Augustin, "A Model of Aesthetic Appreciation and Aesthetic Judgments", *British Journal of Psychology*, Vol.95.No.4(November 2004), pp.489-508.

② Lea Höfel & Thomas Jacobsen, "Electrophysiological Indices of Processing Aesthetics, Spontaneous or Intentional Processes?", *International Journal of Psychophysiology*, Vol.65, No.1(July 2007), pp.20-31.

与欧美的研究进展相比尚存在很大差距,大部分是由心理学家、神经科学家、医学家在介绍引进国外神经美学的研究成果,也有少数零星的自主研究。近年来,伴随着国家对于脑科学和美育学科的发展重视,国内神经美学研究陆续开展了一些项目研究。总体上,目前国内美学界对神经美学关注得少,研究得不够充分,还有望推动更大范围的探索研究。

第一章　实验美学与脑科学的融合

从审美神经机制研究的学术渊源来看,如果需要给当代西方前沿的神经美学在美学史上找出一个学术发展继承的位置,一般认为神经美学来源于费希纳开创的实验美学,其注重通过自下而上的实验实证的方法来研究美学;同时神经美学的出现还得益于近二十年来神经科学的飞速发展,特别是脑监测技术的更新,比如脑影像技术的出现和日益完善,有助于神经美学家们研究人脑审美活动的神经机制。

第一节　实验美学

实验美学,是指用实验的方法来研究美学问题,源于一种实验心理学的观点,主张对审美现象进行科学研究,但为了追求科学研究的可测量性,往往将美学的刺激和反应加以简化,要求定义明确、操作可控,以便可以准确地测量和统计处理。

一、实验美学的确立

西方美学的历史可以追溯到古希腊时期的毕达哥拉斯,他从数学角度提出黄金分割率来讨论美学问题,还有柏拉图,他从哲学思辨的高度来讨论美学问题。

真正学科意义上的美学,是 1750 年德国哲学家鲍姆加登（Alexander Gottlieb Baumgarten）提出的。美学 aesthetics 一词,来源于希腊词,其本意是"与感觉和知觉相关的"。该词有两个主要用途:一是指有关美和美术的哲学理论,二是指个人对美的感受。鲍姆加登根据 aesthetics 词源的意思,把美学定义为"感性认识的科学"。著名英国美学史家、哲学家鲍桑葵（Bernard Basanquet）说,鲍姆加登"在埃斯特惕克（Aesthetics）的名目下这样创始的一门新学问,非常富于特色地关心美的理论,以致传到后人手中,'埃斯特惕克'一词就成为美的哲学的公认的名称。"[①]

此外,18 世纪的伊拉斯谟斯·达尔文（Erasmus Darwin,"进化论"提出者达尔文的祖父）、丹尼尔·韦伯（Daniel Webb）和尤维达尔·普赖斯（Uvedale Price）等人,都认为审美现象可以用物理或生理机制来解释,并指出审美经验具有生物基础。

康德等人认为,美学是理性哲学研究的一部分,不可能通过实验的方法来测量审美心理过程。人们一直使用哲学思辨的方法来探讨美学问题,赞成科学美学的门罗认为:"'美学是哲学的一个分支,它仅仅作为一种知识而存在,并不是作为实践的指南。'这样一种传统的信条曾经是许多空谈家的护身符,使他们逃过了自己的空洞理论被揭露时的震惊。任何一种理论,如果不是为了指导实践,就不能算是可靠的理论,也不可能提供真正的解释。"[②]

近代科学技术的发展,带来了实验方法的成熟,可以用更科学、可量化的实验方法来研究美学,使得美学研究从纯粹思辨方法开始向实验方法迈出了重要一步。

19 世纪 70 年代,德国心理学家古斯塔夫·西奥多·费希纳（Gustav

---

① ［英］鲍桑葵:《美学史》,张今译,商务印书馆 1983 年版,第 239 页。
② ［美］托马斯·门罗:《走向科学的美学》,石天曙、滕守尧译,中国文艺联合出版公司 1984 年版,第 23 页。

Theodor Fechner)创立了实验美学,这是现代心理美学第一个重要的流派,也是一门用科学方法研究美学的学科。费希纳认为心理是可测量的,在实践中首次把物理学的数量化测量方法运用到心理学实验中,提出通过输入刺激的可测量变化进行实验来研究生理—精神活动,发展了心理学实验的实验方法。费希纳还开始将这项技术用于审美经验的各方面,从而进一步将其运用到实验美学的研究中。1860年他出版的《心理物理学纲要》提出了"费希纳定律",即身体能量的相对增加量成为相应的心理强度增加量的量度。这是第一个有关心理测量的公式。

在研究过程中,费希纳通过各种实验,创立了均差法、常定刺激法和极限法这三种心理物理学基本方法,并经过大量实验,将心与身的测量付诸实现,对刺激与感觉进行科学测量,认为对感情世界和物质世界可以采用数学关系进行研究。他给心理物理学下的定义是,心理物理学是研究心理与物质世界关系的学科。"费希纳原仅欲以心理物理学的实验为他的哲学的帮助,后世却以这些实验创立一种实验心理学。"[①]费希纳的理论奠定了后来冯特实验心理学的基础。

1865年,费希纳发表了第一篇美学论文,1866年到1872年又发表12篇美学论文,主要围绕霍尔拜因(Holbein)在德累斯顿和达姆施塔特两地所画的两幅圣母玛利亚画像,讨论究竟哪一幅画更加美丽。费希纳采用实验的方法,他将这两幅圣母像同时展览,请参观过的人写下欣赏这两幅画像的印象。这样的方法虽然简单,还由于各种原因导致失败,但无疑,这是实验美学的开端,明确了实验心理学美学的实证路径和方法。1871年费希纳出版了《实验美学论》,1876年又出版了《美学导论》,这两部著作标志着实验美学的创立。费希纳在这两部著作中对各种美学乃至实验心理美学的问题、原则和方法进行了讨论。通过一系列实验和观察,费希纳总结出了13条审美原则,比如"审美

①　[美]E.G.波林:《实验心理学史》上册,高觉敷译,商务印书馆1982年版,第312页。

阈""审美联想""审美对比"等,有一些曾在美学发展中产生广泛的影响。

费希纳认为心理是可测的,并把物理学的数量化测量方法运用到心理学实验中,发展了心理实验的研究方法,并进一步将其运用到实验美学的研究中。他尤其关注刺激性对审美偏好产生的影响,并由此创立了审美偏好的实验心理学理论。其开创的自下而上的科学实验的研究路径也是当前神经美学研究所遵循的主要研究思路。

德国的著名心理学家威廉·冯特(Wilhelm Wundt)在莱比锡大学创立了世界上第一个心理学实验室,被公认为"实验心理学之父",他的研究领域涉及美学、心理学、生理学、语言学、伦理学、哲学等。冯特的著作《对于感官知觉理论的贡献》第一次提出"实验心理学"概念。该书与费希纳的《心理物理学纲要》一起标志着实验心理学的诞生。冯特提出的"实验内省法",把传统的内省法与实验结合,运用于研究意识的过程,提高了研究的科学性。

冯特还认为,心理学必须依赖实验,他于1879年创立了第一个心理学实验室,培养出了大量的实验心理学家,如美国第一代实验美学家J.M.卡特尔(James McKeen Cattell)、E.B.铁钦纳(Edward Bradford Titchener)以及德国实验美学家屈尔佩(Oswald Külpe)等。冯特心理学实验室的研究领域非常广泛,涉及视觉、听觉和触觉等各个方面,他的实验法深深地影响了后来的美学研究。1962年,英国C.W.瓦伦丁(C.W.Valentine)在其著作《美的实验心理学》中,仍然还使用费希纳和冯特的实验法。

冯特从心理学的理论体系和研究对象出发,确立了研究历史文化资料的心理产品分析法。冯特认为,要想建立完整的心理学体系,还必须有群体的民族心理学。冯特10卷本的《民族心理学》(1900—1920年),是关于语言、艺术、神话、宗教、风俗、法律、道德等内容的社会心理学著作,他尝试通过对语言、神话文化产物进行分类比较,解释人类高级心理过程,揭示社会心理学的发展规律。

继费希纳和冯特之后,实验美学影响较大的继承者有奥斯瓦尔德·屈尔佩和丹尼尔·伯莱因(Daniel Berlyne)。屈尔佩是冯特的学生,德国心理学家、哲学家,符兹堡学派的创始人,格式塔心理学思想的先驱。屈尔佩突破了冯特内容心理学的限制,采取了和冯特有差异的布伦塔诺意动心理学方法进行思维历程的研究,提出了著名的无形象思维理论、心理定势现象研究和二重心理学理论等。屈尔佩在其著作《关于实验美学的现状》中探讨了美学实验中所采用的各种方法,归纳为印象法、表现法和制作法三大类。这些方法被广泛运用到心理美学实践中。美国心理学家 J.科恩(Lisa J.Cohen)、德国美学家M.德苏瓦尔(Max Dessoir)、英国学者卡尔金斯(M. W.Calkins)等,都在不同程度上使用过这些方法。

实验美学家们最关心的是如何找出一套计算审美价值的公式,最有代表意义的是 1933 年美国的 G.伯克霍夫(George David Birkhoff)在《审美测量》一书中提出的 M＝O/C 公式,公式中的 M、O 和 C 分别代表审美感受的程度、审美对象的品级和复杂性。从这个公式来推理:如果审美对象具有高水平的品级和低水准的复杂性,那么美感程度就愈高。不过这个公式还是简单的、不完整的,并不具有完全科学的意义,因为不能从这个公式中看到人的个性构造、个别才能、教养和趣味对审美知觉的影响。

二、新实验美学的革新

20 世纪上半叶,实验美学的发展停滞不前,直到 20 世纪 60 年代,英国心理学家丹尼尔·伯莱因(Daniel Berlyne)才完成了实验美学的大规模复兴,他的美学思想被称为"新实验美学",对今天的美学研究有着重要的影响。

伯莱因继承、发展和革新了费希纳的实证美学研究。一方面,他吸收了费希纳的实验美学原理,并通过大量实验验证其有效性;另一方面,他的研究方法带有强烈的行为主义色彩。因此,人们称伯莱因的美学思想为"新实验美学"。伯莱因提出"唤醒"模式,以生物唤醒机制来确定审美偏好。其在《冲突、唤醒和好奇》(1960年)和《美学与心理生物学》(1971年)两部著作中,具体研究了审美过程中的生物唤醒机制,并通过实验研究提出有很多可以促使生物唤醒的因素,认为中等刺激会导致个体的最佳唤醒状态,即最佳唤醒(optimal arousal)理论。

对于唤醒刺激,伯莱因提出刺激类型的特性有新奇性、好奇心、复杂性、模糊性和费解性等。他的理论贡献是提出了与刺激复杂性紧密相关的倒U型曲线,倒U型曲线显示,过于简单的刺激令人感到枯燥无味,而过于复杂的刺激跳跃性太强且不连贯,但审美欣赏者都喜欢有一定程度的复杂性刺激。伯莱因依据倒U型曲线提出的审美复杂性理论,是对费希纳"审美适度原则"的继承和发展,赋予"审美适度原则"全新的含义。

伯莱因还对唤醒(驱动状态)和愉悦(欢乐价值)的关系进行了研究,他对生物过程的检测主要集中在这两个要素上,认为艺术的心理学研究必须包括对艺术的生物起源的研究。伯莱因指出,在唤醒状态中愉悦与共鸣总是产生变化,其中一个重要原因是,在唤醒中控制变化的那部分大脑,在很大的程度上与控制奖罚的那部分大脑重迭了,因此在唤醒中产生变化的三个因素也影响着快感。这三个因素分别是"心理物理性质""生态变量"和"结构变量"。"心理物理性质"包括强度、颜色和音高等。"生态变量"反映着对象与幸福或凶兆的状态之间的联系。"结构变量",即结构或形式的变量,即把注意力集中在艺术作品的"授与"性质,包括复杂性和简单性、新颖性和熟悉性、期望和意外、清晰性和模糊性等。在唤醒理论中,伯莱因特别关注美感的唤醒,假如"审美图式通过唤醒的作用而产生欢乐效应",那么可以通过"渐进性"和"亢奋型"这两种唤醒机制产生审美愉悦,两种机制即"唤醒促进机制"和"唤醒减弱机制"可以使审美快感产生变化。

尽管实验美学、新实验美学取得了一定成就,但局限性也是显而易见的,它们一般设计一些可以进行量化的审美反应,不能考虑到审美过程中的一些复杂性问题。尽管如此,由费希纳所开创的实验美学引起了美学研究的重大变化,自此"自下而上"的美学研究方法得以建构和确立,并与哲学思辨式的"自上而下"的美学研究方法并行不悖,一起推动美学研究向更深更细发展。

第二节　认知神经科学

认知科学是一门旨在研究人的心智和高级认知能力,涉及人的认知活动内在过程的综合性交叉学科。

一、认知科学的兴起

大致地说,二战到 20 世纪 60 年代,现代科学方法的兴起引发了"认知革命"。第一代认知科学主要是采用心理学和计算机科学等方法来研究"心智"和"智能"问题,这一研究范式的巨大变化,在 1956 年前后促进了认知心理学、认知语言学、人工智能等领域的重大发展,使得该年成为"认知科学元年"。第一代认知科学以计算机隐喻为核心,以图灵机的计算来理解人脑处理信息的方式,把心智作为某种计算程序,使其独立,或者说,脱离于脑和身,实际上坚持的是一种笛卡尔式身心二元论的生理学研究,有失偏颇。

20 世纪 70 年代末到 80 年代末,第二代认知科学兴起,提出认知的研究要回归脑和身体,即认知是根植于脑与身的,使第二代认知科学成为一种具身主义运动,强调具身认知、情景认知,主要包括:认知离不开脑、身体和环境的相互作用;认知是变化和动态发展的;认知是各种因素相互作业的动力系统。1979 年,"认知科学"正式得以确立,"因为这一年的 8 月在美国加里福尼亚州正式以'认知科学'的名义,邀请了不同学科的著名科学家,对认知科学的各方面进行了阐述。会议决定成立美国认知科学学会,并正式承认 1977 年创办的《认知科学》期刊作为学会的正式刊物……从 1986 年开始,认知科学的发源地之一加州大学圣迭戈分校已率先开始设立认知科学的博士学位。在此前后加州大学圣迭戈分校、麻省理工学院等著名学府正式建立了世界上第一批认知科学系。认知科学的博士学位的设立和认知科学系的建立是一个标志，表明了认知科学已成熟为一门为学术界所广泛接受的新兴基础科学。"①

20 世纪 90 年代末，随着核磁共振成像等无损性的脑影像技术的发展，脑科学研究成为新的风向标。第三代认知科学采用认知神经科学技术来解释复杂的心脑关系，包括认知活动、心智能力与脑神经的复杂关系，形成了新的研究潮流，把脑科学研究与心理学、计算机科学等研究结合起来，这也为实验美学发展到神经美学提供了脑神经科学的支撑，更加科学地展示了人脑审美认知过程中的神经加工机制。

二、人脑的结构和功能

目前，我们所知的最复杂的人体组织是人脑。人脑的中枢神经系统的基本功能是接受、传递、储存、加工和发出信息，产生各种心理活动，支配和控制全部的行为，也就是说中枢神经系统不断接受信息并通过分析，最后作出决定。人脑的中枢神经系统作为比较活跃的神经细胞群，主要包括神经元（nuron）和神经胶质细胞。人脑神经系统中的神经元大约有 1000 亿，其中大脑皮层中约有 140 亿。大量神经元之间通过突出进行互相接触、相互联系，各个神经元之间的相互联系和相互作用也是非常复杂的。大脑神经在展开活动时，一般是通过神经元承载神经信号来表达相关的信息内容。神经细胞通过电信号传递信息，不同脑区中的电信号承载了不同类型和性质的信息。大脑的各种功能不仅包括单个神经元或者局部区域所特有的功能，也包括各区域之间相互协调统筹配合所产生的功能。

额叶约占人类大脑半球的 1/3，位于大脑的前部。现有的研究结果证实，

---

① 姜虹：《认知科学的兴起及其发展路径》，《学术交流》2009 年第 9 期。

额叶涉及记忆、语言、推理、思考、智力、人格等复杂功能。额叶的前端是前额叶,主要与人类的高级认知功能相关。前额叶皮层不仅是在生物进化中出现最晚,也是在个体人脑发育中最晚成熟的结构,也是发育最高级的皮层。前额叶皮层是与许多高级认知功能相关的关键脑区。额叶后端是运动区,主要与运动的准备、执行和控制相关,包括初级运动皮层(the primary motor cortex,也称为主要运动区)、前运动皮层(the premotor cortex,也称为运动前区,)和辅助运动皮层(the supplementary motor area)。此外,前额叶皮层和运动皮层之间还有与语言(运动)相关的布洛卡区(Broca's area)以及与眼睛运动相关的额叶眼动区(the frontal eye fields)。

颞叶位于外侧裂之下,其外侧面被颞上沟(superior temporal sulcus,简称STS)、颞中沟(middle temporal sulcus)和颞下沟(inferior tempotal suleus)分为颞上回(superior temporal gyrus)、颞中回(middle temporal gyrus,简称MT)和颞下回(inferior temporal gyrus),内侧面主要是海马回(hippocampal gyrus)。颞叶皮层具有听觉信息加工的能力,而且还涉及记忆、物体细节的视觉辨认等复杂认知和情绪功能。颞叶的前部与人类的情绪活动有关。颞上回为听觉皮质区,它的后部为听觉语言中枢,称为韦尼克区(Wernicke's area)。颞下回与面容认知有关。左颞叶在语词记忆中具有重要作用,右颞叶专对非语词材料有特异性的记忆功能。另外,海马回与空间学习和记忆有关,海马回沟为嗅、味觉中枢。

顶叶主要是处理触觉、身体感觉、空间知觉和言语等方面。顶叶前部是中央后回,属于躯体感觉的投射区。顶叶的后部分为顶上小叶(superior parietal,简称SPC)和顶下小叶(inferior parietal,简称IPC)。顶下小叶包括缘上回(supramarginal gyrus)和角回(angular gyrus)。其中,角回为语言阅读中枢。

枕叶主要涉及视觉信息加工和语言加工,位于大脑半球的最后面部分。人类80%以上的信息来自于视觉,因此视觉信息加工是人脑神经机制的重要部分。枕叶包括纹状区和副纹状区等。纹状区是初级的视觉皮质中枢,接受和处理来自视网膜的视觉信息。副纹状区涉及视觉信息的加工。语言是人脑的高级功能,是一种复杂的认知活动,枕叶也参与了语言的认知加工,尤其是阅读、书写等。

大脑结构中,除了大脑皮层之外,还有皮层下的结构,即基底核(the basal ganglia,或称为基底神经节)等。人脑的组成结构,在大脑以外,还有小脑、间脑和脑干。脑干包括中脑、脑桥和延髓。小脑位于人脑半球的后方,是仅次于大脑的第二大结构。小脑在维持身体平衡、协调运动以及运动性的学习记忆等方面发挥作用。丘脑(thalamus)是间脑(diencephalon)的最大部分,是构成第三脑室壁的主要部分。丘脑涉及视觉、听觉、味觉、触觉等信息的接受、综合以及传递到大脑相关感觉处理脑区。

总之,人脑的活动是由一定形态的脑神经器官的活动功能来保证的。神经科学的研究说明,人脑不同部分在各种功能的调节上各起着差异性的作用,但又通过整合功能把各部分联系起来,通过多种神经回路对来自感受系统的不同信息进行分析、综合和作出相应反应,最终实现其各种功能。脑研究的发展,推动着认知神经科学的进一步成熟,并为神经美学研究提供了坚实的神经生物学的实证支撑。

第三节　神经美学的诞生

长期以来,西方美学研究主要停留在形而上学讨论的范围。20世纪下半叶,随着语言学转向,分析美学一度流行;90年代以后,脑科学蓬勃发展;到20世纪末,认知神经科学开始兴盛,认知转型成为哲学浪潮,美学研究就更加强调脑与艺术的关系。当然如果从实验美学研究的角度来看,审美脑机制的学术研究思路是植根于1876年德国美学家费希纳创立的实验美学。费希纳把实验心理学的方法引入美学,开辟了以科学实验的实证方法研究人类审美心理规律的探索途径,继承了经验主义的"自下而上"的传统,区别于哲学美学

(philosophical aesthetics)形而上的观念先行的思辨方式。此后,自然科学和心理学科学的方法成为西方经验主义美学的主要研究方法之一。实验美学经过一百多年的发展,到 20 世纪末,随着脑科学、认知科学的突飞猛进,越来越多的研究者开始关注审美过程与大脑认知神经活动的关系,把神经生物学实验的方法运用到实验美学的研究中,进一步探究人类审美心理活动的神经机制即生物学基础,从而诞生了"神经美学"。

一、神经美学的研究范围

"神经美学"(neuroaesthetics)是目前国际美学界最前沿、最具挑战性的新分支、新学科,直到 1999 年才由英国伦敦大学学院泽基教授在其著作《内在视觉:探索大脑和艺术的关系》(*Inner Vision:An Exploration of Art and the Brain*)中首次提出,泽基也因此被称为现代"神经美学之父"。因此,从美学研究的范畴和方法来说,神经美学可被视为实验美学(experimental aesthetics)、经验主义美学(empirical aesthetics)或心理美学(aesthetics of psychology)与认知科学、脑神经科学、神经生物学融合的一个新学科。总之,如果说实验美学是神经美学之母的话,我们可以把认知神经科学称为神经美学之父。从美学研究领域发展的历史进程来看,神经美学是一个融合人文和自然科学的跨学科的新学科。

到 21 世纪初,神经美学已经俨然成为一个方兴未艾的前沿学科,有着清晰明确的研究领域,肖、泽基、查特杰、拉马钱德兰等人开始了艺术审美认知神经机制的科学探索,引发了一批神经生物学家、认知神经学家、心理学家、美学家的关注和加入,神经美学进入繁荣兴盛时期。与一般哲学美学的思辨方法不同,神经美学研究的方法主要是依靠解剖学、病理学的有损脑探测方法和近来应用越来越多的无损脑功能成像技术,如单电子发射计算机断层扫描(Single-Photon Emission Computed Tomography,简称 SPECT)、正电子发射断层扫描(Positron emission tomography,简称 PET)、功能性核磁共振成像、事件相关脑电位（Event-related Potential,简称 ERP）、脑磁图、近红外光学成像（functional Near-Infrared Spectroscopy,简称 fNIRS）技术（Near Infrared Spectroscopy,简称 NIRS）等。目前神经美学研究还是起步阶段,国外神经美学研究主要集中在以下几个方面：

第一,视觉艺术审美认知的神经机制研究。如泽基研究表明视觉神经细胞在加工视觉信息各个特征过程中是有选择性和非同步性的。[①] 迪奥对不同比例的雕像进行脑成像研究,发现原雕像能够激活被试者的双侧枕叶、楔前叶、前额叶和脑岛右前部。[②]

第二,听觉艺术审美认知的神经机制。如肖指出经常聆听莫扎特 D 大调k.448 号作品,有助于提高时空推理能力。[③] 布哈塔切如（Joydeep Bhattacharra）等研究表明有音乐经验的人在进行音乐欣赏和演奏时,人脑的外侧前额叶会出现 40—50 赫兹的高频同步振荡波,反之则反。[④] 布朗等进行PET 脑成像实验发现,听觉审美激活大脑第一、第二听觉区和颞极区。[⑤] 布拉德等对听觉艺术审美机制进行 PET 实验,发现被试者的海马旁回、右楔前叶的激活程度与不谐音的评价成正相关,而双侧眶额部皮层、腹内侧前额皮层的激活程度成负相关。[⑥]

---

① 　Semir Zeki,"Parallel Processing,Temporal Asynchrony and the Autonomy of the Visual Areas",*The Neuroscientist*,Vol.4,No.5(September 1998),pp.365-372.

② 　Cinzia Di Dio,Emiliano Macaluso & Giacomo Rizzolatti,"The Golden Beauty:Brain Response to Classical and Renaissance Sculptures",*Plos One*,Vol.2,No.11(November 2007),p.1201.

③ 　Frances H.Rauscher,Gordon L.Shaw & Catherine N.Ky,"Music and Spatial Task Performance",*Nature*,Vol.365,No.6447(October 1993),p.611.

④ 　Joydeep Bhattacharra,Hellmuth Petsche,Ernesto Pereda,"Long Range Synchrony in the Band:Role in Music Perception",*The Journal of Neuroscience*,Vol.21,No.16(September 2001),pp.6329-6337.

⑤ 　Steven Brown,Michael J.Martinez & Lawrence M.Parsons,"Passive Music Listening Spontaneously Engages Limbic and Paralimibic Systems",*Neuroreport*,Vol.15,No.13(October 2004),pp.2033-2037.

⑥ 　Anne J.Blood,Robert J.Zatorre,Patrick Bermudez & Alan C.Evans,"Emotional Responses to Pleasant and Unpleasant Music Correlate with Activity in Paralimibic Brain Regions",*Nature Neuroscience*,Vol.2,No.4(May 1999),pp.382-387.

第三,不同艺术风格的脑成像研究。如泽基和川端秀明对肖像画、抽象派、写实主义、印象主义和野兽派等不同类型的绘画作品进行了脑成像研究。[1]

第四,各种艺术形式审美体验的实验研究。如克拉-孔迪运用脑磁图描记仪观看摄影作品的实验,发现产生美感体验和审美判断时,背外侧前额皮层和扣带回被激活。[2] 迪奥研究证明审美体验的主观判断会受到被试者情感调节的影响。[3] 菲尔普思的研究表明审美偏好的刺激反应激活了右侧杏仁核。[4]

第五,艺术历史的神经进化机制研究,揭示人脑结构和功能在长期进化中围绕审美过程发生的变化。

从认知神经科学角度出发,美学研究首先要弄清楚的是,审美过程主要是由大脑哪些区域负责,是否有专门的审美脑区。从实验研究成果来看,大脑的脑区存在着功能定位,某些脑区确实和审美认知有着紧密联系,但我们也不能把脑区功能定位极端化,因为一些复杂的功能还需要人脑的许多脑区或神经回路的联合活动。通过人与其他灵长类动物的一些对比研究,以及对于人脑开展的一些审美实验研究,发现人脑的一些脑区和审美有着直接的关系,甚至可以说人脑在不同脑区有着不同作用的审美感知和审美情感系统。

二、审美系统脑区的概述

一是眶额叶皮层等奖赏系统。眶额皮层是位于额叶前下方的前额皮层,

---

① Hideaki Kawabata & Semir Zeki, "Neural Correlates of Beauty", *Journal of Neurophysiology*, Vol.91, No.4(May 2004), pp.1699-1705.

② Camilo J.Cela-Conde, Giseˋle Marty, Fernando Maestu, Tomas Ortiz, Enric Munar, Alberto Fernandez, Miquel Roca, Jaume Rossello & Felipe Quesney, "Activation of the Prefrontal Cortex in the Human Visual Aesthetic Perception", *Proceedings of The National Academy of Sciences of the United States of America*, Vol.101, No.16(February 2004), pp.6321-6325.

③ Cinzia Di Dio, Emiliano Macaluso & Giacomo Rizzolatti, "The Golden Beauty: Brain Response to Classical and Renaissance Sculptures", *Plos One*, Vol.2, No.11(November 2007), p.1201.

④ Elizabeth A.Phelps & Joseph E.LeDoux, "Contributions of the Amygdala to Emotion Processing: From Animal Models to Human Behavior", *Neuron*, Vol.48, No.2(November 2005), pp.175-187.

它和审美密切相关,被认为是审美体验的重要脑区,甚至其中内侧眶额叶的A1区,被泽基等神经美学家称为是大脑中的美点,即人脑的审美中心。眶额叶皮层是大脑奖赏加工回路中的一个重要脑区,它在情感和价值计算中发挥作用,新近发现它在审美体验中起着重要作用,已得到大量实验数据的证实。随着被试者对于刺激物的美的评估级别越高,眶额皮层的激活程度就越高。

还有一些神经美学家认为眶额叶是奖赏神经回路的一部分。眶额叶的激活,是意味着奖赏神经回路的激活。此外在审美过程中,还激活了奖赏回路的其他脑区,比如伏隔核(nucleus accumbens)等。也就是说,他们认为,大脑的奖赏神经回路参与了审美过程。

二是情感系统。比如边缘系统、脑岛、基底核等。边缘系统一般包括海马、扣带回、杏仁核等,参与调解本能和影响情感行为。比如,前扣带回主要参与情感动机、认知注意反应的功能。此外,海马结构还对学习过程和记忆发挥着重要作用。脑岛是大脑情感系统的核心部分,能控制很多感觉和情绪的产生,即大脑的情绪控制中心。脑岛能够接受由身体感知的信息,并产生主观体验,再将这些相关信息传输到前额叶等决策相关的脑区,从而影响认知和判断。人类的前脑岛(anterior insula,简称 AI),会把躯体感觉与状态重现为社会情绪。也就是说,脑岛是一个连接身体感知、情绪体验与社会认知、高级理性的脑区。比如,爱人的抚摸会被前脑岛转换为快乐,不好的气味、味道等会被前脑岛知觉为恶心。前脑岛是人们感觉爱与恨、感谢与痛恨、自信与尴尬、同情与蔑视、骄傲与羞耻等的地方。大量的审美实证实验发现,脑岛是审美相关的重要脑区,脑岛尤其前脑岛是与审美过程中产生丰富的审美情感反应相关的。基底核包括:尾状核、壳核(the putamen)、苍白球(globus pallidus)(这三个总称纹状体,即 the striatum)和屏状核(the claustrum)等。基底核除了自主运动的控制、整合调节意识活动等功能外,同时还参与记忆、情感和奖励学习等高级认知功能。尤其是审美愉悦发生时,纹状体等都发生高强度激活。

三是外部感知和运动系统。因为在审美过程的最初阶段,我们需要对外部世界的感知,以及在审美完成后,我们有时也会产生外部行为,那么这些会涉及初级的外部信息加工的神经系统和运动控制系统。比如处理视觉信息的枕叶皮层,处理听觉加工的颞叶皮层,处理运动加工的运动皮层等,这些皮层在审美过程中也会发生激活,它们的激活强度也是和审美评级的等级成直线正相关。

四是高级认知系统。比如大脑的记忆系统、注意力机制系统、语言意义系统、推理系统、镜像神经元系统、心智系统等。20 世纪初,科学家发现海马对记忆和学习起着重要作用。记忆一般分为陈述性记忆和概念性记忆。概念性记忆是指对"地球是圆的"等知识的概念记忆。陈述性记忆是指可以明确描述的记忆,对诸如"昨天晚饭吃了什么"等经历过的事情的情景记忆。目前普遍认同海马在情景或自传性记忆中起着重要作用,和陈述性记忆相关,是内侧颞叶记忆系统的一部分,因为它能将个体经历过的事件储存起来形成新的记忆。

语言认知网络,是指生产和理解语言的大脑核心网络系统,代表性脑区有顶额颞网络,包括布洛卡区、韦尼克区、角回、额中回(middle frontal gyrus,简称MFG)、左侧颞上回、颞极。布洛卡区负责组织和产生语句,是运动性言语中枢,即说话中枢,位于额下回(inferior frontal gyrus,简称IFG)后 1/3 处。韦尼克区负责理解语言,它的一部分是听觉性语言中枢,位于颞上回后部;韦尼克区的另一部分和位于其上方的角回,共同形成视觉性语言中枢,即阅读中枢。书写性语言中枢,即书写中枢,位于额中回的后部。颞极是语义中枢,颞极对于语言和句子理解,以及语言的听觉加工和词前知觉都起着重要作用。

镜像神经元系统是只有猴类和人类这样的灵长类动物才有。经典的镜像神经元系统可以进行动作模拟的内在表征,从而通过具象认知的方式来理解对方动作、行为背后的动机和意图,主要包括运动前区、额下回(布洛卡区,对应着猴脑中镜像神经元的 F5 区)、顶下小叶、颞上沟。延展的镜像神经元系统主要是内在表征对方的情绪和情感,从而达到同类之间的共情,包括脑岛、前扣带回、杏仁核等脑区。镜像神经元系统被认为是与审美过程中的移情现象紧密相连,此外神经美学家还认为镜像神经元系统与审美意象的生成紧密相连。

　　心智系统,也被理解为默认系统(default system),也称为默认模式网络(default mode network,简称 DMN),是属于人类所独有的神经加工系统。当大脑处于清醒的休息状态时,大脑不需要执行任务,不关注外部世界,例如在做白日梦和思维巡游的时候,这时默认网络的活跃是最常见的。但是,当人们在思考处于社会网络中的他人,回忆自己曾经历的过去,思索和规划未来时,默认网络也是非常活跃的。大脑的默认系统主要通过高度心智化的精确和复杂计算来理解和认知他人,并能够用社会视野来回顾和反思自我。研究表明,当人们看电影、听故事、读小说时,他们的默认网络是高度相关的。比如,韦塞尔(Edward A.Vessel)、斯塔尔和克拉-孔迪在神经美学实验中发现默认系统的强烈激活。韦塞尔和斯塔尔发现审美等级越高的文艺作品,某些脑区激活越强烈,其中最为打动人心的审美最高等级的艺术作品,默认系统的激活呈飞跃式增长。克拉-孔迪通过实验发现,默认系统不仅在审美认知还没被唤醒的初期是激活的,而且在审美过程的后期是更加强烈的激活。在审美的深度体验阶段,人脑处于一种神与物游的沉思领悟状态,这时正是默认网络高度激活的时刻,可见默认网络参与了深度审美体验,或者说默认网络涉及对大脑审美过程中产生的审美意象进行内在加工和体验。

第二章 脑审美研究的方法论革新

在方法论上,脑审美机制研究对传统的哲学思辨美学研究进行了创新和推进。目前,我国美学界主要还是采用传统思辨式的美学研究方法,神经美学的实证方法,以及与脑科学影像技术相适应的新研究方法,将会对中国美学研究方法的发展和革新产生一定影响。

神经美学是一个融合人文和自然科学的跨学科理论。从美学研究的视角来看,神经美学与哲学美学研究自上而下的传统思辨方法不同,它主要是采用实验美学自下而上的实证方法,通过认知科学、脑科学、神经生物学、神经心理学等的科学实验,来测量和寻找艺术创造和审美知觉活动的一般规律。

神经美学的实证研究方法,依据有损脑和无损脑的差异,在实验中经常使用的有:艺术属性评估法(the Assessment of Art Attributes,简称 the AAA)、皮层电刺激、脑电图(Electroencephalogram,简称 EEG)、事件相关脑电位检测、磁共振成像(Magnetic Resonance Imaging,简称 MRI)、功能性核磁共振成像、正电子发射断层成像、单电子发射计算机断层成像、近红外光学成像技术、脑磁图等。

第一节　当代中国美学的研究方法

一、遵循哲学思辨的自上而下的美学方法

中国当代美学发展所寻求的上述各种方法和路径,总体上都属于一种哲学思辨的自上而下的研究方法。美学本来也是哲学的一个分支。美学的历史可以追溯到柏拉图,在柏拉图之前,毕达哥拉斯等人已经开始讨论美学问题,但柏拉图是第一个从哲学思辨的高度讨论美学问题的哲学家。哲学的含义是"爱智慧"。哲学在古希腊产生时,是一种对世界的追问方式,例如我们是从哪里来,到哪里去。哲学家在哲学体系的建构过程中,必须要探讨美的问题,例如追问什么是美?这种哲学美学是一种自上而下的美学。康德等人认为,美学是理性哲学研究的一部分,不可能通过实验的方法来测量审美心理过程。事实上,直到 19 世纪的后期,人们仍然用哲学思辨的方法来研究美学,从哲学的角度来探讨美是什么。自实验美学出现以后,尽管"哲学美学"的名称仍然存在,但它已不是原来的意义,许多哲学都已经注意在实验的或科学的基础上进行。

如果我们说西方哲学美学是一种追求"逻各斯中心主义"的普遍的规律性,那么中国古代美学观念是一种"天人合一"的观念,是一种对人和自然的和谐审美关系的探求,基本也是一种哲学式思考方式的美学。

在当代中国,哲学被看作是世界观和方法论的总和,也被看作是一种对超越具体事物之上的普遍规律的思考。于是从某一哲学观念、哲学原则或哲学流派出发,来解决美学问题成为中国当代美学发展的一个特色,无论我们是从马克思主义理论出发,还是从西方哲学美学或中国传统美学中援引资源。

二、从马克思主义思想中寻求指导

坚持从马克思主义思想中寻求方法源泉,是 20 世纪中国美学获得发展的

根本动力。20世纪初,西方理论和思潮被大量引进中国,在美学界,王国维、梁启超等人分别从中国传统美学角度与西方美学理论进行对应式地接受。到了20年代,更多西方理论,包括更为系统的马克思主义理论著作也被译介入中国。西方美学理论也被成学科体系性地移植进中国,如三本美学原理教材《美学概论》、朱光潜的《文艺心理学》等;同时马克思主义美学思想也进入中国,如陈望道等人译介马克思主义美学思想,鲁迅形成了带有马克思主义色彩的现实主义美学观。此外,该时期中国还出现了朱光潜、宗白华、邓以蛰等美学家。到40年代,在各种文艺理论、美学观点等思想论争中,马克思主义理论显示了强大的优势,同时马克思主义美学中国化的倾向开始出现,毛泽东、蔡仪、周扬、胡风分别开始形成自己的马克思主义美学观。

尤其是在20世纪二三十年代的第一次美学热潮和美学论争中,以周扬和蔡仪美学观点和美学思想为代表的马克思主义美学观在中国美学界开始崭露头角,并且以马克思主义美学的科学性、前瞻性对以梁实秋、前期朱光潜为代表的旧美学观点进行了批判。其中周扬提出了有别于旧美学的新美学方向,接着蔡仪以马克思主义理论为哲学基础,进行了新美学的系统论述和初步的体系性阐述。蔡仪的《新艺术论》和《新美学》成为我国最早的用马克思主义的唯物认识论观点来探讨艺术和美学的问题和规律的专著,这两本书虽有些地方还存在理论漏洞,但总体上较为鲜明、系统、完整地阐述了其马克思主义文艺理论和美学的基本观点。这是中国真正开始运用马克思主义观点创立美学学派的开端。

到20世纪五六十年代的第二次美学论争期间,马克思主义理论对于中国现代美学的指导地位得到了确立,同时这次美学论争也形成了美学热,在整个社会范围普及了美学知识,推动了中国美学的现代发展。第二次美学论争中出现众多的美学理论研究家,并以论争焦点"美的本质"的不同阐释为依据,形成了四大马克思主义美学流派:以吕荧、高尔泰为代表的主观派,以朱光潜为代表的主客观统一派,以蔡仪为代表的客观派,以李泽厚为代表的客观社会派。第二次美学论争期间，所有的美学家和美学流派都声称自己的美学研究是以马克思主义为指导，并将马克思主义理论中的某一概念或命题作为自己所构建的美学理论的哲学基础，连主张美是观念的主观派吕荧也是从马克思主义经典著作中寻找理论依据。这种风气到第三次美学论争时期的《巴黎手稿》热时，表现得就更为突出。

　　"文革"结束以后，中国美学重获新的生命。20 世纪的 70 年代末 80 年代初发生的第三次美学论争，是对于第二次美学论争在新时期的继续和发展，所以第二次美学论争中的四大派再加蒋孔阳等人继续对美本质进行论争，并从追寻"美的根源"发展到"美的本体"等美学基本理论问题。这一时期，除了蔡仪这一派仍然坚持和发展了蔡仪所开创的马克思主义认识论美学，其他各派几乎可以说是合流为一派，那就是马克思主义实践派美学，他们都承认马克思的实践观点作为美学理论的基础，当然他们的具体观点和阐释理解各不相同，也呈现出丰富复杂的研究层面：如李泽厚提出积淀说、新感性等；蒋孔阳提出多层累的突创说，把美看作是自然物质层、知觉表象层、社会历史层和心理意识层等多层次积累，而且又经过突然创造而形成的一个具有不断开放性、创造性系统的复合体。

　　90 年代以来，马克思主义实践派美学的大潮已逐步平静，因其本身在 70 年代末 80 年代初的出现是一种对当时政治需要和社会进步思潮的呼应，自然会随着社会的发展而呈现出自身的更多研究矛盾，再加上 80 年代意识形态加于美学的诸多功效的消失，以及 90 年代整个思想文化界去意识形态化、非意识形态化思潮对于中国美学的影响，使得美学界出现了反实践美学、超越实践美学的大规模浪潮，后现代主义美学的理论一下子在中国遍地开花，如生命美学、生存美学、体验美学、否定美学、生态美学、和谐美学等。这些多元化的美学理论丰富了美学研究的样式，也使得中国当下美学研究呈现多姿多彩的活泼形态。当然，出于后现代主义对崇高的解构，马克思主义美学思想在一些学者的视线中也逐渐淡出。不过，从当下的诸多美学理论中，我们也欣喜地看到生态美学、环境美学、认知美学的研究中依然可以找到马克思主义美学理论的生命力所在,在当代仍具有进一步研究的价值。

目前,我们从马克思主义理论基本观点来探讨中国美学的当下问题和发展,并从科学的角度,给以思想的指导,是非常必要的,是有助于建构中国现代美学思想体系。

三、扎根中国传统美学的丰饶土壤

中国美学的现代转型离不开中国传统美学的土壤,只有扎根于中国传统美学的丰饶土壤中,才可以具有生命的活力,才可以发展、繁荣。中国美学的现代发展或现代转型,不等于西化,也不等于马克思主义化。如果抽离了中国传统美学的基石,不仅中国传统美学的基因无法传递,而且无从谈起建构中国美学的现代话语。中国传统美学思想在现代、当代都具有强壮的生命活力,因为中国传统的审美习惯、审美思维、审美范畴和审美结构已经深深地植入我们的血液。20世纪中国美学发展历程中的经验教训也说明,只有以中国传统美学理论为背景和民族特色,充分考虑中国人的审美要求,汲取中国传统美学中的核心范畴、审美思维和审美结构中有益成分(如意象美学、和谐美学等研究方向),才能真正建构中国特色的现代美学话语体系,使得中国美学的发展道路越走越宽。

在20世纪的中国,美学作为一门从西方引入的学科,很快受到国人高于西方其他学科的青睐,因为"美"在中国本土的传统语言氛围和文化心理中具有比西方语言系统中更富有人生哲理意蕴的含义,它在中国传统美学中是和人自身的美好存在状态以及理想境界相关的。儒家美学中的"君子成人之美""里仁为美""充实之谓美""和为贵,先王之道斯为美"等都把美和人的生存状态联系起来,此外老子的"无为而无不为"的理想行为范式、庄子的"逍遥游"的理想人生境界,禅宗提倡的"禅境"在中国美学中也可以理解为一种关于人自身存在的美的状态的描绘和向往。

而且中国传统美学中"美"和"善"是相连不分的,因为中国传统美学所认同的美的人生存在境界必是美善合一的,中国传统美学常把审美同人的高尚道德和品质联系起来,美和善本来都是直接指人的自身存在的特定状态的。如孟子所称道的"可欲之谓善,有诸己之谓信,充实之谓美",荀子所言的"天下皆宁,美善相乐"都是依据中国传统文化思想对美善相通的独特理解。与中国传统美学相比较而言,马克思主义美学在美善相连方面也是与之相契合的,马克思主义美学也是把真善美相统一作为人生的美好理想境界。马克思主义美学把美和艺术当作人的高尚的精神食粮,强调美和文艺的社会功能、教育功能,包括道德教育和政治思想教育等方面。

马克思主义美学虽然和中国传统美学有许多共同之处,但两者毕竟来自不同的文化语境,产生于不同的社会历史条件中,我们只有用马克思主义美学改造、补益和完善中国传统美学之不足,如主客不分等,才能使中国传统美学固有之短处得到弥补,才能使得中国传统美学进行现代发展,使之产生现代意义,焕发现代生命光彩。同时,我们也要用中国传统文化、思想、哲学的形式,把马克思主义美学进一步中国化,使之适合中国人的审美口味、审美习惯和审美心理,从而使得马克思主义美学在中国美学界、思想文化界乃至普通民众的内心深处真正获得接受和发展。

四、援引西方美学思想的参照资源

20世纪中国美学界一直是以西方美学为参照对象,中国现代美学的基础理论建设也一直援引西方美学、哲学和文化资源,包括具有西方文化特征的马克思主义美学思想,我们的美学家是在西方哲学、心理学、美学、文艺理论等思想资源上建构自己的美学思想体系,包括在美学研究的方法、内容、论争焦点等方面,如"美本质"讨论具有明显的西方印记。

20世纪初到新中国成立前,一方面西方各种哲学、美学思潮被引进到中国,如康德、黑格尔、尼采、叔本华、柏格森、克罗齐、弗洛伊德、杜威等近现代哲学家、美学家的思想和著作被译介,西方美学上的移情说、内模仿说和距离说等都曾对中国美学界产生过影响,很多中国美学家就运用西方哲学的话语和理论提出了自己的美学思想,如梁启超的"趣味主义"美学、王国维的"生命意志论"美学,蔡元培的"人生价值论"美学,冯友兰美学思想的"本然样子"说,朱光潜的直觉美学,蔡仪的唯物论美学。这些美学思想都对中国传统美学重经验、轻理性分析作出了某种程度的纠偏和补救。

　　另一方面,现代西方心理学和艺术中心论也对20世纪上半叶的中国美学发展产生很大影响,并出现心理美学、艺术本体论美学等学派。现代西方纯艺术思潮,以及以艺术来反对异化,用艺术来解脱人生之苦等艺术中心论,给中国美学发展也带来了新思考。如王国维试图使用叔本华的艺术观来解决人生问题,李金发追求纯艺术、艺术的唯美主义等。另外,出于艺术学研究的需要,同时由于现代西方心理学的发展取得长足进步,心理学作为一种方法被运用到艺术研究和美学研究中已被广泛认可,如精神分析心理学、完形心理学、格式塔心理学等。所以现代西方心理学理论也促进了中国20世纪上半叶美学理论的发展。如朱光潜的美学研究就始于心理学方法。这些对中国20世纪上半叶美学发展也有着重要影响,使中国美学从形而上的哲学抽象理论走向了实证性科学理论。

　　如果说20世纪上半叶援引西方思想是中国美学发展的一种参照方式,我们也要承认批判西方美学也是新中国美学发展的一种参照方式。如蔡仪在新中国成立前后展开对费希纳提倡心理学美学的归纳方法、立普斯的感情移入说、克罗齐的直觉说的批评,以及心理的距离说、内模仿的生理学美学的批评,甚至包括对苏联美学家卢那察尔斯基、斯托洛维奇等人的批评。蔡仪是以一种批判性的继承态度来进行美学研究,蔡仪在批判西方主观论旧美学的基础上,同时以来自西方的马克思主义理论为指导,建立唯物论美学体系。

　　20世纪八九十年代的中国美学界,由于大量西方理论、美学思想的再次涌进,美学家们都注意吸收西方当代人文科学思想,并以西方古今美学为一种外来参照,批判地汲取西方现代主义和后现代主义美学思想,以充实中国当代美学发展的理论基础。

总之,20世纪美学发展中大量借助西方思想文化资源的这种状况,说明中国美学的现代发展是和参照西方美学思想的重要作用分不开的。那么,中国当代美学发展同样离不开对于西方古今美学的引进和参照,需要中西美学的融会贯通。

第二节　脑审美自下而上的研究方法

神经美学的实证研究方法,依据有损脑和无损脑的差异,在实验中经常使用的有:艺术属性评估法、皮层电刺激、脑电图、事件相关脑电位检测、磁共振成像、功能性核磁共振成像、正电子发射断层成像、单电子发射计算机断层成像、近红外光学成像技术、脑磁图、核磁共振成像技术,以及脑电波诱发电位技术等。

一、有损性的脑神经观测方法

针对脑损伤者的观测方法,既有对传统观察法的发展,如"艺术属性评估法";又有来源于解剖学、神经病理学的有损脑探测方法,如皮层电刺激。

早期神经美学家们通过对脑损伤者进行实验观测,从而大体上分析哪些脑区是与艺术审美或创作相关的。这是一种传统的比较旧的研究方法,来源于神经病理学,主要用于脑损伤的病人,"探索脑损伤和神经退化对于艺术创作、欣赏和审美体验的影响。一些研究者发展了定量法和标准一致的系统来描绘患病后的变化"[①]。比如查特杰和韦迪克(Page Widick)等提出了艺术属

---

① Martin Skov & Marcos Nadal, "Introduction to the Special Issue: Toward an Interdisciplinary Neuroaesthetics", *Psychology of Aesthetics, Creativity, and the Arts*, Vol. 7, No. 1 (February 2013), pp.1-12.

性评估法①,这一测量法要考虑六个知觉性特征的考量,比如颜色、平衡、深度、复杂性等,以及六个概念性特征的测量,包括抽象、象征、情绪表达等。为了连接出立体脑损伤征兆图,布隆贝格(Bianca Bromberger)和查特杰等用艺术属性评估法展示了特别部位的大脑损失如何影响了某些艺术属性的欣赏。② 他们的研究结果显示,损伤了右侧额叶皮层(right frontal cortex)、顶叶皮层(parietal cortex)、外侧颞叶皮层(lateral temporal cortex)等大脑不同部位的病人,尤其是损伤了右侧前额叶皮层(right inferior prefrontal cortex),在对抽象、象征、现实主义和生命度等六个概念性特征进行测量时,明显偏离于健康的被试者。根据这一观点,范布伦(Benjamin Van Buren)、布隆贝格和查特杰等提出了"艺术属性评估法"的补充:研究阿尔茨海默病(Alzheimer's Disease)如何影响艺术创作。③ 他们的研究结果发现,大脑的神经疾病对艺术作品的概念性属性比对知觉性属性有更大的影响,导致了神经损伤者创作的艺术作品缺乏准确性和现实感,而更具有抽象性。

神经美学的早期研究主要是通过观测脑损伤的艺术家和欣赏者,不仅找出不同脑区的损伤位置与审美的关系,而且还发现一些人的大脑皮层受损后,在艺术创作和审美倾向上发生很大的变化。

一般常见的大脑神经退行性疾病有阿尔茨海默病、额颞叶痴呆症和帕金森病。患有痴呆症患者的艺术创作发生变化。因为神经疾病改变了大脑的艺术输出,他们的艺术创作还获得了更大的好评。从这些独特的案例中,可以让

---

① Anjan Chatterjee, Page Widick, Rebecca Sternschein, William B.Smith & Bianca Bromberger, "The Assessment of Art Attributes", *Empirical Studies of the Arts* Vol. 28, No. 2 (July 2010), pp. 207-222.

② Bianca Bromberger, Rebecca Sternschein, Page Widick, William Smith & Anjan Chatterjee, "The Right Hemisphere in Esthetic Perception", *Frontiers in Human Neuroscience*, Vol.5, No.109(October 2011), pp.1-8.

③ Benjamin Van Buren, Bianca Bromberger, Daniel Potts, Bruce Miller & Anjan Chatterjee, "Changes in Painting Styles of Two Artists With Alzheimer's Disease", *Psychology of Aesthetics, Creativity, and the Arts*, Vol.7, No.1(February 2013), pp.89-94.

我们洞见大脑中蕴藏艺术创造力的地方。当然,越来越多的科学家认为大脑不是通过单一脑区而是神经回路共同工作,从而创造思想、生成感情、获得经验和采取行动。同样,艺术创作也是一项多方面综合的任务,需要许多大脑脑区的共同参与,所以通过这些案例,神经科学家们可以发现这些神经退行性疾病是哪些神经回路受到损伤,从而影响艺术创作的神经基础。

一是脑结构的变异导致艺术才能的变化。米勒(Bruce L. Miller)研究发现,阿尔茨海默病患者的艺术作品难以刻画出复杂的图像。米勒等发现好多在痴呆发作后发展出视觉艺术才能的患者,而不是语言艺术才能的,基本都被诊断为额颞叶痴呆症。于是米勒等在1998年研究了5名额颞叶痴呆症患者,其中有4名患者是语义变异性,实验发现他们的左颞叶比右颞叶退化得更严重。[1] 他们在患病早期就发展出一种绘画艺术才能。这些患者即使已经丧失了用语言表达图像的能力,但他们依然能够回忆出图像,他们能够画出这些图像,而且大多是写实的风格,他们表现出对脸部、物体细节的关注和迷恋。出于对额颞叶痴呆症的艺术天赋与脑神经变异之间的极大兴趣,米勒等在2000年进行了更大规模的研究,对69名额颞叶痴呆症患者研究后发现,[2]其中12名患者保留了音乐和视觉艺术的能力,他们同样具有不依赖语言的视听觉艺术才能。米勒认为是两个大脑半球的额颞叶不对称的退行性变异导致了艺术创造力的行为改变。

在实验中发现,与健康组相比,神经疾病患者们更倾向于绘制扭曲而混乱的图像,比如行为变异性的额颞叶痴呆症患者和语义变异性的额颞叶痴呆症患者,所画出的画像极为怪异:几何性的面部特写、不自然的色彩调色,与身体

---

① Bruce L. Miller, Jeffrey L. Cummings, Fred Mishkin, Kyle Boone, F. Prince, M. Ponton & C. Cotman, "Emergence of Artistic Talent in Frontotemporal Dementia", *Neurology*, Vol. 51, No. 4 (November 1998), pp.978-982.

② Bruce L. Miller, Kyle Boone, Jeffrey L. Cummings, Stephen L. Read & Fred Mishkin, "Functional Correlates of Musical and Visual Ability in Frontaotemporal Dementia", *British Journal of Psychiatry*, Vol.176, No.5(June 2000), pp.458-463.

分离的似乎悬浮在空中的头部。因为现在许多现当代艺术也是抽象的、怪诞的,所以有人认为这些患者的绘画创作比健康但没有艺术才华的人创作出的作品更具有创造力,更容易受到艺术好评。

二是患者艺术才能的显现与脑功能变异相关。语义性变异的额颞叶痴呆症患者艺术才能的变化,其中一个原因是发生了视觉注意力的改变。实验研究发现患者比常人有着更加有效的视觉搜索策略,能够在实验中忽略分心的物体,而比正常人更快地找到目标。究竟是哪个大脑区域与视觉目标搜索任务相关?研究发现是顶叶、额中回和枕叶的高级视觉区,这个网络是支持视觉注意力的。这一发现说明,这些患者视觉艺术才能的增强,不是由于脑结构的差异,而是脑功能的差异导致搜索功能的增强。也就是说背顶叶连接处的功能变化反映了患者的注意力从语言转移到视觉,从而导致视觉注意力机制的增强。

三是患者艺术天赋的出现可能在于某些抑制得到释放。我们可以这样理解,患者某个脑部区域发生功能性退行之后,比如发生局灶性脑梗死,使得该脑区的功能丧失或者严重退化。同时本来该流向该部的血液流向了未受影响的其他脑区,使得其他脑区得到对原本抑制的一个释放。米勒等在2000年的研究中发现,语义变异性的额颞叶痴呆症患者,他们的左前颞叶发生了退化,从而释放了右侧额叶后部和背外侧区域,这些脑区正好涉及视觉艺术的生产和创造,这也是他们在患上语义变异性的额颞叶痴呆症后,突然出现前所未有艺术天赋的原因。

四是患者出现艺术才能发展的潜在原因在于艺术兴趣的改变,变得容易坚持和痴迷。我们认为患者出现艺术才能的发展,一个潜在原因是:虽然创作艺术是需要付出努力和时间,是一项辛苦的工作,但患者比常人更能够痴迷于这项活动,并且能够从中获得更多快乐,也就是说他们的艺术兴趣发生了改变,他们更容易把艺术创作活动视为一种乐趣,从而他们更容易进行强迫性的艺术创造活动。

二、无损性的脑神经观测方法

仅仅依靠病理学、解剖学方法,来揭示大脑在审美过程中的神经机制,还是不够的,因为数据庞大且不精确,所以必须依靠脑技术的发展,在不损伤参加实验人员大脑的情况下,研究正常人脑的脑区结构和功能。这种新方法主要得益于高端科学技术的支持,主要用于正常人的脑成像。可以应用于正常人的无损脑观测方法,具体分为两种:一种是具有时间分辨率较高优势的电生理学方法,如脑电图、事件相关脑电位检测等,主要用于观测人类审美活动过程中的脑电活动,可以用来解析人脑审美活动过程中神经机制的加工处理过程。另一种是指具有空间分辨率优势的影像学方法,如磁共振成像、功能性核磁共振成像、正电子发射断层成像、单电子发射计算机断层成像、近红外光学成像技术、脑磁图等,主要研究审美活动过程中的不同脑区定位及其审美功能划分。当这些方法应用到神经美学研究时,通常涉及被试者判断提供给他们的刺激材料是否美,陈述他们喜欢或偏爱的程度,同时他们的大脑活动是被监测的。神经美学沿袭了实验美学的研究方法,并在现代科技的基础上有所发展,新的技术也必然推动神经美学的发展。研究者开始强烈希望通过图像进行神经美学探索:将无形变成有形,而且使美学成为以可见性作为目标的科学。

脑电图是研究脑波最基本的方法,它是使用电生理指标记录大脑活动。脑电图技术能够记录大脑的电波变化,反映出脑神经细胞在大脑皮层的电生理活动。这项技术在早期是诊断大脑损伤病人的重要工具,目前被广泛运用于脑科学的基础研究和临床应用领域。脑电图与核磁共振相比,前者的优势在于时间分辨率相当高,后者的优势在于空间分辨率高。脑电技术的空间分辨率较差,约为 1 到 2 分米,但时间分辨率可以达到毫秒,甚至可以提升到几十微秒,具有很大优势。据悉,2020 年美国加州大学旧金山分校的科研人员,利用人工智能解码系统,已经能够成功把人的脑电波转译成英文句子,而且最低平均错误率只达到 3%。由此可见脑电波技术在未来脑研究领域的美好前景。

事件相关脑电位（Event-related Potential，简称 ERP）技术是另外一种记录脑电活动的技术，主要是通过外部电极来探测脑部皮层对于刺激活动的回应信号，从而定位大脑认知活动的特定区域。但该技术受到空间限制，经过不断优化和发展，当前研究者一般运用脑磁图描记术（MEG）、探测事件相关磁场技术（ERFs）这两个更为先进的大脑影像技术来精确捕捉一些稍纵即逝的脑部信息。

经颅磁刺激（Transcranial Magnetic Stimulation，简称 TMS）是一种通过运用电磁线圈固定在被测者大脑的特定部位，从而使用脉冲磁场来刺激大脑某脑区，来引起大脑特定脑区的电流活动。该技术具有高时间分辨率，可以检测在审美活动过程中脑区的细微变化。比如，研究某些脑区的激活变化，会不会直接对审美活动产生特定反应。

计算机轴向断层扫描（Computerized Axial Tomography，简称 CAT）是出现较早的脑成像技术。不过，通过 CAT 扫描技术获取的信息，还是比较有限的，无法得到更丰富的脑成像资料；而且 CAT 扫描技术是通过普通的 X 射线，也会让人担心健康问题。

正电子发射断层成像也是探测大脑的静态结构和动态活动的一种方法，PET 扫描技术将放射性粒子注入血流以通过外部传感器观测大脑的血液流动。所以说，不像普通的高能射线 X 射线会给人体造成一定损伤，PET 扫描图像是根据注入血流的正电子绘制而成。

磁共振成像技术普遍运用于神经美学实验中，是一种在探测脑空间上具有高分辨率的技术，而且该技术对大脑不会产生伤害。该技术主要通过检测脑部血液密度（区域性脑血流，regional cerebral blood flow，简称 rCBF），来测量脑部血液的流动，即脑神经活动的变化。MRI 技术经过发展和优化，又出现了更为优化的功能性磁共振成像技术。该技术通过测量大脑活动区域的血流量和耗氧量的变化,可以检测出大脑结构中不同活动区域的机能强度差异,可见 fMRI 技术对脑机能定位分析具有空间分辨高的优势,可以达到 1 到 2 毫米的精确度,但具有较差的时间分辨率,约为 1 到 2 秒,不好追踪脑区的变化序列。

近红外光学成像技术是通过测量人体的前额脑皮层氧水平变化,检测前额叶皮层的神经活动和血流动力学反应,从而评估人的大脑活动情况。近红外光谱脑成像技术可以结合其他的生理信号,例如心电、呼吸、血压、皮肤电活动等,提供一个详细的被试者评估。值得一提的是,近红外光谱脑成像技术作为近年发展出来的一种方法,可以检测多个脑区同时采集血氧信号,消除了很多功能磁共振成像的缺点,比如 fNIRS 对头部和身体活动的要求低于 fMRI,被试者可以坐在电脑前面进行测试或者执行移动的任务,在被试者执行不同的任务时,系统提供了连续和实时的氧变化显示。fNIRS 的空间分辨率约为 1 到 3 厘米,介于脑电和核磁成像技术之间,相对接近核磁成像技术的水平。它的时间分辨约为数十到几百毫米之间,也是介于脑电和核磁成像技术之间,较为接近脑电技术的水平。fNIRS 虽然具有低成本、便携和生态效度高等优势,但它的缺陷在于一般只能检测皮层脑区,对于基底核等脑部深处脑区活动很难检测到。

目前有许多种方法可以用于研究人的大脑的认知过程,通过这些脑电记录和脑成像技术,神经美学家的研究范围从脑损伤的患者转向了拥有正常大脑的普通人。这些技术背后的逻辑在于,可以通过检测脑部神经活动变化,来检测观看绘画、聆听音乐等审美活动的神经机制。于是,对被试者的观察不再仅仅依靠观察损伤者的艺术行为变化,而是通过检测正常人的脑图,这样就在原本抽象的思辨的审美研究路径旁边,发展了一种崭新的充满科技元素的可以量化的神经美学研究路径。总之,近年来,神经影像技术显示了研究美感机制的神经生物学原理,用于定位和联结当大脑进行美感活动时的神经系统的组成部分,已经成为神经美学研究的一项重要方法和工具。

神经美学的研究方法虽然具有创新性、科学性和可量化性,但我们不能否认的是,因为测量和实验的量化需要,以及当前脑影像技术的局限,一些实验的设计比较简单,一些实验的结果也有些定量化、局部化,对于审美过程整体研究方面还是模糊不清的。神经美学的实验数据确实可以检测出大脑进行美感活动时的特定神经结构。但是由于神经科学对部分的作用比整体大,所以在研究高级的、复杂的人类美感活动等问题时,我们还需要在运用脑成像技术的过程中,综合其他不同的方法,如心理学观察、哲学思辨、计算统计等方法,才有希望真正揭开大脑的奥秘。

第三节　脑审美研究的方法论革新

美学的研究对象是人的审美活动,而要研究人的审美活动规律,自然就绕不开"人脑究竟是怎么审美的"这一问题,这就需要打开人脑审美活动的黑匣子,即人脑的神经机制是怎么处理审美的。实验美学和认知神经科学相互融合而成的神经美学重点研究人脑审美神经机制,不仅为美学发展提供了全新的视角,而且给美学研究提供了最重要的基础,为已经快走到瓶颈状态的思辨性美学研究带来了新的活力,也为未来的美学发展提供了新的可能。

在方法论上,神经美学对传统的哲学思辨美学研究进行了创新和推进。"与传统美学研究的思辨方法不同,认知神经美学的研究主要是实证性的,就是说是通过实验观测来探询我们审美活动的一般规律。"[①]神经美学除了秉承实验美学的实验研究传统,还引入认知神经科学的最新研究手段和方法,如FMRI、MEG、ERP 等无创伤脑成像研究,为认知神经美学相关理论模型的建立提供了脑科学的实验依据。

从美学研究的方法论角度来看,神经美学的学术研究思路是植根于实验

---

① 　周昌乐:《探索审美活动的神经机制》,《光明日报》2006 年 11 月 6 日。

美学。费希纳分别于 1872 年、1876 年发表了《实验美学论》和《美学导化》,标志着实验美学的创立。费希纳开辟了审美现象实验研究的先河,把实验心理学的方法引入美学,通过科学实验的实证方法来探究人类审美心理过程及其一般规律。

关于审美活动的研究是美学研究的重要部分,而审美活动都是人的审美活动,即是人脑的审美活动,要想研究清楚审美活动的具体过程,那么对于人脑审美神经机制的研究应是美学研究的一个重要的科学基础。

所幸的是,经过一百多年的发展,随着脑科学、认知科学的突飞猛进,特别是脑成像影像技术的发展,到 20 世纪末,越来越多的神经生物学家、脑科学家和美学研究者开始关注审美过程与大脑神经活动的关系,把神经生物学实验的方法与美学研究相结合,进一步探究人类审美心理活动的生物学基础即神经机制。

从美学研究的方法论的视角来看,神经美学是一个融合人文和自然科学的跨学科,神经美学与传统哲学美学研究自上而下的思辨方法不同,神经美学主要采用自下而上的实验方法,比如运用脑成像技术等科学方法,给美学研究提供数据实证支撑。神经美学可以通过脑科学、神经生物学、神经心理学的实验来测量和寻找审美知觉活动和艺术创造的一般规律,从而对目前中国美学界的传统哲学思辨式等美学研究方法提供一种全新的视角或借鉴意义。

第三章　美学基本问题的脑机制阐释

　　在理论研究上,审美的脑机制研究有助于对我们中国当代美学长期陷入"美本质"思辨论争泥潭的状况提出新挑战,促进美学基本原理的新建构、新解释。我们的研究具有双向意旨,一方面,把神经美学的研究进展、成果介绍传播到国内学界,主要分析它在理论方面将对中国美学产生的革新性影响;另一方面,也希望推动中国的美学研究者们建构本土的神经美学学科,寻求自己的学科话语权。

　　在美学概念和美学原理方面,神经美学进行了独特、全新的阐释,激活了传统美学研究。神经美学由于兴起较晚,只有 20 多年的研究历史,目前关于人类审美活动的神经基础和机制没有形成系统完整的科学结论,也没有建立起以审美认知神经机制为基础的一整套美学理论。目前国外关于认知神经美学的研究大多是由神经生物学家、神经心理学家、神经生理学家以美的艺术作品为实证实验材料,观测被试者欣赏时的脑神经活动及其神经机制,进行认知神经学的科学分析,同时在美学方面提出一些观点,而缺少美学研究者关于美学原理的构建和系统分析。而国内学者的研究水平与国外还有很大差距,大部分是由心理学家、医学家在介绍引进国外神经美学的研究成果,也有少数零星的自主研究。

　　也就是说,目前的神经研究还不足以构建以它为基础的美学理论,但是日益兴盛的审美神经机制研究为美学的未来发展提供了一种崭新的视角,依据一系列实验实证成果的支撑,将推动当代美学学科的理论创新和实践发展。例如,围绕美本质、审美过程、美感性质等美学基本概念、问题和原理方面,神经美学进行了独特、全新的阐释,一定程度上激活了传统美学研究,为美学的发展提供了新的可能。除了这些美学研究中的核心问题,后面还将依据其他神经美学家的研究成果,围绕客体特质、审美愉悦和流畅性,审美过程中的情感、美感和快乐等重要理论问题,继续进行深入阐释。

第一节　美本质:美学千古之谜的神经美学阐释

关于"美本质",我们依据神经美学的"人脑—艺术契合论"以及恒定法则与抽象性,模糊法则与未完成性,指出美的基本规定性,以及艺术的最终目的是求真、获取本质和表达情感。不同的审美主体在欣赏或创作艺术时,能通过艺术进行沟通,说明不同的正常人脑都存在一个共同的神经基础,美的艺术能够引起人们的美感,在于具备激发这一共同神经机制的外在表现。人脑与艺术的契合性,说明美的产生是有神经基础的,人脑产生审美体验背后都有着相似的神经机制。寻求事物恒定本质特征的大脑,与表现了恒定事物特征的艺术相遇,于是就产生了审美体验。

一、审美体验的共同神经机制

泽基在《大脑的视觉》中认为伟大的艺术家也是神经学家,把莎士比亚和华格纳(Richard Wagner)称为最伟大的神经学家,因为他们知道如何用语言和音乐技巧来探索人的心灵,可能比绝大多数人更懂得如何感动人的心灵。但他们只是能够理解有关人的心灵的一些事情,还不能清楚认识人脑的神经机制。依据神经生物学视角来研究,艺术的功能与大脑的功能非常类似:描绘出物体、表面、面孔、情景等的恒定、持续、本质、永久的特征,因此让我们不仅从画布上特别的物体、面孔、情景中获取知识,而且从这些延伸到其他物体来进行归纳,从更大范围的物体和表面中获取知识。在这个过程中,艺术家也必须挑选本质的属性,而大量抛弃那些多余的东西。由此可见,艺术功能之一就是视觉大脑的主要功能的延伸。在瞬息万变的表象世界下,潜藏着更为真实、更为接近本质的特性。因为表象总是每时每刻都在变化。而伟大的艺术家能够抓住这种特性,呈现出永恒的真实。

视网膜仅仅是精细缜密的视觉机制的重要的初始阶段,从视网膜可以一直延伸到大脑的所谓"高级区域",视网膜就像是一个基本的视觉信号的过滤器,能够记录光线的强度以及光线的波长,然后将这些经过转化的信息传送到大脑的"初级视觉皮层"(the primary visual cortex,简称为"V1"区)。V1 可以接收来自视网膜的绝大部分神经纤维,通过这些点对点的连接,视网膜上的影像图被重新创造在 V1 区。因此亨斯臣称 V1 为"大脑皮层的视网膜"。事实上,V1 区的周边皮层,过去都被模糊定义为"关联皮层"(association cortex),是由许多"专门视觉区"(specialized visual areas)组成的,有 V2、V3、V4、V5等。德国莱比锡的保罗·弗莱克西希(Paul Flechsig)教授认为"关联皮层"具有更高位置的思考和认知功能,他把它们称为"精神中心"(Geistigezentren)或"思想中心"(Cogitationszentren)。V1 和 V2 负责将筛选过的视觉信号传导到其他视觉区域,不同的视觉区域将专门负责加工和理解这些视觉影像的不同属性,V3、V4、V5 分别专门处理形状、颜色和运动等视觉影像属性。用亨斯臣的话说就更简单了:一个人是用 V1 来"看",用 V1 周围的"关联皮层"来进行理解。总之,视觉大脑是一种对本质的主动探求,大脑视觉皮层筛选出能够表现物体恒定、本质特征的必要信息。

艺术和大脑一样,都在追寻恒定和本质。大脑的任务就是获取关于世界的知识,但是大脑必须克服一个问题,就是这个知识是不容易获取的,因为需要从可视世界不断变化的信息中提取本质的、不变的特质。通常,我们能够说艺术也是有一个目标,用艺术家们自己的话说,就是描绘出物体本来的样子。同样,艺术也面临着一个问题,也是如何从可视世界不断改变的信息中,仅仅提取出那些重要的信息来表现出物体永恒的、本质的特征。实际上,这基本上是康德(Immanuel Kant)的美学哲学的基本观点——表现完美。但是,完美暗示着永恒性,因此,这引发了一个问题,如何在一个不断变化的世界里描绘完美。所以将艺术的功能定义为寻求恒定,这也是大脑的一个最基本的功能。因此艺术的功能是大脑功能的一个延伸——在一个不断变化的世界中追寻知识。

我们对视觉大脑的功能有了新认识之后,便能将艺术对本质的探求看作视觉大脑功能的延伸。从神经生物学的视角看,伟大的艺术可以被定义为:它必须最接近于真相的多种事实,而不是表象,因而愉悦大脑对各种本质的追寻。从神经生物学的角度为艺术下的定义是:艺术是对恒定性的追求。艺术家在创作过程中必须舍弃许多东西,然后筛选出本质的东西,因此艺术是视觉大脑的延伸。心理学家和神经生物学家都经常谈论到某个视觉属性的恒定性,例如颜色或形状的恒定性,这是指即使观察时明暗状态不同,物体的颜色也不会有显著差异;或者说,即使观察时角度远近不同,物体的形状也不会改变。艺术的恒定性不仅适用于具象的物体、脸孔和情景等,还能够适用于情感和理念等抽象的概念。

泽基把艺术的恒定性分为两个相互联系的方面。第一个方面是"情境恒定性"(situational constancy):某种情境与很多其他情境具有共同的特征,使得大脑很快把它归类于能够代表所有同类的情境。为了阐明这个神经生物学的艺术定义是多么的广泛,以维米尔的绘画作品《信》(The Letter)为例,这幅画不仅对绘画的技巧掌握纯熟,而且画家利用高超的技巧营造出"模棱两可"(ambiguity)的情景,能够用一幅画同时表现出数种场景和真相,而且每种真相都是有根据的。比如在这幅画中女主人正在伏案写信,站在身后的女仆正望向窗外,也许女仆在等待女主人写信时,想着其他的事情;也许女仆是小心提防外头有人发现女主人写信;也许女仆正在帮女主人想适当的话语写给收信人。就此画来说,这些情景都说得通,因此它能同时符合各种欣赏者的不同"典型"(ideals)——头脑会根据过去储存的类似记忆,在这幅画中辨认出许多情景的典型——并将这幅图像归类为快乐或哀伤。

"模棱两可"是所有伟大艺术的共同特征,因为从神经生物学的角度来说,"模棱两可"并不是含糊不清(vagueness 或 uncertainty),而是确定(certainty),只不过每一幅画中能确定很多不同存在的情境。维米尔的画作简单而又意味深长,他的每一幅画都能够理解成好几个不同的情境,每一个情境都都很真实清晰。

也就是说,维米尔的画具有恒定性:它描绘的已不是某个特定的情境,而是很多不同的情境。维米尔作品中的各种情境也必须在欣赏者的大脑中形成。每一种情境都一样真实,但真正的解释却是"永不知晓"(forever unknown),因为原本就没有真正的解释,也没有标准答案。或许维米尔正是有意通过这样的方式,来让自己的画作呈现如此丰富的内涵。

恒定性的第二个方面,我们称之为"暗示恒定性"(implicit constancy):大脑能够对"未完成"(unfinished)的作品进行各种各样的自由阐释。以米开朗基罗的未完成作品为例。

米开朗基罗的很多雕像停留在未完成的状态,他未完成的大理石雕像就有三十五座之多,比如《隆达尼尼圣殇像》(Rondanini Pietà)、《圣马特奥》(San Matteo)、《留胡须的奴隶》(The Bearded Slave)和朱利亚诺·德·美第奇(Giuliano de' Medici)之墓雕塑的《昼》。他的画作中也有未完成的作品,如1550 年的《圣母、圣约翰与耶稣受难图》(Crucifixion with the Virgin and St. John)以及 1540 年的《耶稣受难图》(Crucifixion)。米开朗基罗在耶稣的生命中发现了至高无上的爱,他的一些作品就是以耶稣被钉在十字架上,以及从十字架上被放下的一刻作为主题。我们大脑对耶稣受难的景象能做出无限的想象,要以一件作品将所有想象表达出来,根本是不可能的事。既然如此,倒不如让欣赏者在头脑中创造出更多的形象。人们不厌其烦地讨论这些未完成作品,这可说是一种神经学的手法,让头脑发挥更大的想象力,欣赏者的观点会随着他们脑中的概念而定。简单地说,这些未完成的作品具有"模棱两可"和恒定性。这些作品的轮廓仍模糊不清,因此人们在欣赏米开朗基罗的未完成作品时,便能发挥想象力创造出更多的形体,在不同欣赏者的头脑中具体成形,达到艺术的恒定性。

恒定性的这两个方面实际上是相互联系的,因为两者都有一种难以估计(inestimable)的特质在里面,使得有机会让大脑提供好几个解释,而且所有的解释都是有根据的。

二、美的本质的神经美学探讨

此外,探讨美的本质还涉及对主观和客观美的深入理解:客观派认为,美是事物本身固有的性质,如柏拉图、亚里士多德等古希腊哲学家和后来理性主义学者鲍姆加登等;主观派认为,美是存在于旁观者的眼中,如英国经验主义学者休姆(David Hume)和伯克(Edmund Burke)等人所宣称的那样:美不是事物本身固有的性质,它只存在于观赏事物的人的主观心灵中。康德主张审美判断既具有主观性,又具有普遍有效性,从而协调了理性主义者形而上学的教条主义立场以及经验主义者形而上学的批判怀疑主义立场。康德认为品味判断实质上是基于愉快或不悦的感觉进行的主观判断(因而有别于经验判断),但品味判断看似具有规范性,所以我们怀疑品味判断可能存在普遍有效性,并且实际上需要获得他人同意。因为品味判断需要具有普遍有效性,所以看起来"它(美)是事物的一种属性"[1]。

从科学美学,或者从神经生物学的角度来看,有关客观和主观美的讨论主要聚焦在先天基因的先验因素和后天的文化、环境因素是如何影响我们审美的。审美过程中的早期加工,主要是感知觉加工,可能是由已经固化在大脑中

---

[1]　Immanuel Kant,*The Critique of Judgment*.Oxford:Clarendon,1952.

的个体遗传和系统发育因素决定的。比如查特杰指出,在感知颜色等视觉元素时,人类的视觉系统会对相同的光频作出类似的响应。① 在审美过程的晚期视觉系统中会选择和识别与记忆和目的有关的对象,而这些记忆和目的是随文化、环境和个人经历的影响而变化。根据遗传或文化、环境的不同,审美对象的不同方面可能会引起主体的普遍或相对反应,当然我们还需要更多实验来验证审美判断是否同时具有客观性和主观性。

第二节 审美过程:审美活动的脑神经动态加工模型

神经美学家们依据不断积累的脑成像实验成果,建构了审美活动过程的神经加工模型。早期的神经美学由于处于起步阶段,主要研究了各种不同的审美活动分别激活了大脑的哪些脑区,并对审美相关的脑区进行定位和功能细分。在掌握了这些审美与大脑神经区域和功能关联之后,当前的神经美学研究更加关注人脑审美感知、情感、判断等复杂、动态、整体的处理过程。神经美学家们依据实验成果,对审美活动过程中人脑神经的运行机制进行了阶段划分,建构了审美神经机制的几种基本加工模型,从而对人脑处理审美过程进行了科学推测。

一、查特杰的视觉审美"三阶段"模型及其他理论

2004 年,查特杰在神经美学史上第一次提出视觉审美的认知神经加工的"三阶段"模型。② 第一阶段主要是由枕叶皮层(occipital cortex)提取和分析

---

① Anjan Chatterjee,"Prospects for a Cognitive Neuroscience of Visual Aesthetics",*Bulletin of Psychology and the Arts*,Vol.4,No.2(January 2004),pp.55-60.

② Anjan Chatterjee,"Prospects for a Cognitive Neuroscience of Visual Aesthetics",*Bulletin of Psychology and the Arts*,Vol.4,No.2(January 2004),pp.55-60.

形状、颜色等基本视觉特征元素。第二阶段主要是通过颞叶区等来筛选和加工已提取的视觉元素,并激活相关记忆信息,赋予审美对象一定意义,从而形成统一的表征。第三阶段是通过眶额部皮层和尾状核区来激活、引发主体的审美情感反应,并通过前扣带回和背外侧前额叶区来激活、产生主体的审美偏好,做出对客体的审美判断。

查特杰和瓦塔尼安在 2014 年提出审美神经三环路的加工模型[1],并在2016 年对审美神经三环路展开了具体论述[2],包括审美神经三环路的具体脑区、运行机制和相关作用等。这一审美神经加工模型是在 2004 年审美体验三阶段说的基础上,依据审美活动三个阶段的不同脑区神经活动的结构和功能提出的。根据查特杰审美三环路的模型,审美体验是由下面三个神经系统共同引发的心理状态,虽然三个神经系统不一定对审美体验有着同等的意义。一是依据审美活动激活了枕叶、梭状回、内侧颞叶、运动系统乃至镜像神经元系统等,提出人脑审美的"感觉—运动"神经回路,主要负责对审美对象基本特征进行感觉、知觉加工和具身认知。二是依据审美活动激活了眶额皮层、内侧额叶皮质、腹侧纹状体、前扣带回和脑岛等,提出"情绪—效价"神经回路,主要负责个体审美过程中审美情绪、奖赏、喜爱等状态的神经环路。三是依据审美活动激活了内侧眶额皮层、腹内侧前额叶等,提出"知识—意义"神经回路,主要负责专业知识、语义背景和文化有关功能等。"我们能够从艺术品的感官品质之外提取出其语义属性的程度,会影响到神经系统为审美体验服务的参与程度。"[3]也就是说,在审美过程中,以意义和知识为形式的自上而下的加工对审美体验产生了强烈的影响,使得我们对艺术的体验受到其感性品质

---

[1]　Anjan Chatterjee and Oshin Vartanian, "Neuroaesthetics", *Trends in Cognitive Sciences*, Vol. 18, No.7(July 2014), pp.370-375.

[2]　Anjan Chatterjee and Oshin Vartanian, "Neuroscience of Aesthetics", *Annals of the New York Academy of Sciences*, Vol.1369, No.1(April 2016), pp.172-194.

[3]　Anjan Chatterjee and Oshin Vartanian, "Neuroscience of Aesthetics", *Annals of the New York Academy of Sciences*, Vol.1369, No.1(April 2016), pp.172-194.

之外的因素的影响,涉及处理艺术的语境和语义等,最容易受到个人、历史和文化的影响,是形成个性化的审美体验的最重要一环,也是目前人们了解最少、最值得研究的。

二、莱德等的审美体验"五阶段"模型

2004 年,莱德等也提出审美体验的"五阶段"加工模型。[1] 该模型经常被神经美学家们引用,作为基本发展框架。10 年后,莱德和纳达尔(Marcos Nadal)还对该模型进行了完善和修整。莱德等的审美体验模型包括认知和感情两个部分。在认知这条线上,具体来说,第一阶段是"感性分析"(perceptual analyses),主要提取复杂性、对比、对称性等客体的感知属性。第二阶段是"暗示的记忆整合"(implicit memory integration),通过熟悉度等把已知信息联系到过去的经历,进行记忆整合,把看到的与他们知道的进行比照。第三阶段是"明确的分类"(explicit classification),通过分析内容信息和艺术风格的明确信息来对刺激物进行分类。第四阶段是"认知掌握"(cognitive mastering),通过专业阐释和自我阐释把意义施加于艺术品。第五阶段是"评估"(evaluation)。这五个认知加工步骤是通过几个神经反馈回路,依次按序连接。信息流在这个模式的某些部分是单向的,而在其他一些部分又是双向的。另外,还有一个感情评估流(affective evaluation stream)是与上面的认知顺序流平行运行的,而且接收到它的输出。输入这个神经回路系统是艺术品本身,我们将会限于视觉刺激物。那么,在每个阶段,一个特别的运作将执行在视觉刺激物上,从而提取视觉刺激物的不同特征。因此,在已经提取了视觉刺激物的感性属性之后,会把它放置进一个自我参考的(暗示的记忆整合)和明确的(明确的分类)环境中,我们在掌握期间评估放置在艺术品上的意义和阐释。

---

① Helmut Leder, Benno Belke, Andries Oeberst & Dorothee Augustin, "A Model of Aesthetic Appreciation and Aesthetic Judgments", *British Journal of Psychology*, Vol.95.No.4(November 2004), pp.489–508.

这个评估阶段产生了两个输出:审美判断和审美情感。如果认知掌握是成功的,而且主体成功地阐释了这一艺术品,这一艺术品会被评估为好的或坏的艺术作品。那些审美判断将会分别地伴随着积极或消极的审美情感。另一方面,如果认知掌握是不成功的,而且主体失败于解释这一艺术品,那么它可能会被评估为坏的艺术作品,伴随着消极的审美情感。也就是说,最后通过认知状态的理解或模糊以及感情状态的是否满足,产生两个输出:"审美判断"(aesthetic judgement)和"审美情感"(aesthetic emotion)。

之前,莱德认为审美过程中认知加工和感情加工可能是分开的,不一定有正相关性,然而,10 年后,莱德等认为两者是相互作用的,认知加工五个阶段的输出结果不断调节和修正情感状态,同时情感状态又对认知加工进行相关渲染和引导。

三、侯夫和雅各布森的审美加工"三阶段"模型及其他

"侯夫和雅各布森在绘画视觉审美之外,还研究了审美的其他不同形式,如音乐、诗歌和舞蹈等,在 2007 年提出另一种审美加工"三阶段"模型:第一阶段是感受阶段,主要是与知觉加工有关的枕叶、颞叶皮层区的脑区神经被激活,对审美客体进行知觉加工。第二阶段是中央处理阶段,主要是由与工作记忆、情感反应和认知控制有关的前额叶皮层、扣带回等脑区神经完成对客体审美价值的思考,做出审美判断。第三阶段是产出阶段,主要是由控制身体动作的运动皮层负责,作出外显行为,进行绘画、音乐、诗歌和舞蹈等方式的审美表达。"①

在综合比较查特杰和莱德的两个审美加工模型基础上,2007 年瓦塔尼安和纳达尔提出审美体验的模式组合,认为艺术体验是一个复杂的过程,是物体和感知者之间的相互作用以及认知和情感过程的相互作用。

卡普切克(Gerald C.Cupchik)及其同事试图通过研究认知控制和知觉促

---

① 胡俊:《艺术·人脑·审美——当代西方神经美学的研究进展、意义和愿景》,《文艺理论研究》2015 年第 4 期。

进对审美体验的贡献来理清审美欣赏中涉及的自上而下和自下而上的路
径。① 受试者观赏了各种具象绘画作品,包括强调轮廓和构图的线性硬边风
格绘画作品,以及开放式软边表现风格的绘画作品。受试者们被要求从实用
主义和审美角度进行观赏。具体而言,在实用情景下,他们注重获取有关绘画
内容的信息,而在审美情景下,他们则注重体验绘画的意境,并且欣赏绘画带
来的感觉。基线刺激物包括抽象绘画作品,这种作品只要求受试者进行观赏。
研究结果表明,与从实用角度观赏硬边绘画相比,当受试者从审美角度观赏软
边绘画时,左侧顶上小叶的活性得到增强。实验者将这种自下而上的激活归
因于观赏者试图分辨软边绘画中的模糊外形,以便在审美情景下构建连贯图
像。这与先前关于顶叶在空间认知和视觉意象中的作用的研究结果一致。②
审美刺激物和基线刺激物之间的对比显示双侧脑岛被激活。如上所述,这种
激活因情感体验诱发,与迪奥及其同事③以及汉森及其同事④之前的研究结
果一致。在实用主义观赏情景中,因为对有意义的对象进行了识别,并且将情
景模型施加于图像场景,所以激活了右侧梭状回。此外,左侧前额叶皮质参与
了自上而下的内部自我参照目标控制,这些目标涉及由审美情景规定的审美
感知。总之,这项研究表明审美体验来源于自上而下的注意力定向(前额叶
皮质)和自下而上的知觉输入之间的相互作用⑤。

---

① Gerald C.Cupchik,Oshin Vartanian,Adrian.Crawley & David J.Mikulis,"Viewing Artworks: Contributions of Cognitive Control and Perceptual Facilitation to Aesthetic Experience",*Brain and Cognition*,Vol.70,No.1(June 2009),pp.84-91.

② Scott L.Fairhall & Alumit Ishai,"Neural Correlates of Object Indeterminacy in Act Compositions",*Consciousness and Cognition*,Vol.17,No.3(October 2008):pp.923-932.

③ Cinzia Di Dio & Vittotio Gallese,"The Golden Beauty:Brain Response to Classical and Renaissance Sculptures",*Plos One*,Vol.2,No.11(November 2007),p.1201.

④ Peter Hansen,Mick Brammer & Gemma A.Calvert,"Visual Preference for Art Images Discriminated with FMRI",*Neurolmage* Vol.11,No.5(May 2000),p.739.

⑤ Gerald.C.Cupchik,Oshin Vartanian,Adrian.Crawley & David J.Mikulis,"Viewing Artworks: Contributions of Cognitive Control and Perceptual Facilitation to Aesthetic Experience",*Brain and Cognition*,Vol.70,No.1(June 2009),pp.84-91.

依据神经美学脑成像实验成果,我们认为审美过程中不仅有人脑认知的跨知觉分析,也有情感的连接,以及判断的推理,是一个复杂动态的神经通路(neural pathway)。也就是说,审美神经的加工过程包括审美认知、审美情感体验、审美判断、奖赏等。

第三节　美感性质:脑审美机制的实证分析和阐释

从神经美学的角度来看,美感性质是受到主客观因素的共同影响。神经美学家通过脑区激活的实验证实:审美体验中美感的产生不仅和客观的审美价值有关,也和主观的审美判断相连,并受到核心情感中心——脑岛和杏仁核的调节。

一、美感是怎样产生的

美学研究中绕不开的一个关键问题,是关于"美感是怎样产生"的神经机制研究,主要涉及审美的感受、知觉和情感等方面,是呈现高级、复杂形态的大脑意识活动。

克拉-孔迪等运用脑磁图描记仪进行观看摄影作品的实验观测,发现当被试者感知、体验到美时,前额叶区域被选择性地激活。他们推测人类是通过特别的大脑加工系统来感知审美属性,其中前额皮层起了主要作用。通过进一步研究,他们发现被试者产生美感体验时,左背外侧前额皮层(the left prefrontal dorsolateral cortex)被激活;进行审美判断时,扣带回被激活。[1]

---

[1]　Camilo J. Cela-Conde, Gisèle Marty, Fernando Maestú, Tomás Ortiz, Enric Munar, Alberto Fernández, Miquel Roca, Jaume Rosselló & Felipe Quesney, "Activation of the Prefrontal Cortex in the Human Visual Aesthetic Perception", *Proceedings of The National Academy of Sciences of the United States of America*, Vol.101, No.16(February 2004), pp.6321-6325.

此外,迪奥和马卡鲁索等曾经进行过观察原作和修改版的雕塑作品的脑成像实验,实验结果是原作雕塑大多获得正面评价,修改后的雕塑大多获得负面评价。与修改后的雕塑相比,对原始雕塑进行简单观察时,右前脑岛活性较强,并且外侧和内侧皮质区(如枕外侧回、楔前叶和前额叶区)也会活化。实验者得出以下结论:审美欣赏既通过引起一系列皮层区(包括脑岛)活动的刺激物的内在参数(被实验者定义为"客观")介导,又通过与观赏者自身的情感体验相关,并且引起右侧杏仁核活化的过程(被实验者定义为"主观")介导。[1] 审美体验的主观判断与被试者的情感调节有关,可见审美体验、审美判断不仅有认知的影响,还受到情感、情绪的影响。菲尔普思的研究也证实了审美体验与情感的关系,因为被试者对审美偏好的视觉刺激反应激活了人脑的右侧杏仁核。[2]

二、美感受主客观因素的共同影响

美感体验受到主客观因素的共同影响,既与客体的审美属性相关,如对称性、复杂性、新颖性、典型性;又与主观的审美判断有关,如加工的流畅度、熟悉度、专业知识、文化、内隐记忆与想象等。

迪奥和加莱塞的研究表明,被试者对视觉艺术作品产生审美体验时,感觉运动区域、核心情感中心和相关奖赏中心都被激活。他们根据这些被激活功能的关联性,分析认为审美体验是一个多级的加工过程,不仅包括对艺术作品的纯粹视觉感知、分析,还与内脏运动、感觉运动和情感共振相关。情感与审美的明显神经连接,表明至少在基本加工层面上,审美体验受到核心情感中心——脑岛和杏仁核的调节。他们认为审美体验的产生不仅和客观的审美价

① Cinzia Di Dio, Emiliano Macaluso & Giacomo Rizzolatti, "The Golden Beauty: Brain Response to Classical and Renaissance Sculptures", *Plos One*, Vol.2, No.11(November 2007), p.1201.

② Elizabeth A.Phelps & Joseph E.LeDoux, "Contributions of the Amygdala to Emotion Processing: From Animal Models to Human Behavior", *Neuron*, Vol.48, No.2(November 2005), pp.175-187.

值有关,也和主观的审美判断相连。① 也就是说,迪奥和加莱塞认为,这些结果表明美不仅与事物的属性有关,而且与情感之间存在明显的神经联系,并且审美偏好至少在基本的审美处理水平上由核心情感中心(脑岛和杏仁核)介导。

总之,神经美学的研究为美学发展提供了新的科学基础,为"美的定义"和"美的成因"等美学基本问题提供了新的理论解释和实验依据。就像泽基所说:"任何美学理论,若没有构建在脑活动的基础上,是不完备也不可能深刻的。"②或许我们可以说,神经美学研究试图从神经生理学的角度为美学问题提供新的研究角度和解释框架,在美本质、审美过程、美感性质等方面取得了许多有意义的研究成果,为美学发展提供了全新的思路。

---

① Cinzia Di Dio & Vittotio Gallese, "Neuroaesthetics: a review", *Neurobiology*, Vol. 19, No. 6 (October 2009), pp.682-687.

② Semir Zeki, *Inner Vision: An Exploration of Art and the Brain*, New York: Oxford University Press, 1999, p.52.

第四章 "神经美学之父"泽基的
脑审美机制研究

　　人脑审美神经机制研究主要借助脑科学和认知神经科学的方法,同时兼以哲学分析或严格的心理学模型等方法为辅助,主要研究人脑与审美机制之间的关系,探索人脑的审美活动过程和神经加工机制,这为美学的发展提供了崭新的途径。作为脑审美机制研究的"神经美学"学科首先是由英国伦敦大学学院(University College London,简称 UCL)的神经生物学家泽基教授创立,他由此被西方美学界称为"神经美学之父"。他在 1999 年出版了著作《内在视觉:探索大脑和艺术的关系》(*Inner Vision:an Exploration of Art and the Brain*),首次在美学史和神经科学史上正式提出了"神经美学",自此神经美学成为美学研究的一个新领域,该书也成为神经美学的抗鼎之作。随后他创立了第一个神经美学研究所(Institute of Neuroaesthetics)。在泽基的带领下,很多欧美以及中国的神经科学家、心理学家、美学家加入研究队伍,继续进行艺术审美认知神经机制的科学探索,神经美学作为一门独立的研究方向或者学科开始形成。

　　可见,探索人脑审美的神经生物学机制的"神经美学"是西方学术界一个非常年轻、非常前沿的跨学科研究门类。神经美学作为一个独立研究方向,其形成和发展离不开泽基的研究努力和贡献。20 多年来,泽基潜心研究神经美学,依据神经生物学的实验,从脑神经机制的角度,持续研究视觉大脑、审美体验、审美判断、崇高与美、色彩、形式和运动等感知与审美的关系等,在认知神经科学和美学之间取得许多重要突破,获得一系列研究成果。

第一节 人脑—艺术契合论

1999年,泽基创立了神经美学学科,他认为如果不考虑其神经基础,任何美学理论都是不完整的。① 神经美学学科创立之后,神经美学家们试图发展出一个以神经生物学为基础,建立在大脑活动机制之上的美学理论,于是不同的神经美学家们提出了一些阐释艺术与大脑之间联系的理论和思想,其中神经美学的创立者泽基教授提出了人脑—艺术契合论,基于对视觉系统的研究和理解,声称艺术的视觉特性和大脑的组织原理类似,并且艺术的功能和视觉大脑的功能在很大程度上是一致的,认为艺术是视觉大脑的功能延伸。泽基的这一观点是一些认知心理学家先前工作的逻辑延续,并在20世纪的抽象派、立体派等众多绘画艺术上得到验证,后来一些神经美学家对此观点有认同、接受和推崇,也有怀疑和否认。

泽基在继承和延续一些认知心理学家关于艺术和大脑有着紧密关系的基础上,更加强调两者的相似性和契合度,认为艺术家们都是神经科学家,他们不知不觉地探索了视觉大脑的组织结构和运行原则。1999年,他在《内在视觉:探索大脑和艺术的关系》中认为艺术与大脑具有相似的功能,都是主动探求世界的恒定性规律。

依据一系列脑科学实验,神经生物学家们发现大脑的视觉区不仅包括和视网膜关联的主要视觉区V1,还包括周围的负责加工和理解的专门化视觉专

① Semir Zeki, *Inner Vision: An Exploration of Art and the Brain*, New York: Oxford University Press, 1999, p.1.

区 V2、V3、V4、V5 等。依据一些实验成果,泽基认为视觉是一种主动的神经加工过程。视觉的加工处理,说明了大脑对本质的追求过程。同时泽基认为从某种意义上说,艺术家也是神经生物学家。艺术也是一种对世界本质的追求。对于艺术如何达到对本质的追求,泽基提出人脑—艺术契合论,认为艺术遵循大脑的运行法则,艺术具有追求恒定性的本质,包括情景恒定性和暗示恒定性,并指出"模棱两可"和"未完成"是艺术家追求艺术本质的两种异曲同工的手段。

大脑的任务是获得关于世界的知识,以便执行适当的行为,那么大脑的功能是从"物体、表面、面部、情境等"中寻找"恒定、长久、本质和持久的特质"①。同时他认为伟大的艺术家都是神经科学家,他们在不自觉中运用大脑的神经结构和组织原则来进行艺术作品的创作。也就是说,伟大的艺术家正是遵循这些追求事物本质的大脑规律,自觉运用大脑视觉结构原则,在事物的颜色、形状、运动态势方面,以及人物、场景和情景等方面,来创造出一些符合视觉大脑组织要求,从而能够表现恒定性的作品。"艺术家是神经学家,用他们独有的技术研究大脑,并得出关于大脑组织的有趣但未详细说明的结论"②。比如说 20 世纪的一些艺术家,在他们的艺术中分离和强调这些主要视觉属性。例如,马蒂斯(Henri Matisse)等野兽派艺术家特别擅长运用色彩,他们在绘画中努力分离和强调色彩,如《蓝衣妇女》、《红衣孩童》;而亚历山大·卡尔德(Alexander Calder)等动态艺术家则努力通过作品来强调和表现运动或动感,如《龙虾陷阱与鱼尾》;维米尔和米开朗基罗更是通过模糊性和未完成性来体现艺术大脑对于恒定性的追求。因此,艺术家们不知不觉地探索了视觉大脑的组织结构原则,遵循这些大脑的规律来进行艺

---

① Semir Zeki, *Inner Vision: An Exploration of Art and the Brain*, New York: Oxford University Press, 1999, pp.9-10.

② Semir Zeki, "Art and the brain", *Journal of Consciousness Studies*, Vol.6, No.6-7 (January 1999), pp.76-96.

术作品的创作。①

一、视觉大脑的定律

虽然目前已经掌握了一些视觉大脑的知识,能够阐述一些关于视觉艺术的理论,但是对于大脑究竟是怎样运行的,以及艺术作品是怎样引发人脑的审美体验的这些复杂具体机制仍是不甚了解的。泽基认为所有视觉艺术都是通过大脑来表达的,艺术欣赏和创造都必须遵循大脑的定律,因此美学理论在实质上也要建立在大脑活动的基础上。他认为如果不考虑其神经基础,任何美学理论都是不完整的。

人们是通过认知来欣赏这个世界,并通过认知来达到审美满意。泽基认为,艺术家只能处理那些大脑能够看见的自然属性。比如,紫外线虽然遵循着电磁波的定律,客观存在于大千世界,但是人类大脑却感觉不到紫外线,因此没有艺术家曾设想去探索如何描绘出紫外线,也没有艺术家去研究相关的紫外线艺术定律。与人类不同,蜜蜂能够感觉到紫外线。那么这引发了泽基的假想:如果蜜蜂能够创作艺术作品,那么蜜蜂中的艺术家可能会创造出包含紫外线成分的作品,而蜜蜂中的艺术爱好者可能也懂得欣赏作品中的紫外线成分。于是这就引导泽基提出一个浅显的观点:大脑能够知晓的事物,才能成为艺术家支配的材料。

视觉大脑的定律是什么? 它们如何控制我们对于视觉世界的感知? 在解释这些问题前,泽基提出了一个更浅显的问题:存在视觉大脑是为了什么? 一般人可能回答,这是为了"看见"。泽基接着问道:如果视觉大脑的存在是为了"看见",那么为什么我们需要去看? 一般人可能回答,这是为了能够识别事物和人,为了……等等。然而,许多动物,像鼹鼠,它们的视力非常退化,却

① Semir Zeki & Ludovica Marini, "Three Cortical Stages of Colour Processing In the Human Brain", *Brain*, Vol.121, No.9(September 1998), pp.1669-1685.

能在它们自己的环境里面进行各种活动。因此泽基概括认为,人类的"看见"是为了能够获取关于世界的知识。① 虽然视觉不是唯一能让我们获取关于世界的知识的知觉方式,因为其他知觉也同样能够做到,然而泽基认为:相对其他知觉方式,视觉是最有效的获取关于世界知识的机制。泽基这一关于视觉的定义把大脑机制和视觉艺术连接起来,可能是唯一的联合了神经学和艺术的视觉定义。

一般人们都会认识到,通过视觉大脑来获取知识不是一件容易的事情。真正值得获取的知识是关于这个世界的持久性和典型性的性质,因此人脑只对在外部世界中物体和物体表面的恒定的、不改变的、永久的、典型的性质感兴趣。但是我们从外部世界获得的信息从来都不是恒定的,反而总是处于不停地流动的状态。比如,一个物体的颜色从恒定性角度来说,实际上是没有本质变换的,但是我们在不同的角度和距离,或者在一天之中的不同时间、不同的天气状况下看,从同一物体上反射出来的光线波长也是有变化的。这就涉及德国物理学家、生理学家赫尔曼·冯·赫尔姆霍兹(Hermann Von Helmholtz)所提及的"光源的过滤"。虽然赫尔曼认为"光源的过滤"是一个"无意识推论"的过程,但泽基认为这实际上涉及大脑视觉区的神经活动过程。

因此,泽基认为,我们看物体的过程中,大脑会过滤持续变化的信息,并从中提取出该物体的本质属性。泽基把这一通过视觉方式获取关于世界知识的过程分为三个单独又相互连接的阶段:第一阶段是从大量的持续变化的信息中筛选出必要的信息,从而能够识别出物体及其表面的恒定、本质的性质;第二阶段是过滤和剔除所有与获取那个知识无关的信息;第三阶段是比较这些筛选过的信息与以前储存在脑中的视觉信息,然后标识和分类一个物体或图像。基于此,泽基认为,视觉是大脑探求世界本质的过程。

---

① Semir Zeki, *A Vision of the Brain*, Oxford: Blackwell Scientific Publication, 1993.

二、艺术是视觉大脑的功能延伸

既然视觉大脑最杰出的功能是获取我们周围世界的知识,而且艺术大部分都是视觉大脑活动的产物,那么艺术的功能是怎样的? 与视觉大脑的关系又是怎样的?

人们一般把审美活动看作一种高级的精神活动,是一种独特而共有的体验。虽然大多数人都把审美看作整个大脑的联合加工过程,但是泽基从神经美学的角度剖析艺术,把审美定位于某特定脑部区域的功能。

泽基指出,大多数把审美看作是大脑整体感受的人,对于艺术的功能,一般认为无论哪种形式的艺术,其目的都是让人们感到心灵愉悦,或者是为了捕获某个可以珍藏的场景,或者是为了滋养心灵、激起情感和刺激想象。另外一些艺术家和艺术评论家认为艺术应有一定的社会功能,他们认为艺术是一面反映社会的镜子,甚至认为艺术应当引导和改造社会。

而泽基把审美看作是脑部特定区域的作用,据此,泽基提出自己对于艺术功能的看法,他认为艺术的功能非常类似于视觉大脑,甚至艺术就是视觉大脑的延伸,而且艺术在运作它的功能时,有效地遵循视觉大脑的法则。

艺术作品能够吸引我们的一个重要原因,是因为它能有效地影响欣赏者的视觉大脑。而且这种艺术的美,我们常常无法用语言来确切表达。视觉所传达给我们的信息,往往是文学无法达到的,比如一幅画所带来的美或者震撼的力量。我们常常用"不可言说的美"来形容一个艺术作品"文字不能表达它的美",然而大脑却能够欣赏视觉的美。

为什么视觉大脑能够欣赏文字都无法表达的美呢? 为什么在传达和解读美感时,人类特有的语言也不能和视觉相媲美呢? 原因可能在于视觉系统是更完备的,因为语言系统相对只是最近才进化获取的,视觉系统的进化要比语言系统的进化时间多出数百万年。视觉系统在提取本质的能力方面,是非常高效的。视觉可以在几分之一秒内觉察到大量的讯息,包括人的精神状况,表面的颜色,辨识不断改变中的物体。我们只要凭借一点细微的变化,就能发现悲伤和快乐表情的区别,因为大脑已经进化出一个快捷、高效的视觉识别系统。

画家通过视觉系统来作画,表达他的希望、渴求以及对人类、社会的视点,那么也只有视觉大脑才能领略艺术作品的意境。依据神经生物学视角来研究视觉艺术和美学,泽基给艺术的功能下了个定义,即艺术的功能是描绘出物体、表面、面孔、情景等的恒定、持续、本质、永久的特征,因此让我们不仅从画布上特别的物体、面孔、情景中获取知识,而且从这些延伸到其他物体来进行归纳,从更大范围的物体和表面中获取知识。在这个过程中,艺术家也必须挑选本质的属性,而大量抛弃那些多余的东西。由此可见,艺术功能之一就是视觉大脑的主要功能的延伸。这个关于艺术的功能定义是宽泛的,基本包涵艺术的所有功能,至少也是绝大多数的功能,这样也导致艺术的功能与大脑的功能非常类似。

为了呈现这个真实的世界,艺术家必须过滤并舍弃接受的大量信息,因为对于呈现物体真正特性的目标而言,这些信息都是非本质的。大脑的功能之一就是获取关于世界的知识,但是这个知识是不容易获取的,因为需要从可视世界不断变化的信息中提取本质的、不变的特质。同样,艺术的功能之一,也是描绘出事物的本质,也是从可视世界不断改变的信息中,仅仅提取出那些重要的信息来表现出物体永恒的、本质的特征。泽基将艺术的功能定义为寻求恒定,并认为这也是大脑的一个最基本的功能。因此泽基认为艺术的功能是与大脑功能契合的,甚至是大脑功能的一个延伸,即在一个不断变化的世界中对于本质知识的追寻。

三、人脑—艺术契合论的脑科学支撑

艺术的功能与视觉大脑的功能之间是具有契合性的,一个很重要的原因在于泽基认为视觉是一个主动的过程,否则不能去追寻世界的本质。一直以

来,在科学家、艺术家和批评家中都流行着视觉被动论,认为可视世界的影像是被"烙印"在视网膜上,然后被转化到视觉皮层进行接收,在那儿进行解码和分析。在泽基看来,这一观点是对于视觉的一个错误认识。

直到 20 世纪末,神经生物学们才逐步认识到,视网膜仅仅是精细缜密的视觉机制的重要的初始阶段,就像是一个基本的视觉信号的过滤器,能够记录光线的强度以及光线的波长,然后再将这些经过转化的信息传送到大脑皮层。尽管视网膜的解剖结构是复杂的,但它还是没有强大的机制来舍弃不必要的海量信息,筛选出能够表现物体恒定、本质特征的必要信息。

关于视觉的脑区定位,人们一直认为视觉通道广泛分布于大脑的大部分区域。直到亨斯臣和他的追随者们发现眼睛的视网膜和大脑皮层的特定部分相连接,而不是整个大脑的皮层。这个部分最早被称为"大脑皮层的视网膜"(cortical retina),然后更改为"视觉感觉皮层"(visuo-sensory cortex),现在又更名为"初级视觉皮层",简称为"V1"区。视网膜上的信息传送到大脑皮层的 V1 区,也是经过加工和变形的。

在明确 V1 区后,人们逐步发现在 V1 区的周边皮层还分布着其他的视觉定位区,刚开始发现时都被模糊定义为"视觉关联皮层"(association cortex),目前已经非常清楚地知道,这是由许多"专门视觉区"(specialized visual areas)组成的,并把这些不同的脑区标示为 V2、V3、V4、V5 等。V1 和 V2 负责将筛选过的视觉信号传导到其他视觉区域,不同的视觉区域将专门负责加工和理解这些视觉影像的不同属性,V3 是负责处理线条和形状的视觉信息,V4 是负责处理颜色等视觉信息,V5 是负责运动等视觉信息。

视网膜到大脑的主要视觉传导途径是视神经束。它负责将视觉信号传送到大脑后方的初级视觉皮层区。被传送到 V1 的视觉信号可以分为很多种,它们分别和颜色、明暗、动作、形状、深度等属性有关。在 V1 中,负责接受不同信号的细胞会依照其类型,各自聚集在一起,形成解剖上可辨识的区间。V1 中各司其职的小区间会再将各种信号传送到视觉关联皮层区,有些是直接传送,有些则是经由 V2 间接传送。"视觉关联皮层区"都各自有其专化功能,负责处理不同属性的视觉影像,V1 会将某一类的信号传送到某个专门视觉区。V1 是视觉信号的分配中心,同时它本身也要负责处理大量的视觉基本资料,并将处理结果传送到周围的视觉区。

由于各视觉区只能接受特定的视觉信号,因此每个视觉区也依照视觉信号的类型发展出独特的专化功能。我们所谓的视觉脑其实是由很多不同的视觉区所组成的,而其中又以 V1 的专化细胞以及对应的专化视觉区为主。功能专门化是视觉脑的一大特色。构成视觉脑的各个细胞都具有专一性,都会主动对某一类的视觉信号或刺激有反应,而对其他信号进行舍弃。例如,只对某个颜色有反应的细胞也许只对红色有反应,对白色及其他颜色却没有反应,每个细胞都只对特定的颜色有反应。但是对颜色有反应的细胞却无法判定物体的移动方向,也看不到物体的形状。也就是说,如果某个细胞对某种视觉属性有反应,它对其他的视觉属性就没有反应。比如,对某个运动方向有反应的"方向选择性细胞",只对移动的点有反应,对颜色或形状就没有反应。再如,对线条及其走向有反应的细胞,只对形状有反应,而对被观测物及背景的颜色没有任何反应。

泽基认为,现代艺术越来越接近视觉大脑的生理功能,尤其像单一视觉脑细胞的反应。因为视觉区的功能本来就和艺术的功能非常类似,它们的目标都是为了从可见世界中筛选出不变的本质。比如蒙德里安的画作,主要以色块、直线及正方形构成,这些会明显激活大脑中对颜色和直线有反应的细胞。

对某项属性,如形状、颜色和动作等有反应的视觉细胞都集中在 V1 的某些特定小区间,而在 V1 周围与这些小区间相对应的 V3、V4、V5 等视觉专门区中,也都有这类细胞的存在。因此,这些视觉区也会有对应的专化功能。基于这些事实,泽基推论,不同属性是分别在视觉脑中的不同区域处理的,而且各种视觉属性都有不同的处理系统。这些处理系统包括 V1 的专化小区间、相邻视觉专化区,以及两者之间的关联。

功能专化是头脑在演化过程中,为取得关于世界的恒常性的知识,所发展出的一个重要方法。头脑为取得某些属性的本质,就必须忽略一些无关紧要的资讯,在处理不同类型的属性时,头脑抛弃资讯的方式也大不相同。在处理颜色时,头脑必须忽略光线的实际波长结构;在处理大小时,就必须忽略观察的距离。显然,头脑已经发现忽略信息较有效率的方法,就是以不同的区域忽略不同类型的信号。这些区域在结构及功能上,都是为了解某类特质的本质而量身定做的。简单地说,头脑在处理不同的视觉属性时,会采用平行和同步处理机制。

另外,视觉大脑中还有面部识别区、身体识别区和客体识别区。"枕骨面孔区(occipital face area,简称 OFA)、梭状回面孔区(fusiform face area,简称 FFA)专门处理面部感知;位于腹侧颞叶皮层的梭状回躯体区(fusiform body area,简称 FBA),以及位于外侧枕颞皮层的纹外躯体区(extrastriate body area,简称 EBA)专门进行身体识别,其中 EBA 负责处理单个的身体零件,而 FBA 更擅长进行整体加工;外侧枕叶复合体(Lateral Dccipital Complex 简称 LOC)主要涉及客体识别。"①泽基认为每个专化视觉区的细胞及其组合,都是专门加工某些视觉属性,并忽略其他视觉属性。

正是基于这些视觉专化细胞以及视觉专化区的发现及其研究,泽基提出视觉主动说,认为这些视觉专门区域围绕着初级视觉皮层,专门处理形状、颜色和动作等视觉影像的不同方面,它们的参与是正常的视觉活动的必要条件。视觉大脑为了探求可视世界的知识,会对形状、颜色等信息进行舍弃、选择,然后把选择的信息与已存储的记录进行比较,最后在大脑中产生视觉影像,因此泽基认为视觉是一种对本质的主动探求,这个过程和艺术家的创作过程非常相似。

---

① 胡俊:《"神经美学之父"泽基的审美体验及相关研究》,《文艺理论研究》2018 年第 6 期。

四、艺术契合大脑的恒定性追求

从神经生物学的角度,泽基认为艺术与大脑相似,也是一种对恒定性的追求。他指出,艺术家在创作过程中必须舍弃许多东西,然后筛选出本质的东西,因此他把艺术对本质的探求看作视觉大脑的功能延伸。那么从神经美学的角度,泽基认为伟大的艺术,必须最接近于真相的多种事实,因而愉悦大脑对各种本质的追寻。因此泽基从神经美学角度给艺术下了一个定义,即艺术是对恒定性的追求。从大脑—艺术契合论的角度,泽基具体探讨了艺术追求恒定性的两个类型。第一个是"情境恒定性",泽基以维米尔的作品为例,来阐明某种情境与很多其他情境具有共同的特征,使得大脑很快把它归类于能够代表所有同类的情境。另一个是"暗示恒定性",泽基以米开朗基罗的未完成作品为例,来阐明大脑能够对"未完成"的作品进行各种各样的自由阐释。艺术作品恒定性的这两个方面实际上是相互联系的,因为两者都有一种难以确定的特质在里面,使得有机会让大脑提供好几个版本的阐释,而且所有的阐释都是有根据的。

维米尔作品具有强大的心理力量。维米尔的绘画技巧是精湛的,在表达透视、运用色彩、明暗处理方面,手法都是熟练的,而且作品如同照片一样逼真。维米尔绘画作品的主题是平凡的:室内、倒牛奶的少女、给金称重的女孩、读信的女孩、音乐课。这些绘画的主题都是日常生活中的活动,既不新鲜,也不具有原创性,当时荷兰的其他绘画大师也都采用过相同的主题,如彼得·德·霍赫(Pieter de Hooch)、杰拉德·特·博尔奇(Gerard ter Borch)和伦勃朗(Rembrandt)。但是他们都达不到维米尔的"心理力量"(the psychological power)。虽然维米尔的绘画技巧十分突出,但他的目的不在于表现技巧,而是以绘画技巧来呈现"心理力量"。

维米尔画作的"心理力量"源自哪里? 又意味着什么? 泽基以其中的一幅画《站在钢琴前的少女和绅士》(A lady at the Virginals with a Gentleman)来

进行阐释。这幅画不仅非常忠实地描绘了室内的情景,充分掌握了光亮和阴影微妙的交互作用,对色差、细节和透视都掌握得很精准;而且画家利用高超的技巧营造出"模棱两可"的情景。泽基指出,这幅画能同时表现出数种真相,而不是一种真相,而且每种真相都是有根据的。这些真相是关于这对男女的关系,两人是朋友、情人,还是夫妻? 另外关于两人的活动,他是在仔细聆听她弹琴吗? 还是他们其实是在谈论或商量某事,她只是随手弹着琴键? 就此画来说,这些情景都说得通。不同的欣赏者的头脑会根据过去储存的类似记忆,在这幅画中辨认出多种情景的典型,因此它能同时符合各种欣赏者的不同"典型"情景的要求。

从神经生物学的角度来说,"模棱两可"并不是指含糊不清(vagueness)或不确定(uncertainty),正好相反,它指的是确定(certainty),即确定了很多不同的、基本的情境的存在,每一个情境都同样真实,都被包含在一幅简单而又意味深长的画中,这幅画之所以意味深长,就是因为它能忠实表现许多情境。

叔本华(Arthur Schopenhauer)曾说绘画就是尽力呈现出某个事物的相关知识,并不是描绘某个特定的东西,而是描绘柏拉图的"理念"(Ideal),也就是足以代表某一类事物的永久形态。泽基认为,维米尔的作品正好达到这一要求,因为它就是"某一类事物的永久形态"。不论欣赏者认为他的画描绘的情境是什么,他的画都能满足他们的期待。他的画具有恒定性:他描绘的已不是某个特定的情境,而是很多不同的情境。

维米尔画作中的各种情境是在欣赏者的大脑中形成的。每一种情境都一样真实,但真正的解释却是"永不知晓",因为原本就没有真正的解释,也没有标准答案。正因为如此,他的画作才会如此丰富。欣赏者通过这幅画,看到和想象的情境,全靠欣赏者的心情而定。其他人也许还能找出很多解释,也许每次看画时都有新的解释,也许在一次看画时,就有多种解释。

维米尔是描绘"模棱两可"的大师,这也是他许多作品的特色。比如《蓝衣少妇》(Womanin Blue)、《写信》(The letter)、《女主人和女仆》(The Mistress and Maid)和《拿天平的女人》(Woman Holding a Balance)等作品,都是情境恒定性的写照,都能表现出"同类的所有事物"。维米尔的作品为何会具有"心理力量",是因为它能激起储存在大脑中的记忆,让人联想到很多情境,而不只是一种情境,而且联想到的每个情境都是真实可信的。

接下来,通过米开朗基罗的作品,泽基提出了另外一种恒定性,即暗示恒定性。雕塑家米开朗基罗不但有登峰造极的技巧,更拥有丰富的想象力,一生都致力于呈现美和爱。他不仅在一系列雕像中呈现出他心目中美的各种面貌,而且还描述出了至高无上的爱。米开朗基罗是一位虔诚的天主教徒,他在耶稣的生命中发现了至高无上的爱,尤其是耶稣被钉在十字架上,以及从十字架上被放下的一刻,所以他的一些作品就是以此为主题。

为了表现出至高无上的爱,米开朗基罗的解决之道之一就是让很多雕像停留在未完成的状态。泽基认为米开朗基罗是故意不完成这些作品的,因为它们并不像是被放弃的作品,正因为这些雕塑是未完成的,人们才会不厌其烦地讨论这些作品。这是一种神经学的手法,让头脑能够发挥更大的想象力。《隆达尼尼圣殇像》(Rondanini Pietà)就是他著名的未完成作品之一。

米开朗基罗的未完成作品具有莫大的震撼力量,激起欣赏者的想象力,使得欣赏者的观点会随着他们自己脑中的概念而定,从而在欣赏者的脑海中对雕塑作品的完整形象进行多种形态的想象。比如,要以一件耶稣受难作品将所有想象表达出来,根本是不可能的事。这些未完成的作品,具有模棱两可和恒定性,这些雕像轮廓的模糊不清,不让形体之美喧宾夺主,反而让欣赏者通过想象力,在头脑中创造出更多的具体形象,诠释出更丰富的情感内涵。叔本华说过,只有想象力才能创造出绝妙的作品。新柏拉图主义的希腊哲学家普罗提诺(Ennead V.Plotinus)对于形体是这样解释的,"形体并不在大理石里,在大理石呈现出形体之前,形体就已经存在于创作者的脑海中了。"[1]泽基认

---

① Ennead V.Plotinus,"Eighth Tractate",in *Philosophies of Art and Beauty*,A.Hofstadter & R. Kuhns(eds),Chicago:University of Chicago Press,1964.

为,形体也存在于欣赏者的脑中,因此人们在欣赏米开朗基罗的未完成作品时,因其作品的情景暗示性和模棱两可性,使发挥欣赏者的想象力创造出更多的形体。

第二节 泽基的审美体验脑机制研究

"神经美学之父"泽基教授从脑神经机制的角度,持续研究视觉大脑、审美体验和判断,以及色彩、形式和运动等知觉与审美关系,获得一系列研究成果。关于审美体验,泽基通过脑部扫描实验得出的数据进行关联分析,已经初步研究出审美体验的共同神经生物学基础。即泽基通过脑扫描实验,表明了审美体验激活大脑的特定区域位置,即内侧眶额叶皮层(the medial orbitofrontal cortex,简称 mOFC)的 A1 区,在此基础上重新探索美的定义,并延伸到审美体验与快感体验等美学核心问题的辨析。

一、审美体验的脑神经基础

美是什么,它居于被理解的客体中,还是存在进行感知的主体之中各种观点一直贯穿于各个时代,吸引了许许多多哲学家和学者们的推测。

柏拉图认为美存在于它自己之中,美是独立于理解它的主体的。然而,即使是他,也认为审美中的个体参与者是起决定作用的。柏拉图在《会饮》篇(The Symposium)和《费德鲁斯》篇(Phaedrus)中强调把"美"(beauty)当作个体之外的永恒存在,不过作为妥协的平衡,他在《大希庇亚》篇(Hippias Major)中指出美的(beautiful)是那些能愉悦参与者的眼睛和耳朵的。

我们一直在追寻千年之问,即美是什么。这个问题,以一种接近神经生物学的方式,被伯克进行了专门推测,他在《对"崇高与美丽"思想起源的哲学探究》中写道:"美在更大程度上,是身体的某种能力,通过感觉的介入对人类的精神进行机制化运作。"①伯克认为有个独特的美的能力能够被任何和所有的感觉刺激到。因此泽基提出一个重要的问题:来自视觉、听觉等不同感觉的审美体验,是与相同的还是不同的脑区活动相关联? 如果是后者,那么这是否就意味着与审美体验相连的大脑系统是功能专门化的,某一区域的活动是与视觉审美体验相连,而另一区域的活动是与听觉审美体验相连。

不少理论家的观点都受到伯克的影响,康德也不例外,随着康德作品特别是《判断批判力》(*Critique of Judgment*)的发表,重点更多地转移到寻找感知者的美的原则和审美价值。康德睿智地提出问题:美的现象存在的条件是什么? 以及我们审美判断有效的前提是什么? 泽基把这些问题推到实验探索中,试图通过脑扫描的方法来解答康德的问题,探索美的现象是否有一个特别的神经条件的基础,是否有一个或更多的脑部结构提供这一功能。

英国艺术评论家克莱夫·贝尔(Clive Bell)在《艺术》(*Art*)一书中,提出"有意味的形式"(Significant Form),寻找客体本身的共同和特别的一些性质,能够促发主体的审美情感。泽基认为,尽管贝尔把"审美情感"看作一个纯粹主观的事,但是贝尔实质上追寻的是引起人类共同的"审美情感"的形式。笔者认为,一般来说,虽然审美存在着个人体验的主观异同,比如同一幅画或一处自然景观,有人觉得美,有人觉得不美,然而对于绘画作品《蒙娜丽莎》和自然景色的黄山,可能绝大部分人都认同是美的。换句话说,如果个人的审美体验是主观的,那么是否存在一个共同的神经组织能够导致个人的主观体验,即引发所有人类共同的"审美情感"。虽然贝尔的构想和神经生物学是不相关的,但是泽基认为贝尔的观点促发了有意义的询问和思考,指出贝尔理论引发了神经生物学思考,即大脑活动中是否有一个共同特质来负责"审美情感"。泽基希望通过实验来寻找审美体验的共同因素,即不管审美客体的来源,也不

---

① Edmund Burke, *A philosophical enquiry into the origin of our ideas of the sublime and beautiful*, London:R.& J.Dodsley,1757.

管审美主体的文化和经验背景的差异,大脑中是否存在一个共同机制能够支撑美的体验呢?

泽基致力于寻求个体审美体验的共同神经基础。2004 年,泽基等针对不同风格的绘画作品,使用功能性磁共振成像技术进行脑部扫描来试图解决这一问题,即当主体观看美丽的绘画作品时,不管绘画类型是抽象画、风景画、静物画和肖像画,是否有脑区特别参与其中。进行脑部扫描前,每个被试者都观看了大量的绘画作品,并把它们分类成美的、丑的和中性的。被试者进行脑部扫描时,观测到所有被试者的平均血氧水平依赖(averaged blood oxygen level-dependent signal,简称 BOLD)信号的变化,被试者观看 4 种不同绘画种类(抽象画,风景画,静物画,肖像画),在脑扫描期间,参与者需要按下三个按钮中的一个来表明他们发现该绘画作品是美的、中性的、还是丑的。对比美的和丑的实验数据,试验结果发现,当被试者感觉到美,并把绘画作品判断为美的,是与内侧眶额叶皮层的加强活动相关联的。实验的研究结果,让泽基和同事们认为内侧眶额叶皮层代表了所有美的神经关联性。

很多神经美学研究者多次引用泽基等在 2004 年的绘画实验,作为视觉神经美学的重要研究成果,并视之为神经美学研究史上的重要例举,甚至认为其与 2004 年另外两个实验一起开启了神经美学实验研究的先河。瓦塔尼安还依据 2004 年泽基实验中眶额叶皮层会被美刺激并激活,肯定眶额叶皮层的激活是由于美的绘画的奖赏价值。此外,最近的一项研究报告说,将阳极经颅直流刺激应用于内侧眶额叶皮层,增加了视觉刺激的审美评级,推测是因为其内部增强的神经活动。①

内侧眶额叶皮层对于这类多感觉加工,其实是一种跨模式加工。关于内侧眶额叶皮层和积极价值的审美体验及快乐感觉的对应关系,除了泽基的观

---

① Koyo Nakamura & Hideaki Kawabata, "Transcranial Direct Current Stimulation over the Medial Prefrontal Cortex and Left Primary Motor Cortex(mPFC-lPMC) Affects Subjective Beauty but Notugliness".*Front Hum Neurosci*,Vol.8,No.9(December 2015),p.654.

看不同类型绘画的实验外,还有丰富的多感觉加工的神经影像学资料和分析研究来证实,包括音乐①、面部②、嗅觉③和味觉④等。

另外,许多学者认为审美反应(aesthetic reaction,有时也称为美的反应 beauty response)、审美欣赏(aesthetic appraisal,或称为 aesthetic appreciation)、审美评估(aesthetic valuation)、审美知觉(aesthetic perception)与很多脑区都有关系,并对大脑审美的图谱进行了概括。因此他们认为美的反应并没有独特的脑区,而是与其他反应共用一些脑区,这些研究的脑图谱显示审美反应需要多个神经区域和通道,这些脑区和通道是和感觉及关联皮层相连,这些皮层的功能属性包括知觉、情感和认知。审美反应并不是一个单一的特有的专门处理美丑的大脑活动。艺术生产需要一个多样和广泛分布的大脑区域,涉及几个相互连接的神经通道,包括两个半脑的参与。艺术的审美反应也是这样。没有专门的艺术审美通道,艺术反映涉及感觉、运动、知觉和认知等。

当然,目前对于审美过程的称呼以及细分名目各异,没有明确界定。泽基把审美过程中的审美体验(aesthetic experience)和审美判断(aesthetic judgement)进行了区分。虽然泽基在实验中提出美的判断是一个复杂得多的脑区配合的审美过程,而且也不否认审美体验时不仅激活了内侧眶额叶皮层,还激活了其他脑区,比如大脑视觉区、听觉区,以及美的视觉刺激也激活了尾状核,但是泽基认为内侧眶额叶皮层与审美体验具有独特关系,并且进行跨感觉区

① Anne J.Blood & Robert.J.Zatorre,"Intensely Pleasurable Responses to Music Correlate with Activity in Brain Regions Implicated in Reward and Emotion",*Proceedings of the National Academy of Sciences*,Vol.25,No.98(September 2001),pp.11818-11823.

② Takashi Tsukiura & Roberto Cabeza,"Remembering Beauty:Roles of Orbitofrontal and Hippocampal Regions in Successful Memory Encoding of Attractive Faces",*NeuroImage*,Vol.54,No.1(January 2011),pp.653-660.

③ Christelie Chrea,Dominique Valentin,Herve Abdi,"Graded Structure in Odour Categories:a Cross-Cultural Case Study",*Perception*,Vol.38,No.2(February 2009):292-309.

④ Carolyn Kosmeyer,*Making sense of Taste,food and philosophy*,Ithaca & London:Cornell University Press,1999.

的审美体验研究,最终确定内侧眶额叶皮层中的某一特定区域是多感觉多来源审美体验的独特激活脑区。

2011年,泽基等通过功能性磁共振成像的脑扫描实验,探索来自视觉艺术、音乐等不同来源的审美体验在大脑中是否有一个共同活跃区域。[①] 21名受试者参加了实验,他们的国籍、文化背景是不一样的:10名西欧人,2名美国人,4名日本人,3名中国人和2名印度人;除了一人外,其他人都不是艺术家或音乐家。在开始实验前,他们观看了绘画作品,并听了音乐片段,都采用1—9的分值对实验材料进行评分,1—3分被分类为丑的,4—6分被分类为中性的,7—9被分类为美的。通过脑部扫描实验,主体观看或聆听刺激材料,并在每次演示结束时进行评价。泽基等对此次实验显示的大脑活动进行关联分析,发现每种类型的审美体验都激活了几个脑区,然而只有一个位于内侧眶额叶皮层中的区域,被唯一共同激活,泽基等将该区域称为A1区。也有学者认为其他实验与泽基的实验得出的A1区的位置是相同的,只是名称不同而已。

泽基等通过实验得出的结论是,就大脑的活动而言,有一种审美体验的能力不依赖于它传达的方式,但至少可以由音乐和视觉两种来源激活,也可能有其他来源。

可见,泽基希望解决的是一个非常基本的问题。当时泽基还没有闯入更困难的地形,既不是温克尔曼(Johann Joachim Winckelmann)、伯克和康德提出的关于崇高和美的差异的问题,也不是个体看待美是怎样被文化、教养和爱好调控的问题。泽基在实验中试图通过允许主体自己来决定什么是美的,什么不是美的,来规避这些问题。因此泽基的问题变成一个简单问题,不管主体怎么认知,也不管审美材料的来源如何,仅仅提出是否有特定脑区被审美体验激活。

---

① Tomohiro Ishizu & Semir Zeki, "Toward a Brain-Based Theory of Beauty", *Plos One*, Vol.6, No.7(July 2011), pp.1-10.

　　泽基通过寻找与审美体验相关联的活跃脑区的几个不同实验,发现实验结果重复地显示一个脑区,位于情感大脑的一个部分,并被公认为是位于大脑额叶的内侧眶额叶皮层之中。[1] 当主体正在体验美时,不管这个来源是视觉艺术、音乐还是数学,再细分一点,当观看视觉艺术时,不管是肖像画、风景画还是抽象画,当聆听音乐时,不管是交响乐还是爵士乐,这一脑区都会持续地活跃。实验分析发现虽然每一个对比也显示了其他激活,但是内侧眶额叶皮层是所有对比共同激活的唯一皮层,这自然引导泽基来到追寻的核心,回答内侧眶额叶皮层的同一部分的激活是否共同连接着视觉和听觉审美体验。泽基等通过视觉美>视觉丑,音乐美>音乐丑的对比进行关联分析,发现两个对比中显示的活跃脑区,如果不是全部相同的话,也是重叠的。

　　总之,大量的研究结果是一致的。据此,在不考虑审美材料是视觉的还是听觉的情况下,泽基认为审美体验是与内侧眶额叶皮层相连的,因为美的刺激激活的唯一共同区域,都位于内侧眶额叶皮层中。为了避免产生歧义,把审美体验界定的内侧眶额叶皮层内的区域与其他研究特别是判断、评估、奖赏和愿望等涉及的区域相混淆,泽基等试探性地把以上已经描述的被美的刺激物激活的唯一共同脑区称为内侧眶额叶皮层的 A1 区,因为在绝大多数探索皮层活动和不同审美体验关系的研究中,内侧眶额叶皮层的 A1 区是最活跃的。值得一提的是,神经美学史上是泽基首次提出和划定了审美体验的 A1 区。对于 A1 区的范围和边界,目前泽基等还是进行试探性界定,把 A1 区的中心放在-3 41-8,估计其直径在 15—17 毫米之间,[2]A1 区的内部还有更深的功能化细分,这需进一步研究。

　　① Tomohiro Ishizu & Semir Zeki, "Toward a Brain-Based Theory of Beauty", *Plos One*, Vol.6, No.7(July 2011), pp.1-10.

　　② Tomohiro Ishizu & Semir Zeki, "Toward a Brain-Based Theory of Beauty", *Plos One*, Vol.6, No.7(July 2011), pp.1-10.

鉴于不同视觉艺术和音乐的审美体验的研究结果,泽基等得出结论:(1)来自视觉和听觉的审美体验是与内侧眶额叶皮层相连的;(2)在内侧眶额叶皮层的内部,审美体验更多的是与专门化的 A1 区相连;(3)至少两种不同方式,即视觉的和听觉的刺激材料,产生的审美体验分享了一个共同的皮层区,其位于内侧眶额叶皮层的 A1 区。[①] 在此基础上,泽基修改了伯克的定义,认为美在更大程度上,是通过感官的介入,与内侧眶额叶皮层相连的身体的某种能力。因此进一步得出这个结论:同一脑区内侧眶额叶皮层的 A1 区的活跃是以同一种方式与这两种不同来源的审美体验相关联的。

泽基强调,他的理论是暂定的,除了视觉和听觉外,还有许多其他的体验可能也被认为是美的。他的理论会根据未来对其他领域审美体验的更深研究,来坚持或推翻:审美体验是与内侧眶额叶皮层的 A1 区相连的,或者进行适当调整。

值得一提的是,许多人将数学的美与来自最伟大艺术的审美体验相媲美,很多学者也疑惑于两者到底有没有关系。2014 年泽基通过实验,来研究从数学这样一个高度智力认知和抽象来源获得的审美体验,与更多以感觉、感知为基础来源的情感大脑同一部分的活动是否相关。泽基等使用功能性磁共振成像技术对 15 位数学家大脑中的活动进行成像测试,当他们观察到被分别评为美丽、无动于衷或丑陋的数学公式时,记录下他们的脑部扫描图像。有趣的是,结果表明数学审美体验与内侧眶额叶皮层的 A1 区呈参数化相关。[②]

概括地说,通过泽基等人关于审美体验的实验,发现不同来源引发的审美

① Tomohiro Ishizu & Semir Zeki, "Toward a Brain-Based Theory of Beauty", *Plos One*, Vol.6, No.7(July 2011), pp.1-10.

② Semir Zeki, *A Vision of the Brain*, Oxford: Blackwell Scientific Publication, 1993, p.68.

体验有相似之处,对于视觉①、音乐②、面孔③、道德④、数学⑤的美的体验,都与内侧眶额叶皮层的 A1 区的活跃相关。而且被试者宣称的审美体验的强度越高,其脑部扫描中发现的内侧眶额叶皮层激活的程度就越高,两者成正比例的线性关系,这给泽基的理论增加了可测量性和量化的可能,也使得泽基形成了一个基于大脑的审美理论的推测。

二、探索"走向一个脑基础的美的定义"

关于审美体验,泽基认为:一是不论审美的材料来源,以及审美主体的文化背景的差异,审美体验都与人脑的内侧眶额叶皮层 A1 区的活跃有关;二是A1 区的平均血氧水平依赖信号与被试者声称的审美体验的强度之间是有着线性关系的。泽基以实验研究的这两个主要结果为基础,初定了一个以大脑神经机制为基础的美的定义。笔者认为这实际上还不是完整意义上的美的定义,这只是泽基关于审美体验乃至"美是什么"的神经生物学角度的研究和思考。

泽基认为,"美是什么"的问题已经有着足够多的定义。有些人,如维特鲁威(Marcus Vitruvius)、阿尔伯蒂(Leon Battista Alberti)和达·芬奇(Leonardo Da Vinci),都是在被感知物体的特征方面理解美的。在视觉艺术和建筑中,

---

① Hideaki Kawabata & Semir Zeki,"Neural Correlates of Beauty",*Journal of Neurophysiology*, Vol.91,No.4(May 2004),pp.1699-1705.

② Tomohiro Ishizu & Semir Zeki,"Toward a Brain-Based Theory of Beauty",*Plos One*,Vol.6, No.7(July 2011),pp.1-10.

③ J.O' Doherty,J.Winston,H.Critchley,D.Perrett,D.M.Burt & R.J.Dolan,"Beauty in a Smile: the Role of Medial Orbitofrontal Cortex in Facial Attractiveness". *Neuropsychologia*, Vol. 41, No. 2 (2003),pp.147-55.

④ Takashi Tsukiura & Roberto Cabeza,"Remembering Beauty:Roles of Orbitofrontal and Hippocampal Regions in Successful Memory Encoding of Attractive Faces",*NeuroImage*,Vol.54,No.1(January 2011),pp.653-660.

⑤ Semir Zeki,John Paul Romaya,Dionigi M.T.Benincasa &Michael F.Atiyah,"The Experience of Mathematical Beauty and its Neural Correlates",*Frontiers in Human Neuroscience*,Vol.8,No.2(February 2014),p.68.

美可能会简化到对称(symmetry)、比例(proportion)、和谐(harmony)等等,而在音乐中可能是节拍(beat)、和谐(harmony)与旋律(rhythm)。但是,在一个更复杂的场景,如戏剧或电影中,美又是什么呢?

在试图回答美是什么时,泽基受到贝尔的启发,贝尔在《艺术》中写道:"如果我们能够发现所有客体中普遍和特殊的能够唤起美的特质,那么我们就会解决美学中的核心问题。"①贝尔主要关心的是视觉美,但泽基试图把范围扩大到所有的美。泽基认为,贝尔与休谟的观点是不同的,休谟将美完全置于知觉者身上,而贝尔在被感知的客体上寻找"特殊的特性",同时也给感知者以首要地位。贝尔还提出:"所有美学体系都必须以个人体验为基础,也就是说,它们必须是主观的。"②贝尔问道,什么是"圣索非亚教堂,沙特尔的窗户,墨西哥的雕塑,一个波斯碗,中国的地毯,乔托在帕多瓦的壁画,普桑(Nicolas Poussin)、弗朗西斯卡(Piero della Francesca)和塞尚(Paul Cézanne)的杰作的共同"③特性? 这个名单里面不包括音乐。泽基通过添加音乐这一审美材料来修改贝尔的问题,并问道:当观看不同的视觉刺激和聆听不同音乐刺激时,我们每个主体的所有审美体验的共同之处是什么? 也就是说,泽基认为,贝尔带来的第一个神经生物学挑战是,审美如果是主观的,独立于文化和学习之外,是否存在一些共同的能够导致人类共同的"审美情感"的个人主观体验的神经组织结构。因此贝尔理论促发泽基去追寻大脑活动中是否有一些共同特性,来支撑"审美情感"。研究结果激励着泽基推测性地提供一个新的神经生物学方式来修改贝尔问题的答案,这个答案只是基于感知者而不是客体对象,但这并不意味着泽基认为客体对象可能没有使其获取美的资格的特征,相反泽基努力寻找客体中引起"审美情感"的性质及其神经生物学因素④。

---

① Clive Bell, *Art*, London: Chatto and Windus, 1921, p.292.

② Clive Bell, *Art*, London: Chatto and Windus, 1921, p.292.

③ Clive Bell, *Art*, London: Chatto and Windus, 1921, p.292.

④ Semir Zeki, "Clive Bell's 'Significant Form' and the neurobiology of aesthetics", *Frontiers in Human Neuroscience*, Vol.7, No.12(November 2013), pp.1-14.

贝尔给出的答案是,定义所有艺术品的单一特征是"有意味的形式"。泽基等认为这样的定义有许多缺点,其中主要的缺点是,要从绘画、音乐、时尚、设计、电影、歌剧,以及许多我们体验美的其他领域,包括道德美,来定义"有意味的形式"可能是什么。事实上,贝尔自己甚至对于什么是基本的视觉属性(如颜色和线条)的"有意味的形式"也可能是模糊的。泽基等认为"有意味的形式"这个概念,与应用到我们审美体验的所有领域的定义是抵触的,因此也变得不可测量和量化。因此,泽基等提出一个神经生物学定义,使得它不必定义这一"有意味的形式",或者任何其他的被感知作品的特征,这是一个单独依赖于感知者的可测量和量化的定义。也就是说,对贝尔理论进行思考,泽基首先是去追寻体验为美的共同主观因素,把他关于能够促发"审美情感"的共同属性,转化为不考虑文化和经历,大脑中是否有一个共同机制能够支撑美的体验。泽基等认为所有对主体显得美丽的作品都具有唯一的、共同的基于大脑的特征,这个特征就是,与主体对刺激物的审美体验紧密相连的,是他们的内侧眶额叶皮层 A1 区内的活跃强度的变化[①]。泽基等修改了贝尔关于美的定义,使之依据感知的主体,而远离被感知的客体对象的特征。不过泽基认为,被归类为美的客体可能某些特征是有助于主体把它归为美的,尽管这些特征已经并继续是一个争论的话题。

因此,泽基的基于主体的美的定义使得在确定什么构成艺术作品的审美吸引力时,不必考虑其他因素,如教养、文化、情境、鉴赏家身份和货币价值等,尽管这些因素都可能有助于审美体验。确实,正是由于这个原因,泽基选择不同文化和种族背景的被试者来参加审美体验实验。当然,还有很多标志性的艺术作品,比如贝多芬的音乐、米开朗基罗的《圣殇》雕像,它们都是属于不同文化、背景和民族的人都能体验为美的作品。这可能如同康德在《判断力批

---

① Tomohiro Ishizu & Semir Zeki, "Toward a Brain-Based Theory of Beauty", *Plos One*, Vol.6, No.7(July 2011), pp.1-10.

判》中所说的,假设存在一个共通感(sensus communis)①,也就是说,这样的美的作品能够刺激的不同文化的个体大脑组织是相似的。人类能够体验到美的能力,是与所有人类大脑中某一特定脑区的激活共同关联的。

这并不是说,在审美体验期间,只有这个区域是激活的,也不是说,有一个"美点"在大脑中,也不是暗示,审美情感是被这个脑区单独促发的。实际上,视觉美的体验,是通过视觉脑输入到内侧眶额叶皮层 A1 区,而听觉美的体验,其输入是通过听觉脑。因此这些脑区和其他脑区,比如视觉刺激时的皮下尾状核,是与内侧眶额叶皮层的 A1 区一起激活。但是,最重要的是,内侧眶额叶皮层的 A1 区是来自不同来源的唯一激活的共同脑区。现在,它看起来是所有体验为美的唯一共同神经特质。而且内侧眶额叶的 A1 区的激活强度是与宣称的审美体验强度成正比的。

这是对哲学美学的一个中心问题,即是否有审美价值的客观判断②,给予一个神经生物学的答案。这里的新奇之处在于,客观判断直接与大脑中一个精确位置的激活及其激活程度相关联。它可能被称为主观的,某种程度上它都是相关于个人体验,激活在个人大脑中,即一个人体验为美的,并不必然为另一个人体验为相同的。但是它在某种程度上仍然是客观的:(1)不管什么时候一个主体体验到美,不考虑来源、文化和教育等,其内侧眶额叶皮层的 A1 区是激活的。一方面,不否认文化和教育在塑造美的体验中的重要性,但是神经生物学关于美的定义是具有普遍性的,是超越文化的。在我们上面提到的实验中,参加这些实验的主体是来自不同种族和文化背景,脑活动位置的客观识别以及激活程度是与文化、成长、教育,国家或种族价值是无关的。另一方面,并非所有的绘画或音乐片段都被所有主体一致体验为美,但是每当一个主体体验到美的时候,在内侧眶额叶皮层中的 A1 区都有与之相关的活动。按

---

① Immanuel Kant, *The Critique of Judgment*, Oxford: Clarendon, 1952, p.180.

② Gordon Graham, *Philosophy of the Arts: An Introduction to Aesthetics*, London: Routledge Press, 2000, p.326.

照贝尔的说法,能够体验到美的能力适用于所有年纪。因此泽基认为,所有人类大脑中某一特定脑区的激活是共同与美的体验相关联的。(2)这个激活是可检测、可量化的。也就是说当人类进行审美体验时,不仅其激活的脑区是客观可测的,而且其激活强度也是可检测和量化的,美的体验又是与宣称的强度正相关的,那么一个人审美体验的强度也是客观可量化的。

从大脑审美的角度来研究美,是一条非常前沿的科学路径,我们不仅需要研究主体大脑的审美机制,还要继续探索客体本身的美,尤其是在解决了审美体验等大脑审美机制的神经生物学基础之后,更要追寻是客体中的一些共同因素导致了审美机制的运作,还是大脑审美机制主动选择了拥有某些共同特性的客体成为美的客体。笔者认为这一共同特性因素必然是超越音乐的共性、绘画的共性等的所有审美刺激物的一个综合共性,如果说颜色、线条是绘画的抽象共性,节拍、旋律是音乐的抽象共性,那么在颜色、线条、节拍、旋律等绘画、音乐等抽象共性之上,推测还应该有一个更高更抽象的共性,比如中间阈值(这一概念的提出还得益于笔者与美国佐治亚大学神经分子生物学家申平(Ping Shen)的多次交流,也是依据申平教授实验室团队的一项相关实验的数据和脑神经解剖图的结论),这一概念可能也是与西方神经美学家常提到的与神经加工流畅性密切相关的典型性(prototypicality),以及蔡仪美学思想中的"典型"客体的概念相关,笔者将来会继续关注、追踪和研究审美的中间阈值、典型性与典型之间关系以及它们是否具有科学性。换句话说,我们在解决了审美体验的唯一共同激活脑区即审美的神经生物学基础之后,是否可以继续追问,客体中的什么特性才可能激活共同的唯一的审美体验脑区,或者大脑神经机制会选择拥有哪些共同特性的客体为美。

众所周知,许多人,包括古罗马时期的著名建筑学家维特鲁威,欧洲文艺复兴时期的建筑理论家、哲学家阿尔伯蒂和科学家、画家达·芬奇都寻求客体使之为美的特征,但没有任何坚定的结论。贝尔即使认为审美情感是一个纯主观的事情,同样也在寻找所有客体本身的一些共同的普遍的特性。贝尔提出一个重要的核心概念——"有意味的形式",即线条和颜色用某个特别方式结合在一起,某些形式以及形式之间的关系,激起我们的审美情感。这些线条和颜色的关系和组合,这些美学感动的形式,贝尔称之为"有意味的形式",不仅认为这是所有艺术作品的一个共同特质,还指出根据某些未知和神秘法则来排列和组合的形式能够用一种特别的方式打动我们,艺术家的工作就是去排列和组合它们,使得它们能够打动我们。与此相应,荷兰画家、抽象风格派最核心人物之一的蒙德里安(Piet Mondrian)也强调,他是单独通过线条和颜色来创造美。1914年他在给荷兰艺术评论家布雷默(H.P.Bremmer)的一封信里面写道:建立线条和颜色的组合,是为了最大意识地表达普遍的美。因此泽基认为贝尔带来的另一个神经生物学的挑战,在于试图理解数学、视觉艺术、音乐等多种来源的美的体验在何种程度上能够被所有人类偏爱的客体特性所解释,因为这些多种来源激活了我们神经系统中类似的共同神经组织和构造,因此独立于文化和教育。针对贝尔的"有意味的形式"这一引发美的客体的特质的构想,泽基提出构建一个更好的概念,即"有意味的组态"(Significant Configuration)。

以视觉为例(下文也是),泽基认为"有意味的组态"可能比贝尔的"有意味的形式"更适合于我们的视觉大脑,因为"有意味的形式"限于线条和颜色及其组合,而"有意味的组态"可以应用于任何属性或特质,除了线条、颜色,还可以包括面部、身体或视觉运动刺激。同时,泽基也提出疑问,在不同的领域中,是否有一个在每个不同领域中都最佳或审美地激活该脑区的"有意味的组态"?

泽基认为,为了激发情感,必须首先感受到线条、形式、颜色、面部等属性,这是大脑感知系统的功能,因此在线条等客体特质,与它们唤起的审美感情之间,还存在一个审美感知。对于感觉区,以视觉区为例,依据神经生物学研究成果,泽基认为,近几十年来已经理清大脑中视觉区域的专门化、分区化和多样化:视觉皮层的 V1、V2 区是对视网膜的视觉信号的主要接收者①;V3 区是专门用于形式的感知②,特别是动态的③,V4 区对颜色感知是至关重要的④,V5 区是专门负责视觉运动的⑤,枕骨面孔区、梭状回面孔区专门处理面部感知⑥;位于腹侧颞叶皮层的梭状回躯体区,以及位于外侧枕颞皮层的纹外躯体区专门进行身体识别⑦,其中前者负责处理单个的身体零件,而后者更擅长进行整体加工⑧;外侧枕叶复合体主要涉及客体识别⑨。泽基认为每个专化视

① Semir Zeki, "Uniformity and Diversity of Structure and Function in Rhesusmonkey Prestriate Visual Cortex", *J.Physiol*, Vol.277, No.1 (May 1978), pp.273-290; S.Shipp & S.Zeki, "Segregation of Pathways Leading from Area V2 to Areas V4 and V5 of Macaque Monkey Visual Cortex", *Nature*, Vol. 315, No.6017 (May 1985), pp.322-325; Margaret Livingstone & David Hubel, "Segregation of Form, Color, Movement, and Depth: Anatomy, Physiology, and Perception", *Science*, Vol.275, No.240 (January 1988), pp.740-749.

② Andrew T.Smith, Mark W.Greenlee, Krish D.Singh, Falk M.Kraemer & Jurgen Henning, "The Processing of First and Second-Order Motion in Human Visual Cortex Assessed by Functional Magnetic Resonance Imaging (fMRI)", *The Journal Neuroscience*, Vol.18, No.10 (May 1998), pp.3816-3830.

③ Semir Zeki, *A Vision of the Brain*, Oxford: Blackwell Scientific Publications, 1993, p.85.

④ Erin Goddard, Damien J. Mannion, J. Scott McDonald, Samuel G. Solomon & Colin W. G. Clifford, "Color Responsiveness Argues Against a Dorsal Component of Human V4", *J.Vis*, Vol.11, No.4 (April 2011), p.3.

⑤ Semir Zeki, *Inner Vision: An Exploration of Art and the Brain*, New York: Oxford University Press, 1999, p.143.

⑥ Justine Sergent, Shinsuke Ohta & Brennan MacDonald, "Functional Neuroanatomy of Face and Object Processing", *Brain*, Vol. 115, No.1 (February 1992), pp.15-36; Birgit Derntl, Ute Habel, Christian Windischberger, Simon Robinson, Ilse Kryspin-Exner, Ruben C Gur & Ewald Moser, "General and Specific Responsiveness of the Amygdala during Explicit Emotion Recognition in Females and Males" *Neurosci*, Vol.10, No.1 (August 2009), p.91.

⑦ Paul E. Downing, Yuhong Jiang, Miles Shuman & Nancy Kanwisher, "A Cortical Area Selective for Visual Processing of the Human Body", *Science*, Vol.293, No.5539 (October 2001), pp. 2470-2473.

⑧ Jussi Alho, Nelli Salminen, Mikko Sams, Jari K.Hietanen & Lauri Nummenmaa, "Facilitated Early Cortical Processing of Nude Human Bodies", *Biological Psychology*, Vol.109, No.8 (May 2015), pp.103-110.

⑨ R.Malach, J.B.Reppas, R. R. Benson, K. K. Kwong, H. Jiang, W. A. Kennedy, P. J. Ledden, T. J. Brady, B.R.Rosen, R.B.Tootell, "Object-Related Activity Revealed by Functional Magnetic Resonance Imaging in Human Occipital Cortex", *Proceeding of the National Academy of Science*, Vol.92, No.18 (August 1995), pp.8135-8139.

觉区可能有一个原始的生物学的成分组合,不受认知、文化和学习的因素影响,其成分是为专门加工某些属性。

　　不同领域和不同视觉区域的这种激活的模式将是什么,以及这与不会导致审美感知的相应的刺激激活同一区域是怎样的不同？泽基认为,"有意味的组态"刺激方式不是最强或最大的,而是最佳或特定的,从而最优激活相关感觉区域。以视觉运动系统为例,泽基指出"有意味的组态"的激活模式不同于其他激活模式,表现为以下三种情况:第一种,专门从事视觉运动加工的视觉区的更强烈反应;第二种,特定或专门的激活模式,特定的不同细胞群进行参与;第三种,一个最佳反应,而不是最强的反应。泽基的意思是指,"有意味的组态"激活感觉区域的方式不同于那些缺乏"有意味的组态"的刺激,只有"有意味的组态"激活的大脑的"感觉"区域才能唤起审美情感。也就是说,大脑感觉区每个专化区被最优激活时,审美感知被唤起,并最终导致审美情感。刺激物不能以最佳或特定的方式激活相关区域,就不会导致审美感知,它们将会评定为中性。如果刺激物是极端地背离"有意味的组态",那么就会被体验为丑陋的。研究实验表明,当人类看到一个中性面孔时,在梭状回面孔区中有很强的激活。当他们看到他们体验为美的面孔时,除了在梭状回面孔区中有激活,在内侧眶额叶皮层中也有相关的活动。当他们看到一个丑陋或毁容的面孔时,除了在梭状回面孔区有活动以外,还有杏仁核(一般被连接到丑的情感)内的激活。

　　从大脑审美机制的角度来看,泽基认为"有意味的组态"不仅导致早期感知领域(审美感知)更强或最优的激活,而且还有内侧眶额叶皮层 A1 区(审美体验或情感)中的相关联的激活。这引发了三个问题:(1)在不同视觉领域中,有意味的组态通过什么样的神经方式激活了审美感知;(2)这些专门化脑区的神经激活与审美体验相关的内侧眶额叶皮层 A1 区的激活两者什么样的关系。也就是说,大脑如何将信号过滤到一个或另一个目的地:什么样的神经机制确定美的信号从感觉区被引导到有内侧眶额叶皮层 A1 区这一个目的地,而不是其他的目的地?(3)审美情感被唤起,是否可以进一步分化?在体验了美的不同作品所引起的情感中,例如视觉或音乐审美情感,发现了内侧眶额叶皮层 A1 区中的共同激活,它的激活是与美的体验相关,但是视觉和听觉的美的信号进入内侧眶额叶皮层 A1 区的来源和通道是来自于不同感觉区,那么内侧眶额叶皮层 A1 区是否有进一步的处理审美的不同领域、功能和划区的细分。

三、审美体验的相关研究及思考

审美体验是美学研究中的一个关键部分,如果想要透彻研究审美体验,还需要弄清审美体验与其他快感体验的异同,以及审美体验与审美感知、审美判断的关系。在泽基看来,虽然目前已取得一些成果,但很多方面还有待进一步展开实验研究。

1.审美体验与快感体验

审美体验与其他感官愉悦的体验、或其他抽象认知的奖励体验有什么异同呢?美学界对于美感和快感,一直有不同观点,有的认为两者大同小异,程度不同、本质一致,有的认为美感是一种精神智性愉悦,而快感只是感官愉悦,一个是高级的,一个是低级的。

从神经生物学的角度来看,人们对于审美体验与其他愉悦体验关系的认识也是有分歧的。已有的研究结果表明,主体发生奖赏和愉快体验时,其内侧眶额叶皮层部分也会产生持续活跃,无论这体验是真实的①,还是想象的②,

①　Signe Bray,Shinsuke Shimojo,John P.O'Doherty,"Human Medial Orbitofrontal Cortex is Recruited during Experience of Imagined and Real Rewards",*Journal of Neurophysiol*,Vol.103,No.5(May 2010),pp.2506-2512.

②　J.Peters & C.Buchel,"Neural Representations of Subjective Reward Value",*Behavioural Brain Research*,Vol.213,No.2(December 2010),pp.135-141.

以及期望的①。这在神经生物学层面上自然而然地提出了美学界长期讨论的问题,即审美体验与快乐的关系。在神经美学实验研究结果中,也发现奖赏和愉悦通常也是与审美体验相关的。所以一方面,表明了审美体验与快乐的相关性,另一方面,如果仔细思量,反过来会产生一个质疑,比如目前对于泽基关于美的假设的一个反对意见,就是有学者认为内侧眶额叶皮层的活动可能也与其他体验有关,如其他领域的愉悦、奖赏体验,也就是说,可能内侧眶额叶皮层并不与美直接相关。所以,这就提出了一个重要的问题:一方面是审美体验,另一方面是其他事物的愉悦、奖赏体验,这些不同种类的快乐体验在大脑位置和活动上是否相同,也就是说,审美体验作为一种快乐的奖赏,是不是与其他类别的奖赏共用一个神经通道,如果共用,那么是不是说,审美体验与其他感官愉悦的奖赏体验也没有什么区别? 如果不同,那么具体差异何在? 已有的资料显示,内侧眶额叶皮层是一片广阔的皮层,有几个细胞结构学上的分区②,已有的证据显示:不是所有种类的奖赏和愉悦都激活了审美体验相关的内侧眶额叶皮层的A1区。泽基依据自己和他人的研究实验,总结道:饮料偏爱看起来是与内侧眶额部皮层的相同部位(A1区)相连③,抽象体验④、预测奖励⑤和某些运动模式偏爱⑥也是一样,食物的享乐体验好像是与内侧眶额

①　Wolfram Schultz, "Subjective Neuronal Coding of Reward: Temporal Value Discounting and Risk", *European Journal Neuroscience*, Vol.31, No.12(June 2010), pp.2124–2135.

②　Morten L.Kringelbach, "The Human Orbitofrontal Cortex: Linking Reward to Hedonic Experience", *Nature Review Neuroscience*, Vol.6, No.9(September 2005), pp.691–702.

③　Samuel M.McClure, Jian Li, Damon Tomlin, Kim S.Cypert, Latané M.Montague, P.Read Montague, "Neural Correlates of Behavioral Preference for Culturally Familiar Drinks", *Neuron*, Vol.44, No.2 (October 2004), pp.379–387.

④　J.O' Doherty, M.L.Kringelbach, E.T.Rolls, J.Hornak & C.Andrews, "Abstract Reward and Punishment Representations in the Human Orbitofrontal Cortex", *Nature Neuroscience*, Vol.4, No.1(January 2001), pp.95–102.

⑤　Jay A.Gottfried, John O' Doherty & Raymond J.Dolan, "Encoding Predictive Reward Value in Human Amygdala and Orbitofrontal Cortex", *Science*, Vol.301, No.8(August 2003), pp.1104–1107.

⑥　Semir Zeki & Jonathan Stutters, "Functional Specialization and Generalization for Grouping of Stimuli Based on Colour and Motion", *Neuroimage*, Vol.73, No.6(June 2013), pp.156–166.

叶皮层 A1 区更外侧的眶额叶皮层部分相连的[1]，然而情欲快感的体验是与眶额叶皮层 A1 区的背侧区域相连[2]。另外，关于货币奖励，有一项研究报道了货币奖励的激活区与内侧眶额叶皮层的 A1 区是对应的交叉重叠[3]；但是另一项研究认为货币奖励的激活位置是在眶额叶皮层的 A1 区外，位于更靠前的位置[4]。总之，这些奖赏和快乐体验的激活区都是临近或重叠的，但明确结果尚未定论。泽基认为，除非通过相同的主体、实验过程和关联分析来探索奖励和审美的体验，否则很难精确地确定不同体验关联的部位是否相同。而且，即使涉及相同部分，目前也很难通过实验来确定在这些不同体验时期是否是相同细胞群被激活。也就是说，我们还需要设计一个相同主体的实验来区分不同快乐、奖赏和审美体验是否涉及相同脑区和相同细胞群，然后更加精确定义不同类型的快乐和奖励任务得到的激活与泽基确定的审美体验区即内侧眶额叶皮层 A1 区的关系。

2. 审美体验与审美感知

"哲学史、美学史普遍重视美感中的感情活动，忽视或轻视其认识作用，代表人物有休谟、康德。休谟认为，理性传达真与伪的知识，趣味产生美与丑、善与恶的情感，所以知识的认识是和理性相关的，美、美感是和情感相关的。

---

① M.L.Kringelbach, J.O'Doherty, E.T.Rolls & C.Andrews, "Activation of the Human Orbito-frontal Cortex to a Liquid Food Stimulus is Correlated with its Subjective Pleasantness", *Cerebral Cortex*, Vol.13, No.10(October 2003), pp.1064–1071.

② Guillaume Sescousse, Jérôme Redouté and Jean-Claude Dreher, "The architecture of reward value coding in the human orbitofrontal cortex", *The Journal of Neuroscience*, Vol.30, No.39(September 2010), pp.13095–13104.

③ Hackjin Kim, Shinsuke Shimojo & John P O'Doherty, "Overlapping Responses for the Expec-tation of Juice and Money Rewards in Human Ventromedial Prefrontal Cortex", *Cerebral Cortex*, Vol.21, No.4(April 2011), pp.769–776.

④ Guillaume Sescousse, Jérôme Redouté and Jean-Claude Dreher, "The architecture of reward value coding in the human orbitofrontal cortex", *The Journal of Neuroscience*, Vol.30, No.39(September 2010), pp.13095–13104.

康德提出了智、情、意的划分,主张感情和理智各自独立,审美判断和知识判断相对立。审美判断是情感的,与主体相联系;知识判断是逻辑的,与客体相联系。审美只涉及主体的情感,或曰主观情感,而不关联于客体的认识,这样就隔断了美感和认识的联系。"①泽基通过脑扫描实验,证明人脑的审美体验是与对客体的认识、感知相关联的。

2004年,泽基等使用核磁共振成像技术进行脑扫描,发现当主体观看美丽的绘画作品时,不管绘画类型是抽象画、风景画、静物画和肖像画,都共同激活了审美体验的脑区即眶额叶皮层;同时不同类型的绘画还激活了视觉脑中的不同位置,这对于肖像画和风景画尤其如此,而且特定类型的刺激是和独特的专门的大脑视觉加工区相关联的,比如客体的形状、颜色和运动属性分别激活的是大脑视觉专门区的 V3、V4 和 V5 区。也就是说,视觉脑是功能专门化的,无论这些画作是否被归为美的,观看这些不同类别的画作,比如肖像画和风景画,会激活视觉知觉区的不同位置。

2011年,泽基等通过同一被试者观看不同视觉作品和聆听音乐实验,精确发现唯有一个皮层区域即内侧眶额叶皮层 A1 区的活动,是与听觉和视觉审美体验共同相关的;但是视觉和听觉这两个领域通往内侧眶额叶皮层的通路是不同的。虽然眶额叶皮层几乎不接受直接感觉输入,但是审美体验时内侧眶额叶皮层与视觉艺术和听觉认知的知觉区是一起活跃的,推测可能是从视觉区、听觉区等知觉区输入到审美体验相关的内侧眶额叶皮层 A1 区。据此,泽基等认为,伴随音乐审美体验,大脑的听觉认知加工区域与内侧眶额叶皮层的 A1 区是共同激活(co-active)的。伴随视觉审美体验,大脑的视觉认知加工区域、尾状核与内侧眶额叶皮层的 A1 区是共同激活的。泽基使用术语"共同激活",而没有区分激活的先后时间顺序,主要是因为使用功能性磁共振成像技术时,由于该方法的时间限制,不能够分离出这些脑区的激活顺序。

---

① 胡俊:《蔡仪美学与辩证唯物主义认识论》,《文学评论》2014 年第 4 期。

更多地基于伯克关于美的定义的思考,如被感官调节,泽基后来补充认为美的决定因素不是内侧眶额叶皮层 A1 区的单独激活,而是内侧眶额叶皮层的 A1 区与专门的感知区域以及可能(在视觉刺激的情况下)与尾状核一起共同激活。因此,泽基扩大了上述关于美的神经生物学定义,不仅包括内侧眶额叶皮层的激活,还包括与感觉区域的共同激活,因为他认为这些感觉区域滋养了内侧眶额叶皮层。这些感觉区域和尾状核等其他区域以及内侧眶额叶皮层的 A1 区的相互作用,以及后者的活动如何被前者的活动所调节,仍然是未来非常有趣的研究难题。

关于感觉区域和内侧眶额叶皮层 A1 区的活动顺序,笔者认为是主体对于客体的认知在前,内侧眶额叶皮层 A1 区的激活在后。也就是说,关于绘画中的颜色、线条以及音乐中的节拍、旋律等可以感知的内容,在知觉区经过接收和加工处理后,相关符合审美条件和标准的因素,会打开某个与美相关的连接知觉区与审美体验 A1 区的神经通道的起于知觉区的开端的细胞区的阀门,并连接到,或者说,相关神经元会输入并激活内侧眶额叶皮层 A1 区,引发大脑的审美体验。笔者继续猜测,一种可能是客体中那些达到符合中间阈值区间范围的抽象感知特性,从知觉区加工处理后,相关信号输入、传导到内侧眶额叶皮层 A1 区,或者打开了激活内侧眶额叶皮层 A1 区的阀门,从而激活了内侧眶额叶皮层的 A1 区。于是联想到,美学家蔡仪"主张认识是情感的基础,认为对于美的事物进行认识和欣赏之后,必然会发生美感即审美情感,这就将美的认识和感情的活动有机地结合起来了"[1]。虽然蔡仪指出在认识、感知美的事物后会产生相应的审美情感,但是这个从认知到情感体验过程的脑神经机制究竟是如何运行的,上述也只是一种简单猜测,我们还需积极探索,比如知觉因素的传导信号是怎么打开内侧眶额叶皮层 A1 区的阀门的? 或者是打开连接知觉区与 A1 区的神经通道的阀门? 是什么样的信号才具备打开

---

① 胡俊:《蔡仪美学与辩证唯物主义认识论》,《文学评论》2014 年第 4 期。

的条件？目前还不知道知觉区与内侧眶额叶皮层 A1 区之间是否有这样的神经通道,以及是否有这样一类负责打开和关闭的阀门细胞,这样的阀门细胞是在知觉区还是 A1 区。另外,如果在 A1 区,是有一个总体的专门阀门细胞区,管辖所有事物的美的信号的传导,还是有分类的阀门细胞区,分别管辖视觉、音乐等来源的美的信号的传导。

3. 审美体验与审美判断

在许多探索奖赏、愉悦和判断的关系①、审美体验②和价值比较③的研究中,都发现了内侧眶额叶皮层的激活。也就是说,内侧眶额叶皮层不仅在审美体验中被激活,而且在判断期间也是很活跃的。具体地说,一方面,许多研究表明,内侧眶额叶皮层的 A1 区在审美体验中被激活。比如泽基等研究发现,不管它的来源是视觉艺术还是音乐,位于内侧眶额叶皮层的 A1 区的活动总是与审美体验相关联。另一方面,审美判断期间,内侧眶额叶皮层也是激活的。比如,泽基等在进行审美判断和认知判断的对比实验中发现,审美判断单独激活的脑区,比审美体验期间激活的脑区范围要广,除了涉及与审美体验激活位置相同的眶额叶皮层的内侧,还包括内侧眶额叶皮层的外侧部分(lateral subdivisions of the orbitofrontal cortex),以及与情感运动规划相关的皮

① Fabian Grabenhorst & Edmund T.Rolls, "Value, Pleasure and Choice in the Ventral Prefrontal Cortex", *Trends in Cognitive Sciences*, Vol.15, No.2(February2011), pp.56-67.

② Hideaki Kawabata & Semir Zeki, "Neural Correlates of Beauty", *Journal of Neurophysiology*, Vol.91, No.4(May 2004), pp.1699-1705; Oshin Vartanian & Vinod Goel, "Neuroanatomical Correlates of Aesthetic Preference for Paintings", *Neuroreport*, Vol.15, No.5(April 2004), pp.893-897; Cinzia Di Dio, Emiliano Macaluso & Giacomo Rizzolatti, "The Golden Beauty: Brain Response to Classical and Renaissance Sculptures", *Plos One*, Vol.2, No.11 (November 2007), p.1201; Takashi Tsukiura & Roberto Cabeza, "Remembering Beauty: Roles of Orbitofrontal and Hippocampal Regions in Successful Memory Encoding of Attractive Faces", *NeuroImage*, Vol.54, No.1(January 2011), pp.653-660.

③ Thomas H.B.FitzGerald, Ben Seymour, Raymond J.Dolan, "The Role of Human Orbitofrontal Cortex in Value Comparison for Incommensurable Objects", *J Neuroscience*, Vol.29, No.26(July 2009), pp.8388-8395.

层下站（subcortical stations）：苍白球、壳核、屏状核、杏仁核、小脑蚓部（cerebellar vermis）①。我们通过比较发现，在眶额叶皮层位置上，审美体验和审美判断具有皮层关系的紧密性。审美判断在内侧眶额叶皮层的激活位置与A1区是部分重叠的，表明作出判断和体验美时，在内侧眶额叶皮层内激活的位置既有共同部分，也有差异部分。那么在内侧眶额叶皮层是否有单独的分区，来调节审美判断和审美体验，仍然有待观察。另外泽基等研究发现外侧眶额叶皮层（the lateral orbitofrontal cortex，简称 LOFC）也是涉及审美判断的，也就是说，几乎所有的审美体验研究都牵连到内侧眶额叶皮层；而审美判断时眶额叶皮层的内侧是和外侧紧密相连的，那么眶额叶皮层中的这两个部分在审美判断中分别是起什么作用，还需进一步明确。

体验到事物是美的，意味着对该事物进行一个判断。这就引发了一个康德已提出过的问题，即这个判断是发生在美的体验之前，还是在此之后？两者是否能够真正完全分开？由于泽基等核磁共振实验的技术局限，还无法解决审美判断是否发生在审美体验之前或者两者是否在空间和时间上同时发生的问题。同样，泽基等认为，能否站在神经生物学的角度来识别、判断愉悦是来自听一段轻歌剧还是来自贝多芬交响乐，目前也仍是一个需要解决的问题。总之，尽管审美体验和判断期间部分涉及共同的大脑区域，但是两者关系仍有待深入研究。

第三节　泽基的审美判断脑机制研究

泽基教授从神经生物学的角度，通过 FMRI 脑部扫描实验得出的影像数据及相关分析，研究了审美判断的脑神经机制，比较了审美判断与审美体验、认知判断的神经相关性，一方面阐明了审美体验和审美判断的皮层关系的紧

① Tomohiro Ishizu & Semir Zeki, "The Brain's Specialized Systems for Aesthetic and Perceptual Judgment", *European Journal of Neuroscience*, Vol.37, No.9 (May 2013), pp.1413-1420.

密性,另一方面还详尽阐明了审美判断与认知判断等的神经相关性,揭示了审美判断不仅与认知判断分享了共同脑区,而且具有专门化的神经通路。这些专门化的审美判断脑区,运用推—拉机制,可以调节和运行相同类型情感的两极状态。总之,泽基的研究在神经美学史上首次提出:即使认知判断可能有助于审美判断,审美判断也是有独立脑区的,因此审美判断是能够与认知判断在脑神经基础上进行分离的。

一、泽基关于审美判断的疑问

2011 年,泽基等已经通过审美体验实验发现,尽管实验刺激的来源有着视觉艺术与听觉艺术的不同,以及实验对象有着文化背景的差异,但是实验对象的审美体验总是与内侧眶额叶皮层的 A1 区的活动相关联。[①] 而且其他神经生物学家的实验研究也验证了这一结论。[②] 体验到事物是美的,意味着对该事物进行一个判断。在发现审美体验的脑区之后,接着泽基等通过实验来研究审美判断的脑区位置,试图回答泽基等在内侧眶额叶皮层上所划定的这一与美的体验相关的活动脑区,即 A1 区,是否还参与了审美判断,如果该脑区参与了审美判断时,是否有其他脑区也一起参与。

除了希望比较审美判断与审美体验的脑神经基础的差异,泽基等通过审美判断脑扫描实验,还试图在神经生物学意义上比较审美判断与认知判断的

① Tomohiro Ishizu & Semir Zeki,"Toward a Brain-Based Theory of Beauty",*Plos One*,Vol.6,No.7(July 2011),pp.1-10.

② Tomohiro Ishizu & Semir Zeki,"Toward a Brain-Based Theory of Beauty",*Plos One*,Vol.6,No.7(July 2011),pp.1-10;Hideaki Kawabata & Semir Zeki,"Neural Correlates of Beauty",*Journal of Neurophysiology*,Vol.91,No.4(May 2004),pp.1699-1705;J.O'Doherty,J.Winston,H.Critchley,D.Perrett,D.M.Burt & R.J.Dolan,"Beauty in a Smile:the Role of Medial Orbitofrontal Cortex in FacialAttractiveness",*Neuropsychologia*,Vol.41,No.2(2003),pp.147-155;Takashi Tsukiura & Roberto Cabeza,"Shared Brain Activity for Aesthetic and Moral Judgments:Implications for the Beauty-is-Good Stereotype",*Social Cognitive & Affective Neuroscience*,Vol.6,No.1(January 2011),pp.138-148;Oshin Vartanian & Vinod Goel,"Neuroanatomical Correlates of Aesthetic Preference for Paintings",*Neuroreport*,Vol.15,No.5(April 2004),pp.893-897.

神经相关性。西方哲学史和美学史上，康德对审美判断和认知判断进行了清晰阐释，他在《判断力批判》中提出：审美判断必须与认知判断区别开来，审美判断是以快乐的感觉为基础的，是情感的，与主体相连；认知判断是以知觉为基础，是逻辑的，与客体相连。康德不仅区分了建立在知觉基础上的客观的认知判断与建立在感觉或快乐基础上的审美判断，他还继续深入区分了审美判断，认为一些审美判断是有知觉基础的，而另一些则没有。有一些学者的观点是与康德相左的，如休谟声称与美的判断相连的感觉是没有认知内容的，他认为理性传达真与伪的知识，趣味产生美与丑、善与恶的情感，所以知识的认识是和理性相关的，美、美感是和情感相关的，而与认知无关。再如鲍姆加登认为美的判断是关于客观属性的，他认为美学作为自由艺术的理论、低级认识论、美的思想的艺术和理性类似的思维的艺术，它是感性认识的科学，其目的是感性认识的完善，这完善就是美，感性认识的不完善就是丑。后来的克罗齐提出美的直觉论，"直觉"更是离理智很远，这种直觉的知识是心灵的创造、表现和赋形，和理性认识无关。康德对于审美判断与认知判断的区分有助于泽基等更好地进行神经生物学的实验研究。在研究中，泽基等选择使用康德的区分解答这样一个问题：参与绘画审美判断的神经系统是否能够区别于那些进行认知判断的神经系统，即这两种类型的判断在神经生物学意义上是否是分离的。

二、泽基等的审美判断实验概述

2013 年泽基等进行了审美判断的脑部扫描实验，为了实验的准确性，还在脑扫描实验之前，进行了两次心理物理学测试。第一次心理物理学测试是选择出配对的绘画。这次测试，测试了 30 名志愿者（15 名男性，15 名女性；平均年龄 21.9 岁），这些志愿者没有参与第二次测试，也没有进行后面的脑部扫描。每一个被试者都观看了 510 幅画，其中包括 10 到 20 世纪的风景画、肖像画和静物画，大多数是来自西方艺术，但是也包括一些东方艺术。每幅画的评分是从1分到7分:其中1分到3分的画,被分类为"丑的";4分的画被分类为"不相关的";5分到7分的画被分类为"美的"。在心理物理学测试的基础上,实验是从每个绘画种类中选择30个"美的"和30个"丑的"配对,所以每组配对的画都属于相同的种类(比如风景画),并且有相同的美的评分。

第二次心理物理学测试是测试出配对的绘画是否具有相同的审美判断和认知判断的任务难度。这次测试,12名志愿者(6名男性,6名女性,平均年龄23.2岁)没有参加脑部扫描,也没有一个人是艺术家。他们参加了判断测试,由两项任务组成,一个审美判断和一个认知判断。作为审美判断,志愿者被要求通过食指或中指按下左边或右边的按钮,来判断出现的同一对的哪一幅画是更美的。所有成对的刺激物都在计算机屏幕上出现3秒,间隔时间为2秒。参加者被要求在他们做出判断后尽快地按下按钮。反应时间的结果显示,在双向的方差分析的判断任务或种类(2个任务×3个类别)之间,两者所费时间没有显著的不同。这表明两个判断任务有相同的困难。

泽基等的审美判断脑扫描实验是有21个志愿者参与(11名男性,10名女性,平均的年龄是28.8岁),除了一名志愿者外,其他人都不是艺术家或音乐家。实验中,一个环节开始时,被试者要注视一个平面的黑色屏幕20秒,在这个20秒的空白期后,屏幕上出现一个指示,即审美判断或认知判断,告知参加者他们要进行哪一种判断。然后,视觉刺激按照伪随机的顺序呈现3秒,紧随着是2秒到4秒的间隔。在每次刺激呈现之后,参加者要用右手的食指和中指按下左边或右边的按钮,从而在审美判断环节判断出两幅画中哪个更美;在认知判断环节,参加者要判断出哪幅画更亮。反应时间会持续2秒到4秒,参加者能够在这个时段的任何时间进行评估。一个环节结束,会有一个20秒的空白期,在这期间扫描仪会继续获得血氧水平依赖信号。扫描数据可以通过装备有12个频道头圈的3T西门子核磁共振成像扫描仪来获取。一个回波平面成像(echo-planar imaging,简称EPI)序列被用以进行功能扫描,以获取血氧水平依赖信号。

泽基等通过实验,让被试者对同时呈现的配对绘画进行审美判断和认知判断,并记录下相关实验影像数据,对这些数据进行对比分析和关联分析,研究结果表明审美判断和亮度判断分开参与,共同分享了大脑系统。也就是说,审美判断除了单独激活一些脑区或神经通路,还激活了另外一些脑区,这些脑区也涉及认知判断。泽基认为,审美判断涉及的脑区超过相同刺激物涉及的认知判断的脑区,因此审美判断是能够与认知判断在脑神经基础上进行分离。

三、审美判断涉及的专门神经通路

泽基等在审美判断脑扫描实验中,观测 21 位被试者判断同时呈现的配对绘画的美(审美判断)和亮度(认知判断),并记录下相关影像。为了确定审美判断、情感和认知判断的神经相关性,并了解他们的差异和重叠程度,泽基等使用对比研究,在对比审美判断和认知判断中,发现审美判断期间单独激活了一些专门化脑区:(1)皮层区域:外侧眶额叶皮层和内侧眶额叶皮层;(2)皮层下区域(subcortical areas):比如苍白球、杏仁核,并逐渐遍布到壳核和屏状核。① 然而在对比认知判断与审美判断中,泽基等没有发现大脑区域的激活,这表明尽管眶额叶皮层和皮层下区域在审美判断中起作用,但是它们在认知判断中不起任何作用。因此我们可以区分审美判断和认知判断,即使后者可能有助于前者,这两种类型的判断在神经生物学意义上还是能够分开的,可以使用这两种判断来理解对于相同刺激物进行两种不同性质判断的大脑活动。

1.审美判断单独涉及的皮层脑区

对比审美判断与认识判断中激活的所有脑区中,眶额叶皮层部分不仅与审美判断相关,也是与审美体验紧密联系的。也就是说,对照认知判断期间激活的脑区,审美判断单独涉及的皮层区域是外侧和内侧眶额叶皮层,同时内侧

---

① Tomohiro Ishizu & Semir Zeki, "The Brain's Specialized Systems for Aesthetic and Perceptual Judgment", *European Journal of Neuroscience*, Vol.37, No.9(May 2013), pp.1413-1420.

眶额叶皮层也涉及审美体验。许多先前的研究表明,内侧眶额叶皮层的 A1 区在审美体验中被激活[1],而在泽基等在审美判断实验中,发现眶额叶皮层部分也是与审美判断相关的,而且审美判断时内侧眶额叶皮层的激活部分与审美体验激活的 A1 区是部分重叠的[2],从而突出了审美体验和审美判断的皮层关系的紧密性,也表明做出判断和体验美时,在内侧眶额叶皮层内相关部分可能是重叠激活的。此外,泽基等在审美判断实验中发现外侧眶额叶皮层也是涉及审美判断的。内侧眶额叶皮层和外侧眶额叶皮层是紧密相连的,眶额叶皮层中的这两个部分在审美判断中的作用和关系目前还不太明确,只有相关的零星研究。比如泽基等在审美体验实验中认为几乎所有的审美体验研究都牵连到内侧眶额叶皮层[3],对于外侧眶额叶皮层的情况不太清楚。另外,克林格尔巴赫(Morten L.Kringelbach)的研究显示,外侧眶额叶皮层是与"惩罚者"的评估有关的[4],而艾略特(R.Elliott)等研究认为它是与以前的奖励刺激有关[5]。尽管这是两个相反的推论,但都属于外侧眶额叶皮层的功能。所以泽基等推测认为,外侧眶额叶皮层一定还有一个更为一般的功能——"判断"。

① Tomohiro Ishizu & Semir Zeki, "Toward a Brain-Based Theory of Beauty", *Plos One*, Vol.6, No.7(July 2011), pp.1–10; Hideaki Kawabata & Semir Zeki, "Neural Correlates of Beauty", *Journal of Neurophysiology*, Vol.91, No.4(May 2004), pp.1699–1705; J.O' Doherty, J.Winston, H.Critchley, D. Perrett, D.M.Burt & R.J.Dolan, "Beauty in a Smile: the Role of Medial Orbitofrontal Cortex in Facial Attractiveness". *Neuropsychologia*, Vol. 41, No. 2 (2003), pp. 147–155; Takashi Tsukiura & Roberto Cabeza, "Shared Brain Activity for Aesthetic and Moral Judgments: Implications for the Beauty-is-Good Stereotype", *Social Cognitive & Affective Neuroscience*, Vol.6, No.1(January 2011), pp.138–48; Oshin Vartanian & Vinod Goel, "Neuroanatomical Correlates of Aesthetic Preference for Paintings", *Neuroreport*, Vol.15, No.5(April 2004), pp.893–897.

② Tomohiro Ishizu & Semir Zeki, "The Brain's Specialized Systems for Aesthetic and Perceptual Judgment", *European Journal of Neuroscience*, Vol.37, No.9(May 2013), pp.1413–1420.

③ Tomohiro Ishizu & Semir Zeki, "Toward a Brain-Based Theory of Beauty", *Plos One*, Vol.6, No.7(July 2011), pp.1–10

④ Morten L.Kringelbach, "The Human Orbitofrontal Cortex: Linking Reward to Hedonic Experience", *Nat.Rev.Neurosci*, Vol.6, No.9(September 2005), pp.691–702.

⑤ R.Elliott, R.J.Dolan & C.D.Frith, "Dissociable Functions in the Medial and Lateral Orbitofrontal Cortex: Evidence from Human Neuroimaging Studies", *Cereb. Cortex*, Vol. 10, No. 3 (March 2000), pp.308–317.

2. 审美判断单独涉及的皮层下情感运动规划区

审美判断期间除了单独激活了皮层区域,还单独激活了皮层下情感运动规划脑区,如苍白球、壳核、杏仁核等,这些都涉及两极情感状态(polar affective states)。审美判断中激活的皮下脑区,都具有相同的性质:一是都意味着涉及情感判断的运动规划;二是都意味着积极和消极的情感判断[1],具有两极情感状态的特征,判断一些事物是美的,同样暗含一个它不是丑的同时判断。具体如下:

一是苍白球在实验中已被报告涉及道德判断[2],以及消极情感体验,比如厌恶[3];二是杏仁核已被发现在情感判断期间和调节运动控制环路时是激活的,它同样牵连到快乐和厌恶,吸引和排斥的体验中,而且它的激活好像是通过观察感情刺激物来调节的;三是壳核也涉及正好相反的两极情感状态,比如厌恶、痛恨[4]、不感兴趣等消极情感与爱[5]、吸引力等积极情感;四是我们在壳核中观察到的激活很难与我们推断同样已经激活的屏状核进行分离。屏状核作为基底神经节的一部分,可能同样涉及运动规划,但是它也被描绘为跨模型

---

① Liane Schmidt, Baudouin Forgeot d'Arc, Gilles Lafargue, Damien Galanaud, Virginie Czernecki, David Grabli, Michael Schüpbach, Andreas Hartmann, Richard Lévy, Bruno Dubois & Mathias Pessiglione, "Disconnecting Force from Money: Effects of Basal Ganglia Damage on Incentive Motivation", *Brain*, Vol.131, No.5(May 2008), pp.1303–1310.

② Paul J.Eslinger, Melissa Robinson-Long, Jennifer Realmuto, Jorge Moll, Ricardo de Oliveira-Souza, Fernanda Tovar-Moll, Jianli Wang, Qing Yang, "Developmental Frontal Lobe Imaging in Moral Judgment: Arthur Benton's Enduring Influence 60 Years Later", *J. Clin. Exp. Neuropsychol*, Vol.31, No.2 (February 2009), pp.158–169.

③ David Mataix-Cols, Suk Kyoon An, Natalia S.Lawrence, Xavier Caseras, Anne Speckens, Vincent Giampietro, Michael J Brammer, Mary L.Phillips, "Individual Differences in Disgust Sensitivity Modulate Neural Responses to Aversive/Disgusting Stimuli", *Eur. J. Neurosci*, Vol. 27, No. 11 (June 2008), pp.3050–3058.

④ Semir Zeki, & John Paul Romaya, "Neural Correlates of Hate", *Plos One*, Vol.3, No.10(October 2008), p.3556.

⑤ Andreas Bartels & Semir Zeki, "The Neural Correlates of Maternal and Romantic Love", *NeuroImage*, Vol.21, No.3(March 2004), pp.1155–1166.

处理的关键站,并把不同的知觉模式和来源的信息进行整合,例如视觉中的颜色和运动。判断两种类似刺激的美,可能是一个复杂的整合过程,涉及许多不同的特征,比如颜色、形式、比例或面部表情。然而,屏状核和其余部分的纹状体没有参与亮度判断,我们得出结论,如果亮度确实有助于整体的审美判断,它就不是通过纹状体的活动。五是除了皮层下的脑区,还有涉及两极情感判断的其他位置脑区,例如小脑蚓部,它明确涉及审美判断,这增加了小脑参与两极情感状态(如悲伤和幸福)的更多证据。前脑岛是另外一个更多涉及审美判断的皮层脑区,比如泽基等的审美判断实验研究显示,前脑岛在审美判断中比在亮度判断中被更多地激活。前脑岛也涉及两极情感状态,本萨菲(Moustafa Bensafi)等的研究表明,二元活动也是前脑岛的特征。[①]

3. 两极情感状态的推拉机制

泽基等关于审美判断的实验,试图研究出相同类型情感的两极状态体验期间,相同神经结构和运动通路参与的程度和方式。皮层下相关运动区和其他相关脑区,是由对抗性的神经递质来帮助运行[②]。泽基等认为这些两极状态真正是相同情感的对立面,在体验浪漫的爱或仇恨的期间,相同区域使用了激活—停用模式,于是泽基等提出了推拉机制的运作,这一机制调节脑区的两极状态的激活[③]。泽基等把推拉机制扩展到包括两极激活的其他区域,比如上面所述的脑区。其一,这些脑区在两极情感状态期间能够变得激活,在宣称的体验(例如美或丑)强度和血氧水平依赖信号的强度之间有着比例关系,如

---

① Moustafa Bensafi, Emilia Iannilli, Johan Poncelet, Han-Seok Seo, Johannes Gerber, Catherine Rouby, Thomas Hummel, "Dissociated Representations of Pleasant and Unpleasant Olfacto-Trigeminal Mixtures: An FMRI Study", *Plos One*, Vol.7, No.6 (June 2012), p.38358.

② A. M. Graybiel, "Neurotransmitters and Neuromodulators in the Basal Ganglia", *Trends. Neurosci*, Vol.13, No.7 (July 1990), pp.244-254.

③ Andreas Bartels & Semir Zeki, "The neural correlates of maternal and romantic love", *Neuro-Image*, Vol.21, No.3 (March 2004), pp.1155-1166.

侧眶额叶皮层①。其二,这些脑区能在体验渴望和不渴望期间被激活,并对冷漠的状态显示出更低的活动,因此在血氧水平依赖信号与宣称的体验强度有关联时,会显示一个二元关系,如杏仁核和面部吸引力的体验也是如此②,或中间扣带皮层和渴望的体验③。毫无疑问,关于奖励和惩罚的判断属于相同的推—拉范畴,推—拉范畴能够容纳明显矛盾的结果,如上面提到的外侧眶额叶皮层一样。其三,推—拉机制能够在两个分离的不同脑区间进行相互的调节活动。与此相关的一个例子是在道德美的研究中发现的④,道德美的研究表明内侧眶额叶皮层中的活动和脑岛中的活动有着相互的关系;在道德美体验期间,前者的活动增强,所以后者的活动降低;当被试者体验道德反感时,前者活动减弱,后者活动加强,两者的相反关系被观察到了。

4. 功能专门化的审美判断

审美判断有独特的系统,即功能专门化的脑区,包括眶额叶皮层的内侧和外侧,以及与情感运动规划相关的皮层下站:苍白球、壳核—屏状核(putamen-claustrum)、杏仁核、小脑蚓部。据此,泽基等推断,审美判断有独特的专门系统;这一专门系统与两极情感体验相关;这一功能专门脑区涉及运动通路,即独特的审美判断系统涉及运动系统。

上述每一个情感皮层下运动脑区都涉及审美判断,而不是认知判断,这不

① Tomohiro Ishizu & Semir Zeki, "Toward a Brain-Based Theory of Beauty", *Plos One*, Vol.6, No.7(July 2011), pp.1-10; Hideaki Kawabata & Semir Zeki, "Neural Correlates of Beauty", *Journal of Neurophysiology*, Vol.91, No.4(May 2004), pp.1699-1705.

② Joel S.Winston, Jay A.Gottfried, James M.Kilner, Raymond J.Dolan, "Integrated Neural Representations of Odor Intensity and Affective Valence in Human Amygdala", *J. Neurosci*, Vol.25, No.39 (September 2005), pp.8903-8907.

③ Hideaki Kawabata & Semir Zeki, "The Neural Correlates of Desire", *Plos One*, Vol.3, No.8 (August 2008), p.3027.

④ Takashi Tsukiura & Roberto Cabeza, "Shared Brain Activity for Aesthetic and Moral Judgments; Implications for the Beauty-is-Good Stereotype", *Social Cognitive & Affective Neuroscience*, Vol.6, No.1(January 2011), pp.138-148.

是说涉及两种判断的运动通路是完全分离的,因为它们在下文还是分享了皮层运动系统。泽基推测可能在皮层下情感运动规划系统里面还有更深的专门化,因为很难想象审美判断激活的全部皮层下站都承担着相同的运动规划任务。也就是说,审美判断和认知判断共用皮层运动系统,但审美判断还有一个功能专门化的判断系统,即情感皮层下运动站点,它指向一个两极情感状态,但是它可能也需要更深的专门化。此外,其他人的研究还发现运动专门化脑区并不仅限于审美判断,在泽基等人的审美判断研究中涉及的皮层下区也被发现在许多其他情感状态中被激活。因此,这些脑区可能是一个更综合性的专门化脑区,一方面涉及审美情感状态,另一方面涉及非审美的情感状态。

四、审美和认知判断涉及的共同神经通路

泽基等除了运用对比研究分析审美判断期间激活的专门神经结构外,还通过应用审美判断和认知判断关联分析,研究了被审美判断和认知判断共同激活的脑区,两者共享的脑区有:(1)两个判断涉及的共同通道,即前脑岛、背外侧前额叶皮层和顶内沟(the intraparietal sulcus,简称 IPS);(2)两个判断涉及的共同运动通道,即前运动皮层和辅助运动区。

1.两种判断共同涉及的皮层通路

除了审美判断单独激活的皮层脑区外,还有一些皮层脑区是可以被审美判断和认知判断共同激活的,具体分析如下:

(1)前脑岛。虽然还不清楚前脑岛的全部功能,但目前知道它可能涉及情感和认知过程中的大量功能。桑菲(Alan G.Sanfey)等的研究显示,前脑岛(以及背外侧前额叶皮层)在做出选择中起了作用①,它本身必定和判断相关。

---

① Alan G.Sanfey,James K.Rilling,Jessica A.Aronson,Leigh E Nystrom & Jonathan D.Cohen, "The Neural Basis of Economic Decision-Making in the Ultimatum Game", *Science*. Vol.300, No.5626 (June 2003), pp.1755-1758.

在泽基等的研究中,当被试者进行审美判断而不是认知判断时,前脑岛的活动更加强烈,这也验证了桑菲等的研究成果,他们同样发现前脑岛更多地涉及情感判断。Gu(Xiaosi Gu)等的研究成果表明前脑岛在认知—情感整合中起着作用[1],也再次证明前脑岛在认知和情感过程中是重要的。

(2)背外侧前额叶皮层在认知判断和审美判断中都有激活,但是不同研究显示出的激活程度还不太一致。比如桑菲等的研究涉及认知和情感判断中的背外侧前额叶皮层,结果发现其在认知判断期间有着更显著的激活[2]。然而在泽基等的研究中,背外侧前额叶皮层在这两种判断期间的激活是没有差异的。背外侧前额叶皮层像前脑岛一样,具有多种功能,其中只有一个功能参与判断。尽管我们不能推测它在判断中起什么作用。另外,背外侧前额叶皮层也被发现在奖赏和厌恶条件下都被激活了[3],这又是一个两极参与的例子。

(3)顶内沟在审美判断和认知判断期间也是被共同激活的。皮尼奥(Philippe Pinel)等的认知研究显示,顶内沟可以被数量、尺码和亮度判断等激活。[4] 除了这一系列认知判断外,泽基等的研究结果显示,当进行审美和情感判断时,顶内沟也被激活。

泽基认为可能还有其他脑区参与了这两种判断类型,其中包括枕部视觉皮层(the occipital visual cortex)。皮尼奥等的研究显示枕部视觉皮层涉及视

---

[1]　Xiaosi Gu, Xun Liu, Nicholas T. Van Dam, Patrick R. Hof & Jin Fan, "Cognition-Emotion Integration in the Anterior Insular Cortex", *Cereb. Cortex*, Vol.23, No.1(Jane 2012), pp.20-27.

[2]　Alan G. Sanfey, James K. Rilling, Jessica A. Aronson, Leigh E Nystrom & Jonathan D. Cohen, "The Neural Basis of Economic Decision-Making in the Ultimatum Game", *Science*, Vol.300, No.5626 (June 2003), pp.1755-1758.

[3]　Hilke Plassmann, John P. O'Doherty & Antonio Rangel, "Appetitive and Aversive Goal Values are Encoded in the Medial Orbitofrontal Cortex at the Time of Decision Making", *J. Neurosci.*, Vol.30, No.32(August 2010), pp.10799-10808.

[4]　Philippe Pinel, Manuela Piazza, Denis Le Bihan, Stanislas Dehaene, "Distributed and Overlapping Cerebral Representations of Number, Size, and Luminance during Comparative Judgments", *Neuron*, Vol.41, No.6(March 2004), pp.983-993; Roi Cohen Kadosh, Kathrin Cohen Kadosh, Avishai Henik, "When Brightness Counts: the Neuronal Correlate of Numerical-Luminance Interference", *Cereb. Cortex*, Vol.18, No.2(February 2008), pp.337-343.

觉判断。① 泽基还指出,视觉枕部脑(the visual occipital brain)的区域可能以未确定的方式帮助视觉刺激的美学性质和认知性质的判断。

2.两种判断共同涉及的运动通路

除了审美判断单独涉及皮层下的运动规划位置外,还有两个皮层区域同样牵连进运动规划,即辅助运动区和前运动皮层,它们都涉及审美和认知判断,在审美和认知判断期间都是激活的。因此,泽基等研究表明,这两种判断共同分享了皮层运动系统,但审美判断还有专门的皮层下情感运动规划系统。因此,泽基等认为:一个运动系统是审美和认知判断共同的,明显缺乏专门化,而且大体上是以皮层为基础的;而另一个运动系统是审美判断独有的,专门用以规划和执行情感决定的行为,并涉及许多皮层下站。

总之,通过实验,泽基等认为可以区分审美判断和认知判断,即使后者可能有助于前者,这两种类型的判断在神经生物学意义上还是能够分开的,可以使用这两种判断来理解对于相同刺激物进行两种不同性质判断的大脑活动。

五、关于审美判断的思考:判断、决定和体验

判断、体验和决定的关系,以及它们和运动规划的关系,在泽基看来是联系非常紧密而又复杂深刻的。已有研究显示眶额叶皮层,特别是内侧眶额叶皮层参与到决策②、审美体验③和审美判断中。这很难知道判断、审美体验和

---

① Philippe Pinel, Manuela Piazza, Denis Le Bihan, Stanislas Dehaene, "Distributed and Overlapping Cerebral Representations of Number, Size, and Luminance during Comparative Judgments", *Neuron*, Vol. 41, No. 6 (March 2004), pp. 983-993; Roi Cohen Kadosh, Kathrin Cohen Kadosh, Avishai Henik, "When Brightness Counts: the Neuronal Correlate of Numerical-Luminance Interference", *Cereb. Cortex*, Vol. 18, No. 2 (February 2008), pp. 337-343.

② Fabian Grabenhorst & Edmund T. Rolls, "Value, Pleasure and Choice in the Ventral Prefrontal Cortex", *Trends in Cognitive Sciences*, Vol. 15, No. 2 (February 2011), pp. 56-67.

③ Tomohiro Ishizu & Semir Zeki, "Toward a Brain-Based Theory of Beauty", *Plos One*, Vol. 6, No. 7 (July 2011), pp. 1-10.

决定是否能够轻易分开,另外目前实验技术也很难区分它们是同时发生,还是一个先于一个进行,这些不仅是哲学话语的困难,也是目前神经美学实验中的技术困境。从神经生物学的角度来看,泽基等认为审美判断、体验和决定等缺乏明确的划界,并根据下面的原因来推断它们是在一起。事实上这结论已经出现在神经生物学的文献中,因为几乎没有一个决策研究不提到判断问题。

泽基认为难以分离它们的一个原因在于决策和审美判断或体验产生的激活模式,都涉及眶额叶皮层。另一个同样令人信服的原因可能在于,泽基等的研究以及前人与奖赏相关的决策研究发现涉及运动规划的区域是遍布的,其中包括壳核、苍白球、小脑蚓部、前运动皮层和辅助运动区。任何刺激的体验,不管是令人愉快的或者讨厌的,是奖赏的或者不奖赏的,都不可避免地推动运动系统采取适当行为。因此所有涉及决策的运动区都与情感判断相关。

因为审美判断、体验和决策共同涉及一些大脑区域,目前在定义范畴、哲学辩论和实验研究等方面很难进行区分,它们的关系仍然需要进一步研究。泽基等在实验中发现,审美判断有专门化的神经通路,这些单独激活的一些皮层和皮层下通路都没有参与认知判断。泽基等据此提出了一些重要问题:其一,进行不同情感判断过程中所参与的神经通路是否存在进一步的差异,包括不同类型的审美判断,如对于秀美、壮美的判断;其二,涉及判断的许多神经站点是如何相互作用的,从而给予我们明确无误地作出决策的能力。这些还需要美学家和神经生物学家合作展开进一步的审美判断实验研究。

第五章　视觉审美的脑机制研究

神经美学主要研究者集中在英美等国,欧美已成立多家神经美学研究机构,如英国伦敦大学院"神经美学研究所"、德国"神经美学协会"等。国外神经美学研究的范围已非常广泛,主要集中在绘画、音乐等方面。神经美学家们试图探知这些不同领域中审美活动过程的神经机制基础,包括人类在自然欣赏、艺术欣赏和艺术创作中到底激活了大脑的哪些区域,审美体验、审美情感、审美判断和审美偏爱等审美活动的神经加工处理过程是怎样的,等等。在这些范围和领域,神经美学研究已经在神经实验、数据分析、理论创新等方面取得丰硕的研究成果。

第一节　视觉审美的脑成像实验

神经美学家通过病理学方法和无损脑功能成像实验,来测试不同的视觉艺术所激活的不同脑区,观察大脑对形状、颜色、线条、位置和运动等视觉艺术作品不同视觉刺激要素的反应、认知和整合,研究寻找视觉艺术欣赏和创作过程中的视觉审美活动过程的神经加工通路和运行机制。这些研究结果表明,视觉艺术的审美神经加工机制首先包含一般视觉神经加工系统,即视觉皮层,此外还包含神经审美机制中与情感和审美决策相关脑区的神经活动。

相对于其他领域,神经美学家们对于绘画艺术的视觉审美机制研究开展得较早。泽基通过视觉艺术研究发现,视觉神经细胞在加工视觉信息不同特征时是有选择性的,而且对于视觉信息特征的处理过程是非同步性的。[①] 通过被试者欣赏视觉艺术作品的脑成像研究,如泽基使用不同艺术风格的视觉作品进行脑成像研究,对肖像画、抽象派、写实主义、印象主义和野兽派等不同类型的绘画作品进行了脑成像的对比研究,发现艺术家对特定艺术风格的追求与认知神经科学对感知的发现是吻合的,也就是说,发现人脑对于艺术的审美感知与大脑视觉神经的功能是一致的,所以他认为艺术家是遵循直觉而非知识,不自觉地模仿视觉神经系统的运行机制进行艺术创作的。[②]

在神经美学史上研究视觉艺术的脑审美实验当中,有这样几个代表性的功能性磁共振成像和脑磁图实验,一直被神经美学家们津津乐道,很多神经美学家在阐述审美研究时经常例举这几个典型案例。

2004 年,川端秀明和泽基等运用 FMRI 方法,对被试者欣赏不同种类的绘画作品进行脑成像扫描分析。实验中有 10 个被试者,5 名男性,5 名女性。实验中一共有 192 幅绘画,包括肖像画、风景画、静物写生画、抽象画等。在扫描过程中,参与者需要通过按下三个按钮中的一个按钮来评价每幅画,以表明他们认为画作是美、中性还是丑。[③] 实验结果发现,与丑或中性判断相比,对于归类为美的刺激物,眶额叶中的激活程度更强烈,因此认为眶额叶皮层的激活是由美的绘画的奖赏价值引发的。绘画被判断为美与内侧眶额叶皮层的活动增强相关。当判断美与中性相比时,实验者发现扣带回前部和左侧顶叶皮层活动增强。与判断美相比时,绘画被判断为丑与运动皮层双边活动增强相关,

① Semir Zeki, "Parallel Processing, Temporal Asynchrony and the Autonomy of the Visual Areas", *The Neuroscientist*, Vol.4, No.5(September 1998), pp.365−372.

② Semir Zeki, *Inner Vision: An Exploration of Art and the Brain*, New York: Oxford University Press, 1999, p.1.

③ Hideaki Kawabata & Semir Zeki, "Neural Correlates of Beauty", *Journal of Neurophysiology*, Vol.91, No.4(May 2004), pp.1699−1705.

而与判断中性相比,判断丑没有表现出活动差异。这与绘画的题材类别无关。因此他们认为美与大脑中的眶额部皮层存在着重要关系。

2011 年,石津智大(Tomohiro Ishizu)与泽基开展了一项功能磁共振脑成像研究,与 2004 年川端和泽基的研究非常相似,但在 2011 年的研究中,实验者扩大了他们的设计,使用艺术作品和音乐片段作为刺激物,并选用来自不同文化和种族背景的参与者。研究结果发现,无论是听美的音乐或看美的绘画,内侧眶额叶皮层区均出现更大的激活。[①] 也就是说,绘画和音乐被判断为美,导致内侧眶额叶皮层的某个区域激活。内侧眶额叶皮层的激活强度与所说的美的体验强度成正比。此外,内侧眶额叶皮层是唯一一个被所有对比度激活的区域,尽管每个对比度也导致其他区域激活。研究结果揭示,内侧眶额皮层可能是独立于刺激通道的、负责审美加工的特异性脑区。但在视觉美的体验中,除了内侧眶额叶皮层外,尾状核体也被激活,但在音乐美的体验中没有发现这种激活。视觉丑的体验导致活动局限于杏仁核和左躯体运动皮质。另一方面,音乐丑并没有表现出明显的激活。

2004 年克拉-孔迪等进行了一个美的判断的脑磁图研究,被试者需要指出他们认为刺激物美或不美。[②] 在这项研究中,被试者是 8 名女性,刺激物一共有 320 幅图片,包括与抽象、古典、印象主义和后印象主义艺术相对应的不同风格艺术作品,以及风景、手工艺品、城市景观等自然照片。这些图片都被仔细地控制了复杂度、颜色类别、光度和光线反射。与 FMRI 相比,脑磁图的出众的时间分辨率能使克拉-孔迪等以一个非常短的反应时间(<1000ms)来分析数据。在分析中,刺激开始后第一秒的大脑活动分为早期潜伏期(100—

① Tomohiro Ishizu & Semir Zeki,"Toward a Brain-Based Theory of Beauty",*Plos One*,Vol.6,No.7(July 2011),pp.1-10.

② Camilo Cela-Conde,Gise'le Marty,Fernando Maestu,Tomas Ortiz,Enric Munar,Alberto Fernandez,Miquel Roca,Jaume Rossello & Felipe Quesney,"Activation of the Prefrontal Cortex in the Human Visual Aesthetic Perception",*Proceedings of The National Academy of Sciences of the United States of America*,Vol.101,No.16(February 2004),pp.6321-6325.

400ms)和晚期潜伏期(400—1000ms)。结果表明,当被试者判断刺激物美(与不美相比)时,早期潜伏期无显著差异,而在晚期潜伏期发现左侧背外侧前额叶皮层活动增强,同时激活的还有视觉皮层。

　2004 年,瓦塔尼安和维诺德·戈尔(Vinod Goel)对不同艺术风格的绘画艺术进行了脑成像实验,研究了三种刺激版本对具象和抽象绘画的显性审美偏好:原画、修改画(即将物体移动到框架内的不同位置)和过滤画(即经过中值噪声滤波)。[①] 瓦塔尼安和戈尔让被试者观看抽象主义和现实主义绘画,依据审美偏爱给绘画进行评级,检测他们进行审美判断时的脑部活动。实验中有 12 个主体,其中 10 个女性,2 个男性;以及 40 幅作为刺激材料的原始绘画作品,最原始的 40 幅绘画作品会进行三种方式的改变,包括原画、修改画和过滤画,最后被试者会观看 120 幅图像。被试者的任务是依据审美偏爱,按照 0~4 分来评定每幅图的等级,0 分代表非常低的偏爱,4 分代表非常高的偏爱。在这个实验中,主体偏爱被定义为对一幅画的喜爱等级,主体可以依据审美偏爱给绘画进行评级。也就是说,实验被试者以第一人称的观点来表明偏爱,实验设计者通过询问人们在多大程度上喜爱这幅画,去获取人们的主观体验状态。瓦塔尼安等实验的设计者希望观测到,对于艺术作品的审美偏爱是被无私的认知立场所决定,还是被艺术品属性的情感反应所决定。瓦塔尼安等假设,如果审美偏爱是被情感调节,那么它应当涉及加工情感的大脑结构。如果审美偏爱主要是一个认知加工过程,那么它应当涉及在情感神经状态下评估的大脑结构。研究发现,与抽象绘画相比,参与者更喜欢具象绘画;原画和修改画比过滤画更受欢迎。实验结果显示,当人们欣赏绘画作品并作出较高的审美偏好的判断和情感体验时,其大脑的枕叶脑回、梭状回、扣带回、尾状核分别获得了高水平的激活。对于偏好度极高的绘画,双侧枕叶脑回和左侧扣带回的激活强度最大。随着审美偏好的降低,尾状核的激活程度也跟着降

---

① Oshin Vartanian & Vinod Goel, "Neuroanatomical Correlates of Aesthetic Preference for Paintings", *Neuroreport*, Vol.15, No.5(April 2004) , pp.893-897.

低。对于偏好度非常低的绘画,激活强度最小。瓦塔尼安等认为,这个结果揭示了偏爱评级功能可能涉及加工情感或奖励的大脑皮层结构的共变。

2005年,马丁·斯科夫(Martin Skov)等给被试者呈现了国际感情图片系统(International Affective Picture system,简称IAPS)中分类为积极、消极和中性情绪的刺激物。[1] 在脑扫描实验中,被试者在观看这些图片后,评定每个图片是美的还是丑的。实验结果发现,被试者评定图片为美时,激活了枕叶、顶骨、额叶,特别是双侧眶额叶。

迪奥等学者对原雕像和改变比例的仿品进行脑成像对比研究。[2] 作品有两种版本:一种是原版,即雕塑作品遵循标准的黄金分割比例;另一种为比例修改版,即以违反黄金分割比例的方式修改雕塑作品,导致作品四肢与躯干的比例不协调。上述刺激物在三种实验情景中分别呈现。在第一种情境中,受试者只被要求观察刺激物,没有任何明确的工作要求;在第二种情境中,受试者需做出审美判断;在第三种情境中,受试者需做出比例判断。实验者根据研究结果进行了两种分析。第一种比较了大脑对标准雕塑和修改后的雕塑的反应,第二种比较了受试者大脑对各自判断的美丽雕塑和丑陋雕塑的反应。对审美判断的分析表明,标准雕塑大多获得正面评价,而修改后的雕塑大多获得负面评价。实验结果发现原雕像激活了被试者的双侧枕叶、楔前叶、前额叶以及脑岛右部(雕塑被判断为美丽或丑陋与右侧杏仁核的选择性活化相关)。

关于视觉审美实验的刺激材料,除了视觉艺术作品以外,还有许多以脸部审美为对象的神经美学研究,如中村克树(Katsuki Nakamura)等的脸部审美实验。该实验是通过正电子发射断层成像技术,让6个男性参与者观看了女性

---

① Martin Skov, et.al, "Specific Activations Underlie Aesthetic Judgement of Affective Picture", *The 11th Annual Meeting of Human Brain Mapping*, 2005.

② Cinzia Di Dio, Emiliano Macaluso, Giacomo Rizzolatti, "The Golden Beauty: Brain Response to Classical and Renaissance Sculptures", *Plos One*, Vol.2, No.11 (November 2007), p.1201.

的脸部,然后参与者把这些女性脸部评级为有吸引力的、中性的、没有吸引力的。① 这个实验结果显示,有吸引力的脸部会激活枕叶、额叶、额颞连接处、眶额叶皮层、尾状核。

第二节　基本的视觉神经美学理论

随着认知科学的飞速发展,学者们越来越认识到视觉审美艺术与大脑机制之间的紧密联系。在脑科学、神经科学、认知心理学界,不同神经科学家和学者提出了描述艺术与大脑之间的联系的理论和思想。泽基创立了神经美学学科,他认为如果不考虑其神经基础,任何美学理论都是不完整的。② 于是根据脑视觉神经基础,学者们在神经美学研究的早期提出一些基本理论假想,在他们提出理论假想之后,又有很多神经科学家和心理学家进行了神经美学实验,获得更多的数据支撑。

一、类似说的溯源和影响

早期的概念基本上是基于对视觉系统的理解。其中一个观点声称艺术的功能与视觉大脑的功能之间具有相似性,因为艺术的视觉特性和大脑的组织原理类似。③ 泽基可能是最有力地强调艺术与大脑之间相似性的研究者。④

① K.Nakamura, R.Kawashima, S.Nagumo, K.Ito, M.Sugiura, T.Kato, A.Nakamura, K.Hatano, K.Kubota, H.Fukuda, S.Kojima, "Neuroanatomical Correlates of the Assessment of Facial Attractiveness", *Neuroreport*, Vol.9, No.4(March 1998), pp.753-757.

② Semir Zeki, *Inner Vision: An Exploration of Art and the Brain*, New York: Oxford University Press, 1999, p.2.

③ Anjan Chatterjee, "Neuroaesthetics: A Coming of Age Story", *Journal of Cognitive Neuroscience*, Vol.23, No.1(February 2011), pp.53-62.

④ Semir Zeki & M.Lamb, "The Neurology of Kinetic Art", *Brain*, Vol.117, No.3(July 1994), pp.607-636; Semir Zeki, "Art and the Brain", *Journal of Consciousness Studies*, Vol.6, No.6-7(January 1999), pp.76-96; Semir Zeki, *Inner Vision: An Exploration of Art and the Brain*, New York: Oxford University Press, 1999.

他认为"艺术家是神经学家,用他们独有的技术研究大脑,并得出关于大脑组织的有趣但未详细说明的结论"①。大脑的任务是获得关于世界的知识,以便执行适当的行为。在这方面,大脑的功能是"代表物体、表面、面部、情况等的恒定、长久、本质和持久的特征"②。关于西方学者冠名的类似说,笔者认为称为"大脑—艺术契合论"比较贴合,但在这里还是保留西方学者的习惯用法,因为这里要把泽基该理论的观点放在西方学者的框架中来讨论和研究,关于该理论的具体内容,已经在前面关于泽基研究章阐释过了,这里正好介绍一下神经美学史上关于该视觉理论的发展脉络,对泽基大脑—艺术契合论出现前进行观点溯源以及分析出现后的认同和争议,以期可以完整描述大脑—艺术契合论作为视觉基本原理在整个神经美学界的定位、影响和作用。

1. 追溯

在神经美学学科还没有创立,审美的脑影像技术还没有应用之前,学者就开始研究艺术和感知觉之间的关系,一些认知心理学家已经从科学角度来探索审美的奥秘。其中艺术心理学家和美学家阿恩海姆(Rudolf Arnheim)1957年在《艺术与视知觉》中认为视觉是可以捕捉事物的本质,而捕捉事物本质需要抓住事物的主要特征。"所谓'观看',就意味着捕捉眼前事物的某几个最突出的特征。例如,观看天空主要捕捉的是天空的蔚蓝色,观看天鹅最注意的是它那弯曲的长颈,观看书本注意的是其长方形形状,观看金属主要捕捉的是它的光泽,观看香烟注意的是其挺直性,如此等等。在观看中,仅仅是一个由几条简略的线条和点组成的图样,就可以看作是一张'脸'。透过少数几个突

---

① Semir Zeki,"Art and the Brain", *Journal of Consciousness Studies*, Vol. 6, No. 6-7 (January 1999), p.80.

② Semir Zeki, *Inner Vision: An Exploration of Art and the Brain*, New York: Oxford University Press, 1999, pp.9-10.

出的知觉特征见出事物全貌的。"①阿恩海姆认为这些主要特征也简化和概括事物的本质,我们的视觉是通过提取事物的主要特征来理解该事物及其本质的。"按照这些规律,人的眼睛倾向于把任何一个刺激式样看成现有条件下最简单的形状。"②同时,他将艺术解释为一种趋向于简单结构的现实体验,这种体验通常遵循普遍模式和具有适应性价值的主题。③ 阿恩海姆认为,艺术恰好也是通过对客观事物的简化,来描述和表现该事物的,"总之,仅仅是少数几个突出的特征,就能够确定对一个知觉对象的认识,并能够创造出一个完整的式样。"④也就是说,在阿恩海姆看来,艺术的简化也和视觉经验一样,都是在通过事物本质及其表现出来的主要特征基础上来认知和描绘该事物的。"知觉经验是刺激物的结构与大脑区域向简化结构发展的趋势之间相互作用的结果。"⑤"简化要求意义的结构与呈现这个意义的式样的结构之间达到一致。这种一致性,被格式塔心理学家称为'同形性'。"⑥

阿恩海姆主要是从视知觉的心理角度来论述艺术。随着脑科学的发展,一些认知心理学家开始从视觉大脑的角度来分析艺术及艺术家。

哈佛大学教授玛格丽特·列文斯通是较早开始比较和具体分析艺术家的经验意识与视觉大脑运作方式的心理学家。她指出,尽管对视觉大脑运作方式的解释最近才得到澄清,但"许多艺术家和设计师似乎凭经验意识到了基

---

① [美]鲁道夫·阿恩海姆:《艺术与视知觉》,腾守尧译,四川人民出版社 2001 年版,第50 页。

② [美]鲁道夫·阿恩海姆:《艺术与视知觉》,腾守尧译,四川人民出版社 2001 年版,第64 页。

③ Rudolf Arnheim,"Universals in the Arts",*Journal of Social and Biological Systems*,Vol.11,No.1(January 1988),pp.60–65.

④ [美]鲁道夫·阿恩海姆:《艺术与视知觉》,腾守尧译,四川人民出版社 2001 年版,第51 页。

⑤ [美]鲁道夫·阿恩海姆:《艺术与视知觉》,腾守尧译,四川人民出版社 2001 年版,第73—74 页。

⑥ [美]鲁道夫·阿恩海姆:《艺术与视知觉》,腾守尧译,四川人民出版社 2001 年版,第75 页。

本原理"①。1988年她在一篇文章中,从欧普艺术的神韵、点彩绘画的宁静和埃舍尔版画的3D迷惑性入手,解释了为什么某些图像可以产生令人惊讶的视觉效果,并分析认为这都来自艺术与视觉系统的相互作用。同年,她在另外一篇文章中总结,颜色、形状、空间和运动信息等,最初在从眼睛到大脑的通道中是混杂在一起的,但从视觉初级皮层再输入到次级视觉区,就分别由不同的独立的脑区结构和独立神经通路来处理,然后这些信息再结合起来产生我们称之为感知的体验。②

可见随着脑科学的逐步发展,虽然神经美学学科还没有正式创立,但认知心理学家们就已经开始广泛关注艺术与大脑的关系。这种关系越来越受到学者认同,随着研究的深入,学者们逐渐开始探寻脑结构原理、视觉系统特性与具体艺术形式处理之间的关系。拉托(Richard Latto)认为艺术家和视觉系统有一个共同的一般属性,两者在选择有效的形式上有着共同之处,即集中关注选择。③ 艺术家主要关注选择,从无限的可能性中进行选择;而视觉系统也是为我们提供关于外部世界非常有选择性的信息,选择是我们视觉系统的核心和基本的属性。此外,拉托在能够引起视觉审美的客体属性方面,提出"审美原语"的概念。视觉艺术中的审美趣味是通过艺术家在画布表面或雕塑的三维空间中创造的形式产生的。为什么有些形式比其他形式更有效? 拉托认为,一种形式之所以是有效的,那是因为它与人类视觉系统的属性有关。为此,拉托提出了"审美原语"(aesthetic primitive)。审美原语是指可以促发审美情感的刺激物,因为它有一种特殊的能力来刺激我们的视觉神经。

拉托认为,比较艺术家对绘画和雕塑等形式的处理,与视觉系统加工机制

① Margaret S.Livingstone,"Art,Illusion and the Visual System,Scientific American",Vol.258, No.1(February 1988),pp.78-85.

② Margaret S.Livingstone & David H.Hubel.D."Segregation of Form,Color,Movement,and Depth:Anatomy,Physiology,and Perception",*Science*,Vol.275,No.240(January 1988),pp.740-749.

③ Richard Latto,"The Brain of the Beholder",*The Artful Eye*,R.Gregory,J.Harris,P.Heard & D.Rose(eds),New York:Oxford University Press,1995,pp.66-94

对视网膜图案的转化,可以发现两者会产生共鸣。这表明艺术家正在模仿和阐述这些转换,以产生其艺术效果。艺术家通过对色彩、形状和物体的排列处理,探索了我们视觉系统的特性,而这些特性在它们成为科学家的研究对象之前就已经存在。这些发生在视觉系统中的许多大脑结构原理,可以解释一些艺术家摸索出的创作原则和技巧形式的成因。例如 1956 年神经科学家哈特兰(Haldan Keffer Hartline)和拉特利夫(Stephen W.Ratliff)发现的视网膜上的侧抑制作用,可以解释瑟拉(Georges Seurat)的美的边缘轮廓线条;1959 年哈贝(David Hubel)和威塞尔(Torsten Wiesel)在视觉初级皮层即纹状皮层中首次发现方位探测器,可以解释蒙德里安画作中主要是感知方向的水平和垂直线条;佩雷特(David Perrett)等发现在颞叶上的身体分析器,可以解释迪勒(Albrecht Dürer)画作中的孤立的手和脸,贾科梅蒂(Alberto Giacometti)的雕塑作品貌似人体形状的简笔画,揭示出我们似乎已经进化出专门的神经机制来处理对人体的视觉加工过程;此外人类大脑对于生存和居住环境的重视,可以解释莫奈的理想化的风景,等等。所有这些都是通过分离或夸大的视觉系统神经加工机制来进行的,是大脑已经进化或发展的一种分析我们的特定视觉世界的方法。

2. 认同与争议

基于对视觉系统的研究和理解,泽基提出人脑—艺术契合论,认为艺术的视觉特性和大脑的组织原理是类似的,同时还认为艺术家是视觉表现的专家,艺术家的贡献的一部分在于他们创造性地表达这种专业知识。泽基的这一观点是一些认知心理学家先前工作的逻辑延续,后来一些神经美学家对此观点有认同、接受和推崇,也有怀疑和否认。一方面,许多学者认同泽基的观点,与泽基的类似说法具有同样的立场,他们对绘画艺术中的许多具体视觉运作规律研究进行细化发展。同时泽基的观点也在 20 世纪的抽象派、立体派等众多绘画艺术上得到验证。另一方面,泽基这种偏重视觉认知,忽略个人感情表达和社会文化意义的神经美学研究思路,体现了早期研究的特点,也受到后来一些学者的质疑。

绝大部分学者都非常认同泽基关于人脑和艺术同样都是追求世界本质规律的观点。拉马钱德兰认同泽基的人脑—艺术契合说,并进一步指出:"1998年泽基非常有说服力地提出,艺术家从图像中抽象出本质特征以及舍弃多余的信息,这与人脑视觉区已经进化出来的功能是完全相同的,两者之间可能不是一个巧合。"

卡瓦纳(Patrick Cavanagh)非常支持泽基关于画家也是神经科学家的观点。2005年,他直接把"艺术家是神经科学家"作为文章标题,他认为艺术允许视觉大脑使用更简单的简化物理学来辨识每天的场景,了解世界。艺术家们没有遵循传统物理属性,而是经常违反阴影、反射、颜色和轮廓的物理特性,在绘画中采用我们视觉大脑使用的感知捷径,来适应作品的信息,而不是物理世界的要求。例如,我们视觉大脑使用的光、影等的物理原理比真正的物理原理更简单。我们的视觉大脑所使用的这种简化的物理属性不仅用于欣赏绘画,而且使我们能够快速有效地感知现实世界。值得注意的是,简化的物理规则,以及艺术家们利用这些规则的捷径,并不是建立在不断变化的艺术表达惯例的基础上的,它们都完全不受艺术的影响。卡瓦纳认为这些简化的规则是基于视觉大脑的生理学,所以说艺术家通过观察,掌握这些视觉的原理,他们也是神经科学家。也就是说,卡瓦纳认为艺术家们在尝试描绘的形式时,发现了心理学家和神经科学家现在所认定的感知原理,并利用这种替代物理学来进行创作。[1]

针对卡瓦纳认为艺术家们利用这种替代物理学来创作的思想,列文斯通和康威(Bevil R.Conway)认为,这种替代物理学可以揭示视觉系统如何运作

---

[1] Patrick Cavanagh,"The Artist as Neuroscientist",Nature,Vol.434,No.7031(April 2005),p.301.

的基本特征。① 一些当代艺术家意识到单点透视的约束对于图像的重新创造是不必要的,于是他们就会做出公然违反单点透视规则的图像。比如,霍克尼(David Hockney)将单一图像中的多角度概念推向了一个极端,他描绘了一把多点透视并仍可识别存在的椅子。列文斯通和康威认为,戴维·霍克尼的椅子恰好支持了卡瓦纳的观点,即支配视觉的规则并不遵循传统物理规律,而是一种"替代"的物理规律,它可以揭示我们的视觉系统如何运作的基本特征。②

列文斯通还揭示了艺术家如何利用不同视觉成分之间的复杂互动,在绘画中创造视觉效果,例如在一些印象派绘画中使用等亮度形式(即相同亮度值)来刺激视觉大脑。列文斯通指出,虽然长期以来我们一直重视作为艺术构成要素的颜色、形状、纹理和线条,但颜色和亮度之间的区别更为根本。③ 我们知道,人脑视觉系统中分别有两个结构来处理颜色和亮度。枕叶区 V1 区的视觉信息,一方面通过从枕叶到颞叶再到额叶的"内容(what)"通路的腹侧流,来处理简单形式和颜色敏感信息,并且涉及物体识别;另一方面,通过从枕叶到顶叶再到运动皮层的"空间(where)"通路的背侧流来处理和识别亮度、运动和空间位置的差异,并识别空间中物体的位置。列文斯通认为,在一些印象派绘画中,例如莫奈的《印象·日出》中的太阳和周围云层中看到的地平线上闪闪发光的水或太阳发光是由同光物体产生的,只能用颜色来区分。背部流对亮度、运动和空间位置的差异很敏感,而腹部流对简单的形状和颜色敏感。在莫奈的《印象·日出》中,太阳和周围的云层是等亮度的,这些等亮度形式不能通过背侧流区分,因此实际

① Bevil R. Conway & Margaret S. Livingstone, "Perspectives on Science and Art", *Current Opinion in Neurobiology*, Vol.17, No.4(September 2007), pp.476-482.

② Bevil R. Conway & Margaret S. Livingstone, "Perspectives on Science and Art", *Current Opinion in Neurobiology*, Vol.17, No.4(September 2007), pp.476-482.

③ Margaret Livingstone, *Vision and Art: the Biology of Seeing*, New York: Abrams, 2002.

上视觉系统部分对于携带有关运动和空间位置的信息的处理是不精确的，但在颜色和形式上可通过腹侧流区分，相对于运动或空间位置不固定，等光形式被体验为不稳定的或闪闪发光的。所以在莫奈的绘画中，这种差异产生了一种受到高度赞赏的视觉体验，即闪烁的阳光和水中倒影的画面效果。艺术家的这一绘画策略很好地运用了背部流（哪里）和腹部流（什么）的视觉处理差异。因此，相反地，由于形状可以从亮度差异派生，她认为艺术家可以使用对比度来生成形状，并留下颜色用于表现（形状），而不是把描述颜色作为目的。列文斯通强调了视觉属性的组合性质，这一有助于我们的视觉感知的方式。艺术家使用这些组合特性来产生特殊的美学效果。

与以上学者认同并发展泽基的审美基本理论不同，马西（Irving J.Massey）和西列（Wiliam Seeley）等虽然承认泽基等的研究成果，承认神经科学的发现对于艺术发展的重要意义，以及掌握脑知识有利于艺术的追求，但却不赞成伟大的艺术是对大脑功能的模仿和延伸，也对泽基关于艺术和大脑的契合论提出一些疑问。

其一，泽基认为艺术家创作伟大作品时，都自觉或不自觉运用了大脑对于颜色、形状等视觉脑区和视觉通路加工机制，从而增加了审美效果。马西却认为，在视觉艺术中加强物体的形式、颜色或其他特征的基本组成部分，并不一定使其具有美感或艺术性。马西说道："泽基一次又一次地试图用逻辑术语来解释艺术效果。当然，偏爱特定方向的细胞会对卡西米尔·马列维奇（Kasimir Malevich）、奥尔加·罗扎诺娃（Olga Rozanova）或巴尼特·纽曼（Barnett Newman）等人抽象画中的线条作出强烈反应；但它们也会对自然中出现的任何方向的线条作出强烈的反应。这些细胞对这些线条作出反应的事实，对出现这些线条的艺术品，说明不了是什么。可以肯定的是，如果我们缺乏这些细胞，我们将无法获得某种审美体验，但对非审美体验也会如此。如果垂直线和水平直线是我们最容易看到的，如果没有细胞对曲线作出相应的反应,这真的会使曲线比垂直线更缺乏美感吗?"①西列也对泽基的论点提出类似的反对意见。② 也就是说,泽基认为颜色、形式等视觉属性可以增加美感,而马西等认为不一定,因为马西认为形式、颜色等视觉属性与美感之间并没有一定的关系。"在视觉艺术中,泽基(1999)和列文斯通(2002)非常详细地揭示了我们对颜色、亮度、表面和深度、边缘和角度以及直线作出反应的神经过程;他们展示了这些特征在图像中的作用。对于艺术的每一个领域,人们都试图将大脑功能与相关艺术的特定特征联系起来。"确实,大脑视觉区会有专门处理颜色、形状等的区域,但是马西还是坚持认为,"关于艺术效果的神经学分析的问题是很容易发现的:视觉本身并不是美学的,就像其他任何感觉本身都不是美学的一样。"但在一项 1998 年 FMRI 研究中,受野兽派画家对色彩解放的启发,泽基和马里尼(Ludovica Marini)认为色彩可以赋予作品更强的情感和表达能力③,也就是说,作品中的颜色有助于情感表达。而且 2004 年克拉-孔迪的一项研究表明,当参与者被展现色彩反差较大的物体时,与无色彩反差的物体相比,背外侧前额叶皮层就会被激活。结果表明,参与者可以掌握这种"色彩解放"带来的审美属性。④

其二,对于泽基提出的艺术契合大脑对于本质性的追求,马西认为追求本质本身是艺术一个值得尊敬的目标,但是艺术追求本质并不等同于模仿大脑的感知功能,反而是采取与大脑不同的感知方式。马西说道:"泽基声称,塞尚和莫奈反复画同一场景,在不同条件下寻找恒常性,因此在不知情的情况下

---

① Irving J. Massey,"The Neural Imagination:Aesthetic and Neuroscientific Approaches to the Arts",Austin:University of Texas Press,2009,pp.43-44.

② Wiliam Seeley,"Naturalazing Aesthetics:Art and the Cognitive Neuroscience of Vision",Journal of Visual Art",Practive,Vol.5,No.3(November 2006),pp.195-213.

③ Semir Zeki & Ludovica Marini,"Three cortical stages of colour processing in the human brain",*Brain*,Vol.121,No.9(September 1998),pp.1669-1685.

④ Camilo Cela-Conde,Giselle Marty,Fernando Maestu,Tomas Ortiz,Enric Munar,Alberto Fernandez,Miquel Roca,Jaume Rossello & Felipe Quesney,"Activation of the Prefrontal Cortex in the Human Visual Aesthetic Perception",*PNAS*,Vol.101,No.16(April 2004),pp.6321-6325.

模拟大脑视觉的功能。塞尚和蒙德里安在寻找'所有形式的基本成分'时,强调'对激活大脑中单个细胞最有效的那些刺激','这些细胞的特性在某种程度上是我们内在预先存在的观念'。"[1]对此,马西认为:"如果感觉本身就是一种预先存在的观念,为什么还要为艺术而奋斗呢?在艺术中,寻找"本质"是一个完全值得尊重的目标,但当它们最终只是感官的普通功能时,就不是这样了。泽基一次又一次地把大脑的功能作为艺术应该达到的标准,显然他从未意识到,如果艺术真的达到了那个标准,我们最终得到的将是普通感知的完美,而不是一件艺术品。……艺术强调'不恰当'。艺术不复制自然的感知,它取消了自然的感知,取而代之的是另一种感知。……艺术与我们的感知大脑有着相反的目的,不断地挑战着我们平淡的期望和语言规范。泽基说,艺术'使我们独立于单一和偶然的观点';我想说的是,艺术作品确实把我们从偶然的观点中解放了出来,但这只是通过创造一种系统地不同于普通感知的观点。"[2]也就是说,马西认为,虽然大脑是追求恒常性的,艺术也确实和大脑一样,也把我们从偶然性中解脱出来,但不同于大脑是通过普通感知来获取了解世界的知识,艺术是要创造一种不同于普通感知的系统知识,甚至是要打破日常的感知规范。

其三,对于泽基强调艺术的未完成性正是遵循大脑对于本质性和模糊性的追求,马西也是不认同的。马西说道:"在泽基最近的作品中,例如,在2005年3月哈佛的演讲中,他一直强调伟大艺术的未完成性,比如米开朗基罗、瓦格纳等的作品,这反映了艺术家对无法实现的理念的追求。'未完成'相对于'完成'的优越性是德国浪漫主义者的一个普遍信条,弗里德里希·施莱格尔(Friedrich Schlegel)就是信奉者之一,后来约翰·拉斯金(John Ruskin)重新提

---

① Irving J.Massey,*The Neural Imagination:Aesthetic and Neuroscientific Approaches to the Arts*, Austin:University of Texas Press,2009,p.42.

② Irving J.Massey,*The Neural Imagination:Aesthetic and Neuroscientific Approaches to the Arts*, Austin:University of Texas Press,2009,p.43.

出了这一信条。但重点是,理念是柏拉图的原则,泽基援引了这一观点,虽然没有提到具体的名字。这是一个古老的美学观点,几乎不需要神经科学的支持。这样的艺术努力的目标是神经学的描述所无法达到的,从定义上来说,任何感官的化身都无法达到。"[1]马西认为,艺术上对于未完成的追求,实际上是对一种无法实现的理念的追求,而理念是柏拉图以来一直就有的美学观点,和神经科学没有什么关系。笔者认为,泽基恰恰是从神经科学的角度,很好地阐释了为什么自古至今文学艺术创作中都钟爱"未完成"这一理念。

马西还提出,许多对艺术的神经学研究都集中于脑区定位,即审美体验与大脑特定区域的特定神经元之间的关系,马西认为这涉及一个更抽象的问题,对于美的反应本身是否可以脑区专化? 如果可以,它是否会受电刺激的影响,能否通过对腹内侧前额叶皮层的一小块区域进行电刺激,让一个人自动地体验到美感呢? 关于是否有大脑专有审美脑区在神经美学界有着广泛的争议,泽基等比较赞成审美体验或审美反应是有特殊脑区的,而另有一些学者认为审美是一种大脑综合加工过程。事实上,川端秀明和泽基声称他们在内侧眶额叶皮层找到了一个"美点",这是对美丽的一种反应。[2] 而瓦塔尼安和戈尔也做过类似的尝试。[3] 在克拉-孔迪等的一篇文章中,实验者声称他们在左侧背外侧前额叶皮层发现了一个区域,当受试者看到他们认为漂亮的图片时,这个区域的活动增强了。[4] 马西也认为,当我们发现美丽的事物时,我们大脑的某个区域的确会表现出更强烈的激活。同时,马西也肯定地认为,艺术家必须

[1] Irving J.Massey, *The Neural Imagination:Aesthetic and Neuroscientific Approaches to the Arts*, Austin:University of Texas Press,2009.

[2] Hideaki Kawabata & Semir Zeki, "Neural Correlates of Beauty", *Journal of Neurophysiology*, Vol.91,No.4(May 2004),pp.1699-1705.

[3] Oshin Vartanian & Vinod Goel, "Neuroanatomical Correlates of Aesthetic Preference for Paintings", *Neuroreport*,Vol.15,No.5(April 2004),pp.893-897.

[4] Camilo Cela-Conde,Gisèle Marty,Fernando Maestu,Tomas Ortiz,Enric Munar,Alberto Fernandez,Miquel Roca,Jaume Rossello & Felipe Quesney, "Activation of the Prefrontal Cortex in the Human Visual Aesthetic Perception", *Proceedings of The National Academy of Sciences of the United States of America*,Vol.101,No.16(February 2004),pp.6321-6325.

要理解大脑的功能,才能使自己作为艺术家成功地发挥作用,创作出优秀的作品。①

　　总之,泽基的人脑—艺术契合论,给我们的文艺审美提供了一个脑科学的研究思路,让人们认识到,艺术的生产、感知和欣赏应该是与神经组织的结构和原则存在一定的关系。我们了解人脑—艺术契合论的发展、影响和论争,有助于我们从神经美学以及美学史的角度,探究其在美学艺术理论方面的价值和意义。当前,我们还要把大脑与艺术的契合论转化为程序性研究,进一步通过实验测试这一可以被检验的假说。此外,关于艺术作品属性与艺术家使用策略以及神经系统如何组织其视觉世界,它们之间有着怎样的规律,仍然留有许多空白地带,有待我们进行更深入的研究和挖掘。

二、艺术审美的八大法则

　　拉马钱德兰和赫斯坦(William Hirstein)指出,任何艺术理论在理想的情况下均涉及三个组成部分:艺术逻辑、演化原理和相关大脑回路。②

　　1999年,拉马钱德兰提出了一套美学认知的感性原则,又称为"八项艺术体验法则",列出了一系列可能构成审美体验的普遍感知规则或原理。他认为艺术家有意无意地运用这些视觉原则和定律来进行创作,唤起观众的审美反应。

　　拉马钱德兰在第一定律中强调了"艺术的本质和峰值转移原则"。他认为抓住事物的本质是为了激发一个直接的情感反应,这有利于理解艺术真正是什么。艺术家有意或无意试图做的,不仅是捕捉事物的本质,而且是放大事物的本质,从而更加有力地激活与原物相同激活的神经机制。也就是说,我们

---

①　Irving J.Massey,*The Neural Imagination:Aesthetic and Neuroscientific Approaches to the Arts*,Austin:University of Texas Press,2009.

②　Vilayanur Ramachandran & William Hirstein,"The Science of Act:A Neurological Theory of Aesthetic Experience",*Journal of Consciousness Studies*,Vol.6,No.6-7(June 1999),pp.15-51.

原本对某些特定刺激物已形成明确的反应,那么如果刺激物被夸大,我们大脑的神经反应会更强烈。"峰值转移效应"本来是动物辨认学习中的一个知名原理。在对动物的辨别学习研究中,这一原理表明,如果一只动物,例如一只大鼠,因为辨别矩形和正方形而得到奖励,它很快就会更频繁地对矩形做出反应。更重要的是,大鼠对更长、更窄的矩形的反应通常会比最初的训练原型更大。这意味着大鼠学会对规则——矩形——而不是原型做出反应。[1]

动物行为学家早就知道,小海鸥会通过啄妈妈的嘴来乞讨食物。海鸥的喙尖附近有一个鲜艳的红点。所以,它会在没有母亲的无实体的喙上,甚至是一根末端有一个红点的棕色棍子上,同样有力地啄食。带红点的棍子是"释放刺激"或"触发特征"的例子,因为就小海鸥的视觉系统而言,这种刺激与整个母海鸥一样好。然而,更引人注目的是,研究发现一根末端有三条红色条纹的又长又细的棕色棍子比原始的喙更能吸引小海鸥来啄,尽管在人类看来这个棕色棍子一点也不像喙。

那么这一峰值转移效应,与人类的图案识别和审美偏爱是怎么相关的?原来艺术正是利用峰值转移效应,放人事物的本质,以便更强烈激活原物可以激发的相同的神经机制。这同样适用于对童年、浪漫爱情、女性优雅、完美等概念的刻画。比如印度的朱罗王朝时期的青铜雕像,强调臀部和胸部的女神帕娃蒂(Parvati),也是通过夸张的女性形式特征来表现美,有着丰满的胸部和臀部,以及纤细的腰肢,这是利用峰值转移原则来表现女性的优雅形态美。

这一峰值转移原理与漫画原理比较相似。拉马钱德兰指出,一个熟练的漫画家创作出一个漫画中的脸,比如尼克松的脸,也是使用这一原则的。这个漫画家可能是无意识地选取所有脸的平均值,以及尼克松的脸的平均值,通过比较,找到尼克松的脸与所有其他人的脸的不同之处,然后放大这一不同的特征,来创作出一个漫画。最终的结果是这个图像可能比尼克松本人更像尼克

---

[1] Vilayanur Ramachandran & William Hirstein, "The Science of Act: A Neurological Theory of Aesthetic Experience", *Journal of Consciousness Studies*, Vol.6, No.6-7(June 1999), pp.15-51.

松。艺术家放大尼克松的脸的特征,是运用了峰值转移的艺术创作原则,这与出现在大鼠面前比原型矩形更长、更瘦的矩形是采用了同一种方式。①

拉马钱德兰提出,人类视觉系统的发展同样也是为了对某些固有的"基本元素"有更高的活动反应,例如我们并不完全了解的形式或颜色。他们假设艺术家利用这些视觉基元,使得观者在不知不觉中产生更多的大脑活动,从而唤起观者的审美反应。可能某些类型的艺术,如立体主义,正在以某种方式激活大脑机制。正如小海鸥喜欢带有三条红色条纹的棕色棍子超过了原本母海鸥的带有红点的喙,甚至梵高的向日葵或莫奈的睡莲可能在颜色空间上带给人们视觉神经的愉悦超过了自然界的真正向日葵或睡莲。因此,拉马钱德兰假设立体主义画作呈现出一种超常刺激,这种刺激可以过度激活视觉大脑中的某类细胞,从而相应地刺激边缘系统。② 从这个观点来看,可以说立体主义正好反映了大脑的工作方式。也就是说,艺术家常常抓住事物的本质来描绘是为了唤起观者的特别的情感反应。当然也有学者认为,拉马钱德兰在解释峰移效应时忽略了一些重要的问题。③

第二项艺术审美定律是直接强化的感知分组和结合。灵长类动物的大脑有二十多个视觉区域,每一个都与不同的视觉属性有关,如运动、颜色、深度、形式等。独立视觉模块的输出——空间、颜色、深度、运动等等——在进一步处理之前就被直接发送到边缘系统。先由边缘激活产生强化作用,再送到下颞叶皮层,由下颞叶神经元真正识别出物体。

第三项重要的艺术审美定律是分离单一视觉模块来分配注意力。一旦人们意识到将注意力资源分配到不同的视觉模块上存在明显的限制,这种明显

① Vilayanur Ramachandran & William Hirstein."The Science of Act:A Neurological Theory of Aesthetic Experience",*Journal of Consciousness Studies*,Vol.6,No.6-7(1999),pp.15-51.

② Vilayanur Ramachandran & William Hirstein."The Science of Act:A Neurological Theory of Aesthetic Experience",*Journal of Consciousness Studies*,Vol.6,No.6-7(1999),pp.15-51.

③ John Hyman,"Art and Neuroscience",in *Beyond Mimesis and Convention*,Roman Frigg,Matthew Hunter(eds)New York:Springer,2010,pp.245-261.

的反对是可以克服的。隔离单个领域(如漫画或印度艺术中的"形式"或"深度")可以让人们更有效地将注意力引向这一信息来源,从而让你注意到艺术家引入的"增强"。例如,轮廓图或素描比全彩照片是更有效的"艺术"。一张捕捉到尼克松面部基本特征的粗略轮廓图比他的全彩照片实际上更有美感。"多即是少",当颜色、皮肤纹理等对于定义物体的身份(例如尼克松的脸)不是关键的时候,多余的信息实际上会分散你有限的注意力,使你不能专注于定义该物体的属性。

第四项艺术审美定律是对比度提取。分组是一个重要的艺术原则,但在分组之前提取特征,包括删除冗余信息和提取对比,也是需要"加强"的。视网膜、外侧膝状体(大脑中继站)和视觉皮层的细胞主要对物体,即边缘亮度的阶梯变化作出反应,但对均匀的表面颜色没有反应;因此,线条画能有效地刺激这些细胞。这种对比提取就像分组一样,可能在本质上是赏心悦目的。如果对比是在视觉加工的最初阶段自主提取的,这个过程本身就会有愉悦反应,这与注意力的分配有关。信息主要存在于变化的区域,例如亮度变化的边缘,因此,这些区域会比同质区域更吸引人的注意力,更加让人感到愉快。

除了亮度,其他刺激维度对比,如颜色或纹理,也被艺术家利用,例如,马蒂斯的画是利用色彩对比。确实有细胞不同的视觉区域的专业色彩对比,或视觉运动的对比。此外,正如人们可以沿着非常抽象的维度谈论峰移原理一样,对比也可以出现在亮度或颜色之外的维度中。

第五项艺术审美定律是对称。对称物体在美学上也是令人愉悦的,正如任何伊斯兰艺术家所熟知的那样,它被认为是在视觉处理的早期就被提取出来的。由于大多数生物学上重要的物体都是对称的。对称可以作为一个早期预警系统来吸引我们的注意力。进化生物学家认为,我们更喜欢对称的动物或人类对象,这是因为有害于生殖的寄生虫侵扰常常产生不平衡的、不对称的生长和发育。如果是这样的话,我们对对称有一种内在的审美偏好也就不足为奇了。

第六项艺术审美定律是通用观点和贝叶斯认知逻辑。这是对独特视角的厌恶。这一个鲜为人知的原则与人工智能研究人员所说的"通用观点"原则具有相关性。贝叶斯认知逻辑的核心是:我们结合已知条件先进行判断,然后不断去验证、调整和修改这个判断,使之趋于合理化。正如知觉的普遍贝叶斯归纳逻辑,视觉系统厌恶依赖于独特优势的解释,而偏爱一般的解释,或者更普遍地说,它厌恶可疑的巧合。如果一个艺术家试图取悦眼睛,他也应该避免巧合。然而,如果不时地,鉴于艺术和艺术家的反常本性,违反这一原则而不是遵守它,可以产生令人愉快的效果。例如,有一幅毕加索的裸体画,画中手臂的轮廓与躯干的轮廓完全一致,这是不可能的,这仍旧吸引了观众的注意力。

第七项艺术审美定律是感知的问题解决,这也是有助于增强艺术吸引力。正如恩斯特·贡布里希(Ernst Gombrich)所指出的那样,隐藏在透明面纱下的裸体比直接看到的肉体更有吸引力。经过一番挣扎才发现的东西,似乎比一眼就能看出来的东西更令人愉快。因此,一幅令人费解的图画,或一幅含意隐含而非明确的图画,可能比一幅信息显而易见的图画更有吸引力。在某些类型的艺术中,似乎有一种"躲猫猫"的元素,从而确保视觉系统"努力"寻找解决方案,而不会轻易放弃。这其中的原因并不清楚,拉马钱德兰认为可能是一种脑神经机制使这种斗争本身得到强化。笔者认为可能是一种想要的奖赏机制使得我们大脑对于感知有些困难的事物更加充满解决问题的期待感和愉悦感。

第八项艺术审美定律是艺术隐喻。隐喻是两个表面上非常不同的概念或感知之间的心理通道。视觉隐喻在艺术中的运用是众所周知的。在东方和西方的艺术中都有无数这样的例子,当莎士比亚说"朱丽叶是太阳"时,他是在陈述它们都是温暖而有滋养作用的事实。为什么理解这样的类比会对我们如此有益呢? 也许最令人费解的是艺术中视觉"双关语"或隐喻的使用。这种视觉隐喻之所以有效,可能是因为发现表面上不相似的实体之间隐藏的相似之处是所有视觉模式识别的重要组成部分,因此,每当建立这种联系时,一个信号就会被发送到边缘系统。

对物体进行分类显然对生存至关重要,例如:猎物与捕食者、可食用与不可食用、男性与女性等等。在完全不同的实体之间看到一种深度的相似性,一种共同的分母,是所有概念形成的基础,无论概念是感性的,比如"朱丽叶",还是更抽象的,比如"爱"。哲学家们经常在类别或"类型"与"标记"(类型的范例)之间作出区分,例如"鸭子"与"那只鸭子"。能够超越标记来创建类型是建立新的感知类别的必要步骤。能够看到连续不同的情节之间隐藏的相似之处,可以让你将这些情节联系起来,从而创建一个单独的高级类别,例如,几个以观众为中心的椅子表征联系起来,形成一个观众独立的"椅子"抽象表征。因此,发现相似点以及将表面上不相似的事件联系起来,将导致边缘激活,以确保这一过程是有益的。无论是用双关语、诗歌还是视觉艺术,人们都能利用这一基本机制。

拉马钱德兰认为这几条原则无法穷尽所有艺术类型,但至少确立了人类艺术体验的各种表现形式背后的一小部分原则。到 2003 年,拉马钱德兰又增加了其他几条定律,如视觉重复原则或节奏原则、有序与平衡等。八大定律可能有助于为理解视觉艺术、美学和设计提供一个框架,即使它们不一定能解释单个艺术作品的唤起性或原创性。总之,拉马钱德兰认为,大部分艺术形式在很大程度上是基于这八项原则的,要么是利用了这些原则,要么是故意违反了这些原则。当然他也承认很多艺术都是特殊的、不可言喻的、无法分析的。

三、其他学者的观点

艾肯(Nancy E.Aiken)认为,审美反应是一种情绪行为。艾肯在《艺术的生物学起源》一书中重点解释了艺术如何唤起情感的行为和神经生物学基础。[1] 艺术中经常使用生物相关刺激物(行为学释放剂),例如使杏仁核与其他大脑区域相互作用并释放恐惧和相对特定的防御行为。艾肯在不同行为研究的基础上假设,艺术中使用的某些视觉行为学释放剂,例如圆形、曲线、角度

---

[1]　Nancy E.Aiken,*The Biological Origina of Art*,Westport,CT:Praeger,1998.

和 Z 字形的配置,反映了渐进适应性,并且可以对普遍艺术欣赏进行说明。

从柏拉图开始,哲学家们就艺术建立了理论,问什么是艺术? 艺术是如何唤起情感的? 他们的答案从柏拉图的唯心主义演变而来,导致了虚无主义。对于第一个问题,目前的答案是"艺术不能被定义",而第二个问题自 1953 年兰格的《感觉与形式》一书以来,就没有以任何有意义的方式处理过。

艺术如何影响我们的情绪? 艾肯不是从哲学的观点,而是从进化的观点来考虑的。情绪是如何被激发的? 这是一个生物学问题,艾肯从神经科学的角度回答了这个问题。艾肯认为,艺术通常被认为是令人愉快的,但它也可能是丑陋的、令人厌恶的或可怕的。例如,恐惧可以由简单的形状、线条、颜色或声音引起。艾肯展示了艺术如何成为社会和政治操纵的有力工具,而不仅仅是一种快乐的来源。通过艺术,人们可以培养对领袖、国家、神和思想的恐惧。对学者和研究人员以及所有对艺术和人类行为感兴趣的人来说,这是一项具有挑战性的工作。

艾肯还提出艺术是我们进化的生物本性的一个重要方面。艾肯认为,当我们对艺术有强烈的反应时,我们通常涉及的远不止当下的问题。我们正在使用大脑中与我们生存有关的古老部分,比如战斗、逃跑或冻结反应,这些也是我们生存的核心,当我们通过艺术参与这些不能用语言表达的体验时,我们正在与大脑的古老部分建立深层次的联系。这不仅可以解释我们可能拥有的强烈情感,也可以解释艺术如何成为一种工具,让我们意识到我们的基本人性。艾肯能够为我们提供对艺术的生物反应的理解,而又不破坏艺术体验本身的独特和极其重要的品质。

扎德指出象征和抽象认知是艺术背后的基本认知。[①] 此外,她认为艺术是"艺术家和观众之间交流系统的一种形式"[②]。扎德对艺术交流方面的概念

---

① Dahlia W. Zaidel, "Art and Brain: Insights from Neuropsychology, Biology and Evolution", *Journal of Anatomy*, Vol.216, No.2(February 2010), pp.177-183.

② Terrence Deacon, "The Aesthetic Faculty", in *The Artful Mind: Cognitive Science and the Riddle of Human Creativity*, Mark Turner(ed), New York: Oxford University Press, 2006, pp.21-53.

与迪肯(T.Deacon)的概念类似。迪肯强调艺术作品和艺术表现是以符号(图标、指标或符号)传达非符号的事物。迪肯受认知科学家美国塔夫茨大学丹尼特(Daniel C.Dennet)的"意向立场"启发,认为人类的审美能力具有"具象立场"(representational stance)倾向,因此艺术中的象征意义可以引发出新的、高度新颖的情感体验。

上述神经美学的理论假想是很重要的,因为它们代表了研究艺术刺激神经处理的最初步骤。然而,对实证研究的需求反映在对艺术大脑关系解释的不同之处。例如,一方面,泽基认为立体主义在神经生物学意义上是"一种失败"[1],因为它并不反映大脑的工作方式。大脑虽然会从不同的角度观察人和事物,但是大脑能够有序整合这些不同的信息,并得到一个完整和合理的形象。另一方面,拉马钱德兰则假设立体主义呈现出一种超常刺激,这种刺激可以过度激活视觉大脑中的某些细胞,从而相应地刺激边缘系统。[2] 从这个观点来看,可以说,拉马钱德兰认为立体主义正好反映了大脑的工作方式。所以说,理论的假想有时会呈现不同的乃至相反的方向,所以还需要实验的实证数据和分析的支撑。

第三节　视觉神经美学的实证分析

一、视觉审美的基本脑区及功能

在使用功能磁共振成像、脑磁图或脑电图记录大脑活动的各种测试条件下,研究人员研究了对艺术作品的神经反应的各个维度,即测量对刺激材料的情绪反应计算和审美反应、审美判断的神经相关物。这样神经科学家们通过

---

[1]　Semir Zeki, *Inner Vision: An Exploration of Art and the Brain*, New York: Oxford University Press, 1999, p.54.

[2]　Vilayanur Ramachandran & William Hirstein. "The Science of Act: A Neurological Theory of Aesthetic Experience", *Journal of Consciousness Studies*, Vol.6, No.6-7 (June 1999), pp.15-51.

神经美学实验,试图检测审美涉及哪些大脑区域,分析这些区域是否可以与其他形式的情感体验区分开来。

许多涉及功能磁共振成像的研究让参与者在不同的任务要求下观看画作。为了在功能性磁共振成像研究中分离出观看绘画时可靠激活的神经系统,而不考虑任务需求的变化,瓦塔尼安和斯科夫对15个实验进行了分析。[①]结果发现,观看绘画与一个分布式系统的激活有关,有枕叶、参与物体(梭状回)和场景(海马旁回)感知的腹侧流颞叶结构,包括前岛——情感体验的关键结构。此外,我们还观察到大脑默认网络的双侧后扣带皮层的激活。这些结果表明,观赏绘画不仅涉及视觉再现和物体识别系统,而且还涉及构建潜在的情绪和内化认知。

随着很多脑成像技术的运用,可以进行很多无损脑的美学实验,在综合一些神经美学实验结果的基础上,扎德认为审美反应不是代表了大脑专门化的美或丑的单一活动,也不是美和丑两极的连续统一体。扎德认为神经线路图表明了审美反应招募了多个神经区域和通路,遍布两个半球,有的激活的是单侧,有的激活的是双侧,它们的功能属性包括感知、情感和认知。

而且扎德认为艺术创作是一个有关于体验、认知、记忆系统、才华、技巧和创造力的综合表达。艺术作品的创作需要招募几个大脑区域及其功能和神经相互连接通道的活跃,扎德认为这包括预订计划、工作记忆、决策、运动控制、手眼协调、短时记忆、长时记忆、观念、关于世界的语义知识、情感回路、意义和空间的控制、全面和具体的认知、解悟的策略、持续的注意力,其中前额叶涉及决策、运动控制,眼手协调涉及枕叶、顶叶和额叶,海马涉及记忆,颞叶和顶叶涉及长时记忆、概念、语义知识,边缘回路涉及情感。

纳德(Marcos Nadal)和皮尔斯在总结戈尔等人实验成果的基础上,提出

---

① Oshin Vartanian & Martin Skov, "Neural Correlates of Viewing Paintings: Evidence from a Quantitative Meta-Analysis of Functional Magnetic Resonance Imaging Data", *Brain and Cognition*, Vol. 87 (June 2014), pp.52-56.

审美欣赏至少涉及两种大脑激活：一个是低中水平皮层的视觉、听觉和体觉加工，反映了注意力的参与或感情加工；一个是高水平的自上而下的加工和涉及评估判断的皮层区域的激活，包括前内侧前额叶、腹侧前额叶和背侧前额叶。①

纳德、格米尔（Antoni Gomil）和加尔韦斯-珀尔（Alejandro Galvez-Pol）等认为与简单的享乐机制相比，积极的审美体验涉及大脑皮层的激活，包括前扣带、眶额叶、腹内侧前额叶；以及皮层下结构，如尾状核、黑质和伏隔核；还有奖赏回路的一些调节器，如杏仁核、丘脑、海马。这些反映了复杂的交互的神经加工机制，包括奖赏表征、预测和期望，感情的自我调控，情感和快乐的产生。

劳瑞（Jon O.Lauring）认为艺术欣赏中的认知加工具有复杂性，包括感知、记忆、判断、推理、情感、意志的加工等，神经影像技术还不能观察到整个加工步骤的神经支撑，目前研究者们也只能聚焦于有限的孤立的几个影响因素。他分析了几个神经美学实验，包括2004年、2011年石津智大和泽基开展的审美体验脑成像研究。2004年，克拉-孔迪进行了比较抽象、经典、印象主义、后印象主义的视觉艺术的脑磁图实验，瓦塔尼安和戈尔进行了关于具象和抽象的审美偏爱脑成像实验。依据这些实验结果，劳瑞提出视觉艺术刺激的正面审美评估和奖赏，不仅和大脑初级视觉皮层和外纹状体区域相关，而且还与中脑皮层通路、中脑边缘通路相关的额叶以及边缘区相关。劳瑞认为有关审美的脑区，主要包括：枕叶皮层、纹外视觉皮层区、额顶叶、前扣带皮层、尾状核（腹侧纹状体的一部分）、脑岛、内侧眶额叶皮层、背外侧前额叶皮层、中央前回、额下回、腹侧前额叶等。

克拉-孔迪和阿亚拉（Francisco J.Ayala）研究了2004年之后的20多个神经美学实验，对于审美欣赏大脑的结构和功能有了大体的划分。他们认为大脑在审美状态下，主要涉及腹内侧前额叶、前内侧前额叶、后扣带回、楔前叶、

---

① Marcos Nadal &Marcus T.Pearce. "The Copenhagen Neuroaesthetics Conference: Prospects and Pitfalls for an Emerging Field", *Brain and Cognition*, Vol.76, No.1（June 2011）, pp.172-183.

黑质、海马、背侧纹状体/尾状核、腹侧纹状体/尾状核、脑岛、杏仁核、前扣带皮层、眶额叶皮层、颞极、背外侧前额叶、腹外侧前额叶（ventrolateral prefrontal cortex，简称 VLPFC）、运动皮层、枕叶皮层、海马旁回、颞顶连接处、顶上小叶、顶下小叶等脑区。

综上，不同学者在不同神经美学脑实验中观测到视觉乃至其他形式审美过程所涉及的脑区不完全相同，情况错综复杂，有交叉、叠合涉及一些共同脑区，也有差异脑区。

当前神经美学研究中存在的一个普遍性的观点分歧是：人脑中有没有特殊的专门化的审美脑区？笔者在依据大多数神经美学家研究数据的基础上，综合、协调神经美学界关于大脑审美区的两派观点。一类观点是以泽基等神经科学家为代表，他们认为大脑审美是一个专化功能，审美具有特异性脑区，他们认为大脑对于审美刺激产生的愉悦是区别于非审美刺激产生的愉悦，人脑审美机制应该有着特殊的神经生物学基础。泽基等发现被试者对各类材料产生美的体验时，都共同激活了内侧眶额叶皮层的 A1 区，推测该位置是"大脑美点"，专门处理美，所有关于美的体验都会激活该区。在他声称发现美的专门脑区之后，他还通过实验划分了崇高、爱、恨、绝望等的专化脑区。对此，有些人认为神经美学研究把审美简化为形式愉悦的生理快感，成为一种神经刺激的生理应激机制。其实，即使从泽基的结论出发，神经美学也并没有把审美看作直接的脑神经反应。为什么说从形式到美感并不是某一脑区的直接生理反应，因为颜色、形状等形式的处理是在枕叶皮层等初级感觉区，而美感激活的内侧眶额叶皮层等属于审美计算的高级评估和奖赏区。内侧眶额叶属于前额叶的一部分，前额叶是人类最高级智慧产生的地方，比如语言、艺术、思想等。内侧眶额叶是人脑中的理智脑的一个脑区，它的激活是经过感性、理性认知和感情加工，涉及文化、社会、背景、个人体验等方面的复杂因素。所以说形式和美感两者激活的根本不是一个脑区，怎么能从审美实验发现美的体验激活了内侧眶额叶 A1 区，就说神经美学认为审美是某一脑区的直接生理反应呢？也就是说，从形式到美感，并不是某一脑区的直接生理反应，因为从形式属性加工的初级感知区到高级审美评估和奖赏的内侧眶额叶皮层，这中间还有着复杂的审美加工过程。

此外，除了泽基把内侧眶额叶皮层看作审美体验的重要脑区，韦塞尔、斯塔尔和克拉-孔迪等认为人脑默认网络①也是审美体验的重要脑区。克拉-孔迪把审美过程分为静息状态（temporal window0，简称 TW0）和欣赏状态，而且把欣赏状态分为第一个时窗（temporal window1，简称 TW1）和第二个时窗（temporal window2，简称 TW2）。审美欣赏的第一时窗发生在 250 毫秒到 750 毫秒之间，审美注意力机制被激活，被试开始把注意力集中到审美刺激材料上，激活了枕叶区等"初步审美网络"，它对"美"与"不美"的刺激物反应是差不多的。审美欣赏的第一时窗，被试可以对审美特质进行初步的一般的评价，包括对视觉刺激的感觉是"美"或"不美的"的任务执行。审美欣赏的第二时窗发生在 1000 毫秒到 1500 毫秒之间，这时大脑会对"美"和"不美"的刺激物出现显著差异反应，在第二时窗期间，美与不美的刺激物都会在额—顶—颞—枕叶区出现高同时性激活，它们可能是参与审美欣赏的注意任务。部分默认网络会随后恢复激活，美与不美的高同时性差异主要是体现在大脑内侧默认网络的激活差异，美的刺激物出现了高同时性连接的激活，而不美的刺激物没有出现高同时性连接。我们把这一时期激活的脑区称为"延后审美网络"。"延后审美网络"与默认网络部分重合。可见人脑的深度审美体验发生在审美欣赏的第二时窗，该时段默认网络也发生了高同时连接性的激活。

---

① 2001 年，华盛顿大学的脑成像专家赖希德（Marcus E.Raichle）教授等发现大脑处于休息状态下，有些脑区是激活的，当执行具体的行动时，又被减弱，于是把这些脑区称为默认网络，包括内侧前额叶、后扣带回等。随着科学研究的深入，神经美学家们惊奇地发现，默认网络在审美知觉后期期间被激活，而且默认网络在深度审美体验过程中往往和记忆系统、情感系统和意义系统等相连接。此外，默认系统也被认知心理学家认为是社会脑的重要部分，因为默认系统涉及认知和情感的社会性观照及自我反思。

　　另一类观点是以查特杰、扎德等为代表,他们认为没有特异性的审美脑区,认为审美是一个分布式的多脑区分工协同的联合加工过程,是一个调度认知、情感、意志等多功能综合加工的过程,审美和非审美活动都是可以激活这些脑区,因此他们认为审美材料刺激产生的愉悦与非审美材料产生的愉悦本身是一样的,这类观点也意味着人脑中没有一种独立或独特的审美活动,审美过程只是通过招募了很多不同功能的一般脑区来完成的。从神经美学研究的不同阶段来说,神经美学研究的早期是研究人脑审美激活的具体脑区,神经美学家在很多不同的实验中监测出不同的审美激活脑区,几乎每个实验结果都不完全相同,但是也有很多脑区是叠合的。后来神经美学家们根据实验实证数据,提出不同脑区联动的审美体验模型。比如2004年查特杰提出视觉审美加工"三阶段"说。[1] 莱德等在同年提出审美体验的五阶段加工模型。[2] 该模型经常被神经美学家们作为审美过程的基本框架来采用,十年后莱德和纳达尔认为审美过程中认知加工和感情加工是相互作用的,对该模型进行了完善和修整。2007年侯夫和雅各布森提出了包括所有艺术种类的另一种审美体验"三阶段"模型。[3] 2014年和2016年查特杰和瓦塔尼安还共同提出审美体验涉及的神经三环路,把审美体验的相关脑区分为"感觉—运动"环路、"情绪—效价"环路和"知识—意义"环路。[4] 有关审美体验的多脑区联动模型,是把审美过程中的不同阶段涉及的不同脑区的结构和功能进行

---

　　① Anjan Chatterjee,"Prospects for a Cognitive Neuroscience of Visual Aesthetics",*Bulletin of Psychology and the Arts*,Vol.4,No.2,(January 2004),pp.55-60.

　　② Helmut Leder,Benno Belke,Andries Oeberst & Dorothee Augustin,"A Model of Aesthetic Appreciation and Aesthetic Judgments",*British Journal of Psychology*,Vol.95.No.4,(November2004),pp.489-508.

　　③ Lea Höfel & Thomas Jacobsen,"Electrophysiological Indices of Processing Aesthetics,Spontaneous or Intentional Processes?",*International Journal of Psychophysiology*,Vol. 65, No. 1,(February2007),pp.20-31.

　　④ Anjan Chatterjee & Oshin Vartanian,"Neuroaesthetics",*Trends in Cognitive Sciences*,Vol.18,No.7,(July 2014),pp.370-375;Anjan Chatterjee & Oshin Vartanian,"Neuroscience of Aesthetics",*Annals of the New York Academy of Sciences*,Vol.1369,No.1,(April 2016),pp.172-194.

了阐释。

综上,关于审美有没有特异性脑区的两派观点并不是完全对立,都有可取之处,出现这样的差异判断是因为涉及大脑的精细化分工的考察和研究,而且人类对大脑的研究目前还有很多未解之谜。所以这两派的观点分别从自己实验成果出发,推断出不同的结论,两派的实验数据没有问题,但结果均是局部正确,我们应该把这些成果进行拼图,才能一窥审美脑机制的全貌。笔者认为审美脑区可分为一般脑区与审美专化脑区(或者说审美核心脑区),审美是一般脑区和审美核心脑区的共同加工过程。

整个审美过程涉及大脑的视觉、听觉等感知分析的初级感觉加工以及判断、推理和评估等高级认知控制,语义等意义调控,情感—奖赏系统等脑区。具体有:(1)初级感知区,包括视觉、听觉、运动皮层等相关的初级感觉脑区。(2)推理、判断、意义、决策等高级认知控制区,涉及额叶/顶叶区等。(3)情感—奖赏系统,包括边缘系统(海马、扣带回、杏仁核、脑岛等)、皮层下的基底核(尾状核、黑质、豆状核、苍白球、纹状体、伏隔核、下丘脑等)、共情的扩展镜像神经元系统等。(4)内化反思体验区。包括涉及用社会视角来反观自我的内在认知和情感反思的默认网络区等。

大脑对审美刺激物进行整体加工虽然涉及大量的分布式的脑区,每个脑区的功能各不相同,甚至有相当差异,比如视觉加工、意义加工、情感加工等,但它们在审美过程中所承载、处理的信息,会在审美过程的中后期进行融合和综合分析,并产生专化的审美愉悦体验。这一审美愉悦体验虽然也是大脑奖赏机制所激活产生,但与非审美刺激的快乐体验相比,笔者推测两者还是不同的。其一,审美愉悦体验的加工路线不同于感官直接快乐体验。感官体验直接产生积极或消极的情绪,其中有的感官刺激直接激活伏隔核,直接产生快乐体验。伏隔核也被科学家称为快乐中心,属于大脑的奖赏回路中的一个关键脑区,激活后会释放多巴胺等神经递质,让人产生兴奋的反应,食物刺激等都可以直接激活这一脑区。而审美体验不仅有自感官开始的自下而上的加工机制,它还有经大脑前额叶等高级加工区调节的自上而下的加工机制,这一机制是可以调节激活内侧眶额叶皮层这一奖赏回路中的高级脑区,然后经内侧眶额叶皮层再调节伏隔核这一快乐中心。其二,笔者设想,在内侧眶额叶皮层的奖赏脑区中还有很多小区间,其中有专门司美的区间,比如泽基等提出的"大脑美点"A1 区,其他神经科学家也通过实验得出差不多的脑区位置,只是名称不同;另外还有通过高级认知判断的其他非审美刺激物激活的内侧眶额叶皮层的奖赏脑区中的其他区间。也就是说,虽然非审美刺激也激活内侧眶额叶皮层这一高级奖赏脑区,但激活的具体小区间可能是不同于美的刺激引发的审美愉悦体验脑区。

总之,审美过程是一个有时间序列的大脑分布式的加工过程,美感体验是其中一个高光时刻,虽然整体的审美加工过程涉及多个脑区,包括感觉、运动、联想、记忆、推理、判断、意义、情感和奖赏加工等,但产生深度美感体验的高峰时刻,必然涉及一些核心审美脑区。虽然目前神经美学家关于审美核心脑区的观点还是有差异的,比如泽基认为是 A1 区,有的学者认为是镜像神经元系统,而斯塔尔等认为是默认网络,但不妨碍学者们探索和寻找审美核心脑区。笔者认为审美是一般与核心脑区的共同加工过程,美的愉悦感可能是审美核心脑区发出的,但美感是一种智性愉悦,是在综合进行感性、理性和情感加工基础上产生的愉悦感,审美过程是一个复杂的多脑区的联动过程。

二、审美加工的核心神经回路

在对审美过程涉及的脑区进行综合性研究之后,我们还试图找出审美特殊性脑区和神经回路,或者说和审美最为直接联系的神经结构。目前,已有泽基等提出人脑中的美点,标出了在大脑内侧眶额叶的具体位置,命名为 A1 区。在广泛的审美反应的基础上,布朗在 2011 年提出一个与审美直接相关的

"审美加工的核心回路"①,试图进一步发掘与美直接相关的神经结构。他认为外感受性的信息是通过眶额叶皮层传递的,而内感受性的信息是通过前脑岛来传递,它们整合起来获取审美评估。布朗的推测不是建立在审美实验数据的基础上,而是建立在奖赏回路和效价加工的研究基础上,尤其是在勒布雷顿(Mael Lebreton)关于审美评价中奖赏回路的研究基础上。

在认知神经科学中,情绪被描述为一系列生理反应、行动倾向和主观感觉,正性情绪被理解为与奖赏结果和方法行为相关,而负性情绪与厌恶和回避行为相关。对情绪的研究逐渐表明,正性情绪,包括奖赏相关反应,主要是通过激活中脑皮层通路和中脑边缘系统通道来调节的。中脑皮层通路是从中脑、腹侧被盖区和黑质到大脑皮层(尤其是额叶)的回路,它的作用通常被认为与体验丰富的享乐价值和奖赏结果相关,该系统是奖赏预测的"激励—动机"系统,产生这种"想要"的奖赏。中脑边缘系统通路是从中脑经由伏隔核、杏仁核和海马到边缘系统,再到内侧前额叶皮质的回路。中脑奖赏回路通过多巴胺和类鸦片活性肽等神经递质来处理关于"想要"和"喜欢"的奖赏预期、奖赏反应等。

视觉艺术的审美过程中,大脑除了视觉加工领域被激活外,奖赏评估系统也将被激活。雅各布森等②进行了一项功能核磁共振成像研究。实验对有关审美判断和认知判断的神经相关物进行对比时,发现审美判断和认知判断的神经处理差异。后来勒布雷顿等进行了进一步研究,通过实验分离了对视觉刺激物进行审美评价中的各种神经相关物。③ 实验发现,被试者对刺激物的

① Steven Brown, Xiaoqing Gao, Loren Tisdelle, Simon B.Eickhoff & Mario Liotti, "Naturalizing Aesthetics: Brain Areas for Aesthetic Appraisal Across Sensory Modalities", *NeuroImage*, Vol.58, No.1 (June 2011), pp.250–258.

② Thomas Jacobsen, Ricarda I.Schubots, Lea Hofel & Yves Cramon. "Brain Correlates of Aesthetic Judgment of Beauty", *NeuroImage*, Vol.29, No.1(January 2006), pp.276–285.

③ Mael Lebreton, Soledad Jorge, Vincent Michel, Bertrand Thirion & Mathias Pessiglione, "An Automatic Valuation System in the Human Brain: Evidence from Functional Neuroimaging", *Neuron*, Vol.64, No.3(November 2009), pp.431–439.

评估与腹正中前额皮质、眶额叶皮层前扣带回皮质、腹侧纹状体、杏仁核、海马体后扣带回皮质和初级视觉皮层的激活程度相关。

勒布雷顿等还通过研究推断,大脑在艺术欣赏时,会自动对刺激物产生情绪反应。费尔霍(Scott L.Fairhall)和伊夏(Alumit Ishai)[1]、威兹曼(Martin Wiesmann)和伊夏[2]、亚戈(Elena Yago)和伊夏[3]有关物体识别和回忆的研究结果以及卡普切克及其同事[4]有关自上而下和自下而上路径的研究结果均证实了这一假设,上述研究均以绘画视觉艺术作品作为刺激物。这些研究均不要求受试者在被扫描时作出明确评价。然而,在以上所有研究中,边缘、额叶、纹状体回路等区域均被激活,这表明情绪和奖赏系统被自动激活[5]。

审美反应本身是否可以与其他类别的情感反应区分开来?斯科夫在2007年和2009年开展的功能磁共振成像研究表明,审美计算在某种程度上与基本情感的计算有所不同。实验人员通过国际情绪图片系统中的图像指出,带有厌恶情绪的照片很可能被认为是美的,而具有情感吸引力的照片则有可能被认为是丑的。这是因为,在前一种情况下,对图片的审美评价还涉及其他的大脑活动。也就是说,审美不仅涉及基本情感,还关系到价值判断。审美计算应该涉及一个特殊功能和结构。

要想分离出审美相关的脑区和回路,通过艺术与非艺术作品的审美比较实验也是一个行之有效的方法。布朗及其同事结合93项功能磁共振成像和

---

① Scott L.Fairhall, & Alumit Ishai, "Neural Correlates of Object Indeterminacy in Act Compositions", *Consciousness and Cognition*, Vol.17, No.3(September 2008), pp.923-932.

② Martin Wiesmann & Alumit Ishai, "Recollection-and Familiarity-Based Decisions Reflect Memory Strength", *Frontiers in Systems Neuroscience*, Vol.2, No.1(May 2008), pp.1-9.

③ Elena Yago & Alumit Ishai, "Recognition Memory is Modulated by Visual Similarity", *Neurolmage*, Vol.31, No.2(June 2006):807-817.

④ Gerald C.Cupchik, Oshin Vartanian, Adrian Crawley & David J.Mikulis, "Viewing Artworks: Contributions of Cognitive Control and Perceptual Facilitation to Aesthetic Experience", *Brain and Cognition*, Vol.70, No.1(June 2009), pp.84-91.

⑤ Anjan Chatterjee, "Neuroaesthetics: A Coming of Age Story", *Journal of Cognitive Neuroscience*, Vol.23, No.1(February 2011), pp.53-62.

电子发射断层扫描研究的结果,确定了艺术与非艺术作品比较时,在视觉、听觉、味觉与嗅觉四种感觉形态方面的正面审美评价中所涉及的脑区。[①] 这四种感官特异性分析表明,除了其他常见的激活区外,所有分析中均发现眶额叶皮层中也出现了激活现象。然而这些分析还表明,眶额叶皮层中没有任何单个区域协调参与到这四种感觉形态当中。大量文献表明,所有感觉形态中的奖赏效应均与眶额叶皮层有关,因此这一点着实令人意外。布朗认为,分析结果表明眶额叶皮层更可能是一种感官特异性区域,而非跨模式脑区。

分析还表明,与审美评价和情感相关的最为和谐的激活区域是前脑岛和双侧脑岛,尤其是右前脑岛。布朗表示:"由此,呈现出这样一种整体情况:眶额叶皮层的感官特异性区域的审美加工与位于前脑岛的跨模式脑区共同被激活"[②]。

这些研究结果和观点与石津智大和泽基的研究有叠合之处。石津智大和泽基认为,大多数探索审美体验与大脑皮层之间关系的研究均发现了一个激活脑点,此位点与其他研究中发现的位置相近,只是"对同一区域使用了不同叫法",导致不同实验对该区域的叫法不同而已——石津智大和泽基将此区域称为"腹内侧眶额叶皮层的 A1 分区"[③]。

布朗还研究了已有的 13 项使用神经解剖学标记法的研究以及侧重审美评估的神经美学实验成果及数据。在 13 项研究当中,有 6 项发现眶额叶皮层出现激活,其中 5 项还发现腹内侧眶额叶皮层出现激活,但不包括石津和泽基

① Steven Brown, Xiaoqing Gao, Loren Tisdelle, Simon B. Eickhoff & Mario Liotti, "Naturalizing Aesthetics: Brain Areas for Aesthetic Appraisal Across Sensory Modalities", *NeuroImage*, Vol.58, No.1 (June 2011), pp.250-258.

② Steven Brown, Xiaoqing Gao, Loren Tisdelle, Simon B. Eickhoff & Mario Liotti, "Naturalizing Aesthetics: Brain Areas for Aesthetic Appraisal Across Sensory Modalities", *NeuroImage*, Vol.58, No.1 (June 2011), pp.250-258.

③ Tomohiro Ishizu & Semir Zeki, "Toward a Brain-Based Theory of Beauty", *Plos One*, Vol.6, No.7 (July 2011), pp.1-10.

在 2011 年所做的一项研究。有三项研究表明脑岛中出现了与审美评估有关的激活;仅有一项研究显示前脑岛中也出现激活。

杏仁核在审美评估过程中,也发挥着重要的作用。迪奥及其同事在 2007 年的一项研究中发现,在正面审美评价的过程中,杏仁核的活跃度有所增加。另一方面,石津和泽基在 2011 年的一项研究中发现,与得到"美"的评价相比,当艺术作品得到"丑"的评价时,杏仁核会变得活跃。如前文所述,其他的研究则显示正面情绪①和负面情绪②均会使杏仁核变得活跃。但目前尚不清楚为什么杏仁核在某些情况下与正面审美评价有关,而有时又与负面评价有关。研究发现,杏仁核能够调整注意力、记忆力、决策力以及情绪反应等各种因素,如行为、自控和内分泌等因素,因此似乎有必要就杏仁体在审美欣赏中所起的作用展开研究。另一个与此相关的有趣的观点是,川端和泽基仅在比较肖像和非肖像条件下才观察到了杏仁体的活动,不过这与参与者的审美评级无关。鉴于杏仁核是分布式人脸处理网中的重要元素,这一点并不令人费解。

神经美学家们惊奇地发现,默认网络在审美知觉期间被激活,这一网络被赖希德(Marcus E.Raichle)和同事们认为是在休息状态下大脑出现的基本状态,当执行具体的行动时又被减弱。③ 一般认为,默认网络包括内侧前额叶、后扣带回、前扣带、双侧顶下叶。

① Mael Lebreton, Soledad Jorge, Vincent Michel, Bertrand Thirion & Mathias Pessiglione, "An Automatic Valuation System in the Human Brain: Evidence from Functional Neuroimaging", *Neuron*, Vol.64, No.3(November 2009), pp.431–439; Jana Wrase, Sabin Klein, Sabine M.Gruesser, Derik Hermann, Herta Flor, Karl Mann, Dieter F.Braus & Andreas Heinz, "Gender Differences in the Processing of Stadardized Emotional Visual Stimuli in Humans: A Functional Magnetic Resonance Imaging Study", *Neuroscience Letters*, Vol.348, No.1(September 2003), pp.41–45.

② Moshe Bar & Maital Neta. "Humans Prefer Curved Visual Objects", *Phychological Science*, Vol.17, No.8(August 2006), pp.645–648.

③ Marcus E. Raichle, Ann Mary Macleod, Abraham Z. Snyder, William J. Powers, Debra A. Gusnard & Gordon L.Shulman, "A Default Mode of Brain Function", *Proceedings of the National Academy of Sciences of the USA*, Vol.98, No.2(Jane 2001), pp.676–682.

默认网络在审美过程中的激活受到克拉-孔迪、劳瑞、韦塞尔和斯塔尔的关注和重视。劳瑞认为关于审美神经网络的推断中最有趣的贡献就是默认网络。2006年雅各布森等实验以及2012年韦塞尔等实验,发现内侧前额叶、楔前叶、后扣带回之间的连接性,而这些相互连接的脑区和默认网络有着部分重合。2019年,韦塞尔在文章中提出,默认网络是与一般审美吸引力最为相关的核心脑区。

默认网络一般是在人脑处于休息状态下才活跃,为什么在神经美学实验中依然被激活?这需要我们探索神经连接的特点。神经科学家们把有紧密神经连接的脑区分为几个大的模块,第一个模块是关于体感、运动和听觉功能;第二个是关于视觉加工;第三个是默认网络;第四个是注意力加工;第五个是边缘和皮层下系统;等等。

2013年,克拉-孔迪进行了具有时间分辨性的脑磁图实验,对审美过程中的脑网络动态变化进行了研究,可以为回答和解释默认网络在审美过程中的时间和作用提供一些线索。克拉-孔迪把审美过程分为静息状态和欣赏状态,而且把欣赏状态分为第一个时窗和第二个时窗。其中静息状态发生在0到500毫秒之间,这时不管看的是美的艺术作品还是不美的,大脑默认网络都是激活的。审美欣赏的第一时窗发生在250毫秒到750毫秒之间,这时默认网络在减弱,审美注意被激活,我们把这一时期的激活脑部网络称为"初步审美网络",主要是连接了大脑枕叶区,它对"美"与"不美"的刺激物反应是差不多的。审美欣赏的第二时窗发生在1000毫秒到1500毫秒之间,这时会出现对"美"和"不美"的刺激物进行审美判断的显著差异,在第二时窗期间,美与不美的刺激物都会在额-顶-颞-枕叶区出现高同时性激活,这与静息状态下双边高同时性激活是匹配的。但由于其侧边的位置,这一连接与内侧的默认网络具有很少的关系。推测地说,它们可能是参与审美欣赏的注意任务。部分默认网络随后会恢复激活,美与不美的高同时性差异主要体现在大脑内侧的激活差异,美的刺激物出现了高同时性连接的激活,而不美的刺激物没有出现高同时性连接。我们把这一时期激活的脑区称为"延后审美网络"。"延后审美网络"与静息状态下的默认网络部分重合,这一叠合启发了我们对于难以捉摸的人类审美能力的进化问题的思考。

第六章　音乐审美的脑机制研究

音乐是人类生活的一个重要部分,音乐发展的历史是非常久远的。已知晓的最古老乐器是在西欧发现的一些鸟骨制造的 36000 年前的乐管,其精细程度很高,可以进行复杂的音乐演奏。[1] 学者们普遍认为:乐器可能在现代人类迁徙到欧洲大陆的 4 万年之前就已经制造出来了,而且人类音乐活动(需要发出声音以及进行身体运动的音乐活动)在乐器制造出来之前可能就已经出现了。[2]

虽然音乐的出现、发展和研究的历史悠久,但是从神经科学的角度来研究音乐却只有 20 多年的时间。1999 年,随着神经美学学科的诞生,神经美学家们关注音乐等听觉艺术,通过各种实验方法来试图研究清楚有关音乐审美感知的大脑神经活动机制。布如特克和皮尔斯在《音乐神经美学》中梳理了音乐神经美学的研究历程,认为经过 20 多年的发展,研究音乐知觉、认知和情感的神经基础的音乐神经科学已经确定了它作为认知神经科学分支的地位,音乐神经美学已经成为一个崭新的明确的研究领域,其主要目的是研究与音乐

---

[1] Ian Cross & Iain Morley, "The Evolution of Music: Theories, Definitions and the Nature of the Evidence", in *Communicative Musicality*, Oxford: Oxford University Press, 2008, pp.61-82.

[2] Nicholas J.Conard, Maria Malina & Susanne C.Münzel, "New Flutes Document the Earliest Musical Tradition in Southwestern Germany", *Nature*, Vol.460(August 2009), pp.737-740.

审美相关的人脑神经活动机制。

本章依据音乐审美实验的数据,阐明了布如特克等神经美学家们对于产生音乐审美愉悦的两大神经机制的推测和具体论述:既包括自下而上的感官直达的情感机制,又有自上而下的认知调节机制。两者平行运行,相互配合和调节,共同产生了音乐审美愉悦。

第一节　音乐审美的脑成像实验

从进化艺术史学的角度,一部分学者研究音乐的历史进程以及与人类的密切联系。有学者认为,音乐是人类生活的一个中心部分,它的历史和我们人类的进化过程几乎同步,已知晓的最古老乐器和我们人类出现的时间同样久远。在克劳斯和莫利看来,西欧发现的一些鸟骨制造的36000年前的乐管,精细程度甚至超过许多中世纪的相关乐器。还有学者认为,既然现代人类4万年前迁徙到欧洲大陆时,复杂的音乐演奏已经成为他们的保留节目,那么这引发了一个可能性:乐器可能在现代人类迁徙到欧洲大陆的4万年前的很多年前就已经制造出来了,那么可以继续推算,需要发出声音以及进行身体运动的音乐活动甚至可能在乐器制造出来之前就已经出现了。[①] 可见,音乐是人类生活的一个重要部分,已知的最古乐器和人类的出现同样久远,音乐发展史和人类进化史基本是同步的。

2013年,布如特克和皮尔斯在《音乐神经美学》一文中对音乐神经美学的研究历程进行了回顾、总结和归纳。他们认为音乐神经美学的目标主要涉及音乐的3个基本审美反应(即情感、判断和偏爱)的知觉、情感和认知加工的神经机制和结构。布如特克等指出一些神经美学研究者经常把音乐知觉和认知与语言加工和理解相比较,把音乐的诱导情绪与视觉刺激诱导下的情绪相

---

① Nicholas J.Conard, Maria Malina & Susanne C.Münzel, "New Flutes Document the Earliest Musical Tradition in Southwestern Germany", *Nature*, Vol.460(August 2009) ,pp.737-740.

比较,这些学者得出这样的推论:音乐知觉和认知加工主要由额颞部脑区神经机制(the front otemporal brain mechanisms)支撑,音乐情感由边缘和旁边缘神经网络(the limbic and paralimbic networks)负责。尽管大家已经广范知晓额颞部脑区神经机制支撑了知觉和认知音乐的加工,边缘和旁边缘神经网络负责音乐情感,但布如特克等认为还是需要去做大量的工作来理解这个决定音乐审美反应的神经计时法和结构。他们指出另外一些研究者最近开始观测音乐审美体验中聆听者、聆听状态、音乐性质的调节影响。布如特克和皮尔斯除了综述一些研究者对于音乐审美体验的知觉、认知和表达加工理解的研究史,他们自己还进行了大量关于音乐知觉、认知和情感的神经机制的实验,研究这些听觉神经加工处理过程是如何进行审美体验和培育审美欣赏的。总之,布如特克等对于音乐神经美学的研究,目的是创建一个音乐审美神经机制的研究程序和框架,从而探索人是如何感知、描绘音乐以及被音乐的艺术表现力所触动,大脑如何获得审美情感、审美判断和审美倾向的。

神经美学研究音乐等听觉艺术,目的是要弄清楚与音乐的审美感知有关的大脑神经活动机制。还有一些神经美学家们从各个角度对听觉审美的大脑神经机制进行了深入研究。

肖通过研究指出,音乐认知和其他高级大脑功能有着相关性、历史性和偶然性的关系,但音乐认知和数学、空间推理等抽象运作的认知之间有着一定关系,比如对于莫扎特 D 大调 K.448 号作品的欣赏,有助于提高时空推理能力。[①] 他预计缺乏复杂性的音乐以及简单重复的音乐可能会干扰,而不是提高抽象推理能力。可见,审美活动与大脑的智力发展是相连的。

萨琳普等研究发现,伏核的激活程度与人们聆听乐曲时的喜欢程度有关,

---

① Shaw, G. L., Rauscher, F. H. & Ky. K. N., "Music and spatial task performance", *Nature*, Vol.365, No.6447(October 1993), p.611.

甚至影响到是否购买的决定。① 萨琳普和萨托雷的研究对大脑的神经奖赏回路在音乐享受中的作用有了进一步的观察。回应这个问题的一个线索是在于几个涉及到高水平认知的神经机制加工和自然奖赏的大脑区域的联合,这几个脑区紧密的相互作用能使自上而下的加工成为可能,比如允许用以前的经验、知识和意义来塑造我们对于音乐刺激的知觉和解释。②

布哈塔切如等研究表明,审美过程中的神经同步加工似乎是多个脑区之间的重要的神经信息处理机制。③

布朗等进行听觉审美的 PET 脑成像实验,发现聆听条件下的听觉审美活动不仅激活大脑初级听觉区(primary auditory)、次级听觉区(secondary auditory)和颞极区,与此同时,还激活了大脑边缘和泛边缘系统的神经活动。④

布拉德等进行了听觉审美机制的脑成像实验,对听觉艺术审美机制进行 PET 测试,发现被试者的海马旁回、右楔前叶的激活程度与不谐音的评价成正相关,而双侧眶额部皮层、腹内侧前额皮层和体下扣带皮层(subcallosal cingulate)的激活程度与此成负相关。⑤ 他由此得出结论:听觉审美神经加工机制不仅包含听觉皮层———一般听觉神经加工系统,还包括与审美、情感决策相关脑区的神经活动,这是听觉神经审美机制中的重要部分。

---

① Valorie N. Salimpoor,Iris van den Bosch,Natasa Kovacevic,Anthony Randal McIntosh,Alain Dagher & Robert J. Zatorre,"Interactions Betweenthe Nucleus Accumbens andAuditory Cortices Predict Music Reward Value",*Science*,Vol.340,No.6129(April 2013),pp.216-219.

② Valorie N. Salimpoor & Robert J. Zatorre, "Neural Interactions that Give Rise to Musical Pleasure",*Psychology of Aesthetics*,*Creativity*,*and the Arts*,Vol.7,No.1(February 2013),pp.62-75.

③ Joydeep Bhattacharra, Hellmuth Petsche & Ernesto Pereda,"Long Range Synchrony in the Band:Role in Music Perception", *The Journal of Neuroscience*, Vol. 21, No. 16 (August 2001), pp. 6329-6337.

④ Steven Brown,MichaelJ.Martinez,Lawrence M. Parsons",Passive Music Listening Spontaneously Engages Limbic and Paralimibic Areas", *Neuroreport*, Vol. 15, No. 13 (October 2004), pp. 2033-2037.

⑤ Anne J. Blood,Robert J. Zatorre,Patrick Bermudez & Alan C. Evans",Emotional Responses to Pleasant and Unpleasant Music Correlate with Activity in Paralimibic Brain Regions",*Nature Neuroscience*,Vol.2,No.4(May 1999),pp.382-387.

列维京研究了低智商但音乐能力很强的威廉综合症患者,在对 13 名聆听古典音乐的被试者进行核磁共振扫描后,观测到,首先激活了前脑,因为前脑需要分析调子的结构与意义,还激活了大脑的奖赏机制,包括伏隔核和腹侧被盖区释放了快乐神经递质多巴胺,此外激活了小脑区域,涉及相关的肢体动作。①

科尔奇(Stefan Koelsch)认为音乐是人类社会的一个普遍特征,部分原因在于音乐具有唤起强烈情感和影响情绪的能力。② 在过去十年里,关于音乐诱发情绪的神经相关探索,对于理解人类的情感是非常宝贵的。对于音乐和情绪的功能神经影像学研究,显示音乐能够调节大脑结构的活动,特别是那些关键的涉及情绪的大脑结构的活动,比如杏仁核、伏隔核、下丘脑、海马、岛叶、扣带回皮质和眶额皮质等。音乐可以调节这些大脑结构中的活动,对于精神或神经系统疾病的治疗,有着重要的意义。

第二节　音乐审美与脑神经机制

人们在日常生活中喜欢听音乐,不管是随意听听还是有意聆听,都能产生审美愉悦的感觉。

一、音乐神经美学的研究目的

从审美实验的路径来看,近年来神经美学家们纷纷从各自角度对音乐审美大脑神经机制进行了多维度研究,音乐神经美学的研究目的则是要弄清楚与音乐审美有关的大脑神经活动机制。例如布如特克等认为音乐神经美学的主要目标就是研究人们在音乐审美体验中产生的基本审美反应(即情感、判

---

① Daniel Levitin, "Musical Behavior in a Neurogenetic Developmental Disorder: Evidence from Williams Syndrome", *Annals of the New York Academy of Sciences*, Vol.1060, No.1(January 2005), pp. 325-334.

② Stefan Koelsch, "Brain Correlates of Music-Evoked Emotions", *Nature Reviews Neuroscience*, Vol.5, No.3(March 2014), pp.170-180.

断和偏爱)的知觉、情感和认知加工的神经机制和结构。[1]

音乐审美体验一般是指个人尽可能带着审美态度、意向性、感情期望和专注接触音乐事件或亲身参与音乐活动。最佳状态下的音乐审美体验,在不同的方面会出现一些相似的审美反应:(1)审美判断:如"这音乐太动听了";(2)审美情感:如听歌时皮肤上出现鸡皮疙瘩或泪流满面;(3)审美偏好:如"我喜欢这首歌!"

尽管产生这些反应的时间顺序尚未明确,布如特克等研究提出,音乐审美体验可能导致对音乐作品或特定表演的自觉的审美判断,这些判断通常伴随着愉悦的感觉,尽管并非总是如此。也就是说,先有关于美或其他方面的审美判断,再有审美情感和偏好。[2] 布如特克等认为还需要去做大量的工作来理解这个决定音乐审美反应的神经结构。

布如特克和皮尔斯还进行了大量关于音乐知觉、认知和情感的神经机制的实验,研究这些听觉神经加工处理过程是如何进行审美体验和培育审美欣赏的。总之,布如特克等神经美学家对于音乐神经美学的研究,目的是创建一个音乐审美神经机制的研究框架,从而探索人是如何感知、描绘音乐以及被音乐的艺术表现力所触动,大脑是如何获得审美情感、审美判断和审美倾向的。[3]

二、音乐审美如何产生愉悦反应

音乐(或其他听觉艺术形式)的客观属性能直接产生审美愉悦吗? 外部刺激物、感情状态和先前的聆听体验是如何结合起来,从而创造音乐审美的愉

---

① Brattico Elvira, Brigitte Bogert & Thomas Jacobscn, "Toward a Neural Chronometry for the Aesthetic Experience of Music", *Frontiers in Psychology*, Vol.4, No.206(May 2013), p.206.

② Elvira Brattico & Marcus T.Pearce, "The Neuroaesthetics of Music", *Phychology of Aesthetics, Creativity, and the Arts* Vol.7, No.1(February 2013), pp.48—61.

③ 胡俊:《艺术·人脑·审美——当代西方神经美学的研究进展、意义和愿景》,《文艺理论研究》2015 年第 4 期。

悦反应?

其中最为关键的一点是,音乐艺术中会出现一种悖论现象,例如人们聆听悲伤的音乐时会产生愉悦的反应。为什么本质上消极的刺激材料可以产生积极的审美反应呢?刺激材料可能在外周器官产生不愉悦的感觉,但可以通过更高级的认知机制进行神经介导,通过关联积极的往事进行心理介导,或通过符合对等价值体系的动机而产生强烈的审美愉悦感。

这种感官感觉与有意识愉悦这两种体验,在某些情况下是相辅相成的;而在另一些情况下,它们又背道而驰。

从感官感觉与自觉愉悦两者关系的角度,布如特克等推测和分析了音乐审美体验中产生愉悦感的两大神经机制。一方面,布如特克等探讨了音乐审美的情感神经机制,即决定外周至中枢神经系统神经活动演替并引起音乐感官享受的感觉机制。另一方面,布如特克等探讨了决定音乐愉悦的认知神经机制,该机制源于前额叶及关联皮质层并调整外周反应。神经美学家初步推测这两个机制可能按照初步认知——初步感情——关联(综合)认知——最终情感(审美愉悦)的路径来进行平行互动运行,相互关联和激发的。

第三节　音乐审美愉悦的情感神经机制

杏仁核,尤其是右半脑的杏仁核,及邻近的海马回可能是直接从听到的音乐的声学特征中产生厌恶或喜爱、愉悦或不愉悦的感官体验的必要中继站。这是对于听觉艺术进行初步认知以后,产生初步感情的中间站,接着中继站中的初步感情还得接受对于信息的关联认知(即后面介绍的眶额叶皮层的加工区)的调整或调节,从而通过奖赏系统来进行最终奖赏,于是激活纹状体(尤其是右侧伏隔核①和尾状核)。纹状体是皮层下的大脑结构,对于体验音乐中

---

① Stefan Koelsch,"Brain Correlates of Music-Evoked Emotions", *Nature Reviews Neuroscience*, Vol.15,No.3(March 2014),pp.170–180.

的愉悦感非常重要,是最终体验音乐产生愉悦感的重要脑区。

一、不愉悦感或愉悦感的必要中继站

许多心理声学和行为学研究表明,听觉感知特征将内在地直接触发不同文化背景和年龄段的人对声音的不愉悦或愉悦的感觉,这往往在海马回、杏仁核中表现得非常明显。戈斯林(Nathalie Gosselin)等进行的一项神经心理学研究表明,患海马回病变的患者对不悦耳的音乐的感受性下降,但对协调的音乐中的开心和悲伤有完整的情感识别。① 布拉德等进行的一项针对成人的开创性的正电子成像技术研究发现:增加和音的评级与眶额叶皮层、胼胝体下扣带中的活动相关,而增加的不协调音评级与右侧海马回、楔前叶中的神经活动成比例相关。② 另外佩拉尼(Daniela Perani)等进行的一项针对刚出生几天的婴儿的功能性核磁共振成像的数据也显示:婴儿听到协调的音乐时,右半脑初级听觉皮层所在的颞叶上存在非对称性活动;而婴儿听到不协调的音乐激活了左侧杏仁核和腹侧纹状体。③ 腹侧纹状体是由伏隔核与尾状核和壳核的腹正中部分组成。在腹侧纹状体中,神经信号通过神经递质多巴胺传递。

除了海马回,布如特克等认为杏仁核在听觉感知时也发挥作用,赋予了听觉皮层所接受信号以这样的信息,即该音乐质量是令人愉悦还是厌恶的。能

① Nathalie Gosselin, Séverine Samson, Ralph Adolphs, Marion Noulhiane, Mathieu Roy, Dominique Hasboun, Michel Baulac & Isabelle Peretz, "Emotional Responses to Unpleasant Music Correlates with Damages to the Parahippoocampal Cortex", *Brain*, Vol.129, No.10 (October 2006), pp.2585-2592.

② Anne J.Blood, Robert J.Zatorre, Patrick Bermudez & Alan Charles Evans, "Emotional Responses to Pleasant and Unpleasant Music Correlate with Activity in Paralimbic Brain Region", *Nature Neuroscience*, Vol.2, No.4(1999), pp.382-387.

③ Daniela Perani, Maria Cristina Saccuman, Paola Scifo, Danilo Spada, Guido Andreolli, Rosanna Rovelli, Cristina Baldoli & Stefan Koelsch, "Functional Specializations for Music Processing in the Human Newborn Brain", *Proceedings of the National Academy of Science*, Vol.107, No.10(March 2010), pp.4758-4763.

够支撑这一观点的实验研究有:其一,戈斯林及其同事提供的证据表明,接受包括杏仁核的单侧(左侧或右侧)颞叶切除的 16 名患者无法像对照组患者那样明显感知音乐中的恐惧。这种情感识别障碍仅限于恐惧,因为患者能正常识别开心和悲伤的音乐。[1] 其二,库玛(Sukhbinder Kumar)及其同事测量了聆听了 74 种声音的 16 名患者的功能性核磁共振成像反应,包括音乐及动物、环境的声音,并根据患者的愉悦程度进行评级。[2] 听起来不悦耳的声音差异显著,从非常高,如粉笔划过黑板、小刀刮擦瓶子,到非常低,如冒泡的水。结果揭示了右侧的杏仁核的基底外侧核和左侧的初级听觉皮层之间的功能性联结,这对于从声音中体验出令人厌恶的不愉悦的感受具有重要作用。这一发现也表明,杏仁核为听觉皮层提供关于愉悦或厌恶音质的信息。其三,科尔奇及其同事进行的一项研究也表明,在感知音乐带来的快乐而不是恐惧的积极情绪时,更高程度的听觉皮层活动会引起左侧浅表杏仁核与听觉皮层之间产生更强的功能性连接。[3] 其四,列格奥伊斯-格夫(Catherine Liegeois-Ghauvel)及其同事通过分析男性患者的颅内脑电图(KKG)记录,观察到右侧杏仁核被钢琴曲引发的悲伤和平静情感所激活,而左侧杏仁核仅被快乐的音乐激活。[4]

根据以上实验发现,布如特克等推测听觉皮层与杏仁核之间的联结,可能会是一种唤起音乐情感的中枢神经机制。相较之下,两个脑区之间失去连接

[1] Nathalie Gosselin, Isabelle Peretz, Marion Noulhiane, Dominique Hasboun, Christine Beckett, Michel Baulac & Séverine Samson, "Impaired Recognition of Scary Music Following Unilateral Temporal Lobel Excision", *Brain*, Vol.128(March 2005), pp.628–640.

[2] Sukhbinder Kumar, Katharina von Kriegstein, Karl Friston & Timothy D. Griffiths, "Features versus Feelings: Dissociable Representations of the Acoustic Features and Valence of Aversive Sounds", Journal of Neuroscience, Vol.32, No.41(October 2012), pp.14182–14192.

[3] Stefan Koelsch, Stavros Skouras, Thomas Fritz, Perfecto Herrera, Corinna Bonhage, Mats B. Küssner & Arthur M. Jacobs, "The Roles of Superficial Amygdala and Auditory Cortex in Music-Evoked Fear and Joy", *NeuroImage*, Vol.81(November 2013), pp.49–60.

[4] Catherine Liégeois-Chauvel, Christian Bénar, Julien Krieg, Charles Delbé, Patrick Chauvel, Bernard Giusiano & Emmanuel Bigand, "How Functional Coupling between the Auditory Cortex and the Amygdala Induces Musical Emotion: A single case study", *Cortex*, Vol.60(November 2014), pp.82–93.

可能引起消极的音乐审美体验,因为列格奥伊斯－格夫及其同事发现接受测量的患者非常不喜欢听起来很愤怒的音乐。[1]

布如特克等认为,不仅在以上研究音乐作为刺激材料的实验中发现杏仁核在消极或积极情感激活中的作用,而且在视觉刺激、性别分析等其他研究中也发现了这一特性,但还是有一些细微差异。杏仁核的这种依据情绪效价的单侧化活动已在先前通过视觉刺激材料进行神经影像研究的元分析中提及。[2] 但是,与以上将音乐用作刺激材料获得的数据相反,在这项视觉刺激的实验中,消极情感激活左侧杏仁核,而积极情感激活右侧杏仁核。另外,也有研究者在一项侧重于性别的神经影像研究的元分析中,提出了不一致的发现:女性的左侧杏仁核更容易受消极情感的影响,而男性的左侧杏仁核更容易受积极情绪的影响。

尽管如此,上述关于音乐的神经影像学研究证明了杏仁核与听觉皮层之间的联结,而且这种联结对于从音乐中获得愉悦或不愉悦的情感体验具有重要作用。

二、体验有意识的愉悦感

人耳听到音乐后,相关音乐的声学特征传输给听觉皮层,由于上文提到的杏仁核和海马回可能直接和听觉皮层相联结,因而会产生喜爱或不喜爱的愉悦感或不愉悦的直接感官体验。而纹状体作为皮层下的大脑结构,尤其是纹状体之中的右侧伏隔核和尾状核,与大脑奖赏区相关联,可以最终体验到音乐中强烈的愉悦感。

---

[1] Catherine Liégeois-Chauvel, Christian Bénar, Julien Krieg, Charles Delbé, Patrick Chauvel, Bernard Giusiano & Emmanuel Bigand, "How Functional Coupling between the Auditory Cortex and the Amygdala Induces Musical Emotion: A single case study", *Cortex*, Vol.60 (November 2014), pp.82-93.

[2] P.Fusar-Poli, A.Placentino, F.Carletti, P.Allen, P.Landi, M.Abbamonte, F.Barale, J.Perez, P. McGuire & P. L.Politi, "Laterality Efect on Emotional Faces Processing: ALE Meta-Analysis of Evidence", *Neuroscience Letters*, Vol.452, No.3 (March 2007), pp.262-267.

一些研究表明,战栗或颤抖作为一种可衡量的身体反应与强烈的愉悦感相关,并因此与音乐引发的高度积极的情绪挂钩。为了研究这些皮层下结构,布如特克等首先把音乐或其他艺术刺激物引起的后脊发凉和鸡皮疙瘩相关联的战栗或颤抖,与其他的战栗或颤抖,如演讲的高潮部分也可能引发的战栗或颤抖进行了区分。一些实验通过研究战栗或颤抖反应与非常愉悦的音乐的神经相关性,发现这些相关性与大脑奖励区的活动相关,例如受内源性多巴胺传输调节的腹侧纹状体(包括伏隔核)和腹侧被盖区。[1]

此外,萨琳普等研究发现,可以在激活腹侧纹状体(尤其是伏隔核)后通过背侧纹状体(尤其是右尾状核)中的神经活动预测身体的战栗反应。[2] 伏隔核是一种主要将多巴胺用作神经递质的中间的多巴胺能通路的皮层下核。萨琳普及其同事在另一项实验中还注意到,在聆听不熟悉的音乐时背侧和腹侧纹状体中同时发生神经活动,表明了对所听音乐的期望及其正面评价之间存在时间上的重叠。[3] 产生反应的时间顺序的明显差异可能解释为对熟悉或不熟悉音乐的期望性质和范式中存在的差异(第二项研究未衡量战栗反应)。事实上,基底核(背侧纹状体是基底核的一部分)似乎在音乐节拍和时间规律

① Anne J.Blood & Robert J.Zatorre, "Intensely Pleasurable Responses to Music Correlate with Activity in Brain Regions Implicated in Reward and Emotion", *Proceedings of the National Academy of Science*, Vol.98, No.20(September 2001), pp.11818-11823; Carlos Silva Pereira, João Teixeira, Patrícia Figueiredo, João Xavier, São Luís Castro & Elvira Brattico, "Music and Emotions in the Brain: Familiarity Matters", *Plos One*, Vol.6, No.11(2011), p.27241; V.Menon & D.J.Levitin, "The Rewards of Music Listening:Response and Physiogical Connectivity of the Mesolimbic System", *NeuroImage*, Vol.28, No.1(October 2005), pp.175-184; Valorie N.Salimpoor, Mitchel Benovoy, Kevin Larcher, Alain Dagher & Robert J.Zatorre, "Anatomically Distinct Dopamine Release during Anticipation and Experience of Peak Emotion to Music", *Nature Neuroscience*, Vol.14, No.2(February 2011), pp.257-262.

② Valorie N.Salimpoor, Mitchel Benovoy, Kevin Larcher, Alain Dagher & Robert J.Zatorre, "Anatomically Distinct Dopamine Release during Anticipation and Experience of Peak Emotion to Music", *Nature Neuroscience*, Vol.14, No.2(February 2011), pp.257-262.

③ Valorie N.Salimpoor, Iris van den Bosch, Natasa Kovacevic, Anthony Randal McIntosh, Alain Dagher & Robert J.Zatorre, "InteractionsBetween theNucleus AccumbensandAuditory Cortices Predict-MusicRewardValue", *Science*, Vol.340, No.6129(April 2013), pp.216-219.

的在线预测中发挥了作用。①

然而,这些研究仍未解决这种愉悦反应是如何产生的,究竟是自下而上的听觉处理方式,从外周感官至听觉皮层再到皮质下核,还是自上而下的调节方式? 通过来自前额叶皮层这样高等级的认知结构,来调节对于直接来自感官感觉反应的态度和期望。

第四节　音乐审美愉悦的认知神经机制

前面所述的音乐加工神经机制主要依赖于皮质下结构和听觉皮层。这些神经机制将具有特定声学特征(如不协调的声音)的刺激物与生理反应进行因果关联,即海马回、杏仁核和腹侧纹状体的参与,及其与听觉皮层的连接。这些机制可能以一种很快的速度运行,主体甚至毫无察觉。例如,非常喧闹和粗糙的声音通过脑干中的皮质下核(尤其是脑桥网状核的尾部)触发听觉惊跳反应,而不需通过听者的皮层进行细微特征处理。②

一、"感官"愉悦与"认知"愉悦的冲突

但是,许多案例已经证明"感官"愉悦可能与"认知"愉悦发生冲突,如从死亡金属乐队非常不协调且喧闹的音乐中,听众获得非常积极的感觉。由此布如特克等认为,从感官愉悦到有意识愉悦感,并由此喜爱某个音乐作品(或者声音)的过程,可能涉及高等级结构的调节。

通过适当的实验设计,可以在实验室中区分与情感刺激物相关的内隐式的

---

① Jessica A.Grahn & James B.Rowe,"Finding and Feeling the Musical Beat:Striatal Dissociations between Detection and Prediction of Regularity",*Cerebral Cortex*,Vol.23,No.4(April 2013),pp.913-921.

② M.Koch,"The Neurobiology of Startle",*Progress in Neurobiology*,Vol.59,No.2(October 1999),pp.107-128.

潜意识神经过程与有意识地处理这种情感刺激物相关的神经过程。例如下面这个实验中被试者就使用了的内隐式和外显式的不同方式来完成实验任务。

不同音乐偏好的人可能是对立的,因为一种音乐类型的歌迷通常挑剔另一种音乐类型的歌迷。伊斯托克(Eva Istók)利用音乐偏好的这一特点,比较了喜欢听重金属音乐的人和那些主要听拉丁美洲音乐的人的脑电图,让明确偏好重金属或拉丁美洲音乐的受试者聆听属于这些音乐类型之一的音乐曲目的片段,然后执行音色分类的描述性任务。① 结果表明,就晚正电事件相关的大脑反应而言,虽然被试者执行的是音色分类的描述性任务,而不是有意识地决定他们是否喜欢该音乐,但是被试者的大脑相较于对不喜欢的音乐类型的刺激物的反应,对喜欢的音乐类型的刺激物的反应显著提高。这一研究结果说明,即使在集中注意力有意识地执行非感情任务时,对喜欢的音乐的享乐反应也会以一种内隐式的方式影响音乐的感知和认知处理。

一般认为,审美情感的唤醒(指情感在多大程度上激活的程度指标,如微笑、大笑、狂笑等)和效价(情感的效价分为正性的和负性的情感)是审美体验的核心组成部分。② 但是,布如特克认为唤醒和效价,尤其是感官愉悦的效价,仅是音乐审美体验的子部分,因为按照构造主义心理学对大脑情感基础的解释中对唤醒和效价的思考来说,情感的唤醒和效价是通过内脏和外周感官系统实现的"核心感情"的两个维度,定义为"身体有时(并不总是)体验通过某种程度唤醒的享乐愉悦感和不愉悦感的变化的心理表征"③。因此,"核心

① Eva Istók,Elvira Brattico,Thomas Jacobsen,Aileen Ritter,M.Tervaniemi,"I love Rock 'n' Roll-Music Genre Preference Modulates Brain Responses to Music",*Biological Psychology*,Vol.9,No.2 (February 2013),pp.142-151.

② D.J.Hargreaves & A.C.North,"Experimental Aesthetics and Liking for Music",in *Handbook of Music and Emotion*,P.N.Juslin & J.A.Sloboda(eds),Oxford:Oxford University Press,2002,pp.513-546.

③ Kristen A.Lindquist,Tor D Wager,Hedy Kober,Eliza Bliss-Moreau & Lisa Feldman Barrett,"The Brain Basis of Emotion:A Meta-Analytic Review",*Behavioral and Brain Sciences*,Vol.35,No.3 (June 2012),pp.121-143.

感情"被视为初始的、主要是无意识的感情处理阶段,给刺激物和事件带来情感上的细微差别并在很大程度上利用了与边缘系统相关的大脑皮层下结构。只有在完成需要语言、执行性注意、情景记忆和分类过程的概念行为后,这种细微差别才能成为一种有意识的情感,如悲伤、开心和有意识享受等,并且主要受额叶和顶叶结构的控制。例如,背内侧和腹内侧前额叶皮层、压后皮层/后扣带皮层和内侧颞叶在对情感进行分类或侧重刺激物的情感内容时均处于活跃状态。

林德奎斯特(Kristen A.Lindquist)及其同事提出,大脑会依据已存储的先前体验的表征,对来自自我或他人的核心感情状态赋予一定的意义,即进行意义归因。前颞叶和腹内侧前额叶皮层涉及概念化,因为它们控制情感分类所必需的语言功能。背内侧前额叶皮层是与注意力和工作记忆的目标导向控制相关,被用于以外显的方式保存刺激物的感情信息,以便对刺激物进行分类。

萨琳普及其同事直接证明了额叶和皮质下结构源于音乐愉悦的相互作用。他们发现,伏隔核与听觉皮层之间的连接代表了核心神经机制,这种机制可预测对音乐的奖励反应。这些学者还观察到,伏隔核与下前额叶皮层之间增强了连接,这可以解释谐波结构匹配或不匹配的时间期望在产生音乐愉悦时的作用。①

二、从感官感受到审美判断

伊斯托克认为,前期的感官愉悦可以视为对音乐的类似于"核心情感"的早期感情反应,随之感官愉悦必须遵循由人际交往、知识、社会建构和其他自上而下的加工介导的价值归因,而且所有感官愉悦均由前额叶皮层和大脑颞

①　Valorie N.Salimpoor,Iris van den Bosch,Natasa Kovacevic,Anthony Randal McIntosh,Alain Dagher & Robert J.Zatorre, "InteractionsBetween theNucleus AccumbensandAuditory Cortices Predict-MusicRewardValue", *Science*, Vol.340, No.6129(April 2013), pp.216-219.

顶联合结构控制,成为一种有意识的情感享受并对音乐作品产生喜爱判断。这可以解释为什么人们听到悲伤的消极情感的音乐,仍会引发人脑产生审美愉悦感。

根据心理学中的认知失调理论来理解,当我们的行为与自己先前的态度产生分歧时发生认知失调,因此应改变后者来适应前者,避免因认知冲突产生消极的感情。而且范维恩(Vincent van Veen)及其同事也在研究中发现,背侧前扣带回和前脑岛可用于预测受试者随后的态度变化。① 伊斯托克推测,认知失调可能是听音乐时从解决不匹配的预期中获得愉悦的心理机制。

斯坦贝斯(Nikolaus Steinbeis)等进行了一项罕见的关于态度对相同音乐刺激物的听觉处理的影响的研究。② 在这项组块设计研究中,摘录了设计者原创的60个8—13秒的音乐片段,在测量受试者的功能核磁共振成像信号时这些受试者确信这些音乐片段是由作曲家或电脑创作的。如果受试者认为该片段是某位作曲家的作品,则前内侧额叶皮层、颞上沟和颞极处于活跃状态。值得注意的是,根据实验后问卷调查的报告,发现前内侧额叶皮层中的活动强度甚至与受试者认为音乐作品中表达意图的程度呈正相关。因此,在将意向立场赋予音乐作品时,前额结构可用于协助听者进行解读。我们可以这样认为,检索作曲意图是完整音乐审美体验的重要阶段,包括有意识地决定喜爱及喜爱的程度。

在愉悦反应来自理解"形式"结构(例如当代古典音乐等作品)时,"感官"享乐和"有意识"愉悦之间将发生特殊的差异,例如聆听法国作曲家皮尔·布莱兹(Pierre Boulez)根据序列音乐原则创作的第1号奏鸣曲,此类音乐

① Vincent van Veen, Marie K.Krug, Jonathan W.Schooler & Cameron S.Carter, "Neural Activity Predicts Attitude Change in Cognitive Dissonance", *Nature Neuroscience*, Vol. 12, No. 11 (November 2009), pp.1469-1474.

② Nikolaus Steinbeis & Stefan Koelsch, "Understanding the Intentions Behind Man-Made Products Elicits Neural Activity in Areas Dedicated to Mental State Attribution", *Cerebral Cortex*, Vol.19, No.3 (July 2009), pp.619-623.

作品的声音处理中获得的感情可能是消极的,海马回和(右侧)杏仁核中发生强烈的活动,但是能识别重复音符和结构整洁度的听者仍可能给出喜爱的积极评估判断,甚至在奖励系统的神经活动中存在愉悦反应,或者至少有再次聆听同首作品的动机。

在抽象的视觉艺术领域,莱德及其同事将这种心理过程命名为"认知掌握",是信息处理过程中产生审美判断和审美情感结果的关键阶段。[1] 同时,佩洛夫斯基(Leonid Perlovsky)也提及"知识本能"作为从知识和理解中获得审美愉悦的机制。[2] 根据这一理论,审美情感被视为通过概念思维来理解不断变化的世界的心理需求,而基本情感被视为身体本能。知识和世界之间的认知协调或失调产生满意或不满意的审美情感。

与视觉艺术相似,布如特克认为,认知掌握可能改变个体在面对音乐(或其他艺术)活动时的感情状态。实际上,已经证明熟悉的音乐会比不熟悉的音乐激活更多边缘皮质下区域。来自理解所产生的积极的感情可能与这种大脑反应有关。总体上,佩雷拉(Carlos Silva Pereira)及其同事的研究发现,受试者喜欢熟悉的音乐,而不喜欢陌生的音乐。[3] 另一项由查品(Heather Chapin)及其同事进行的功能核磁共振成像研究中,调查了真实演奏钢琴作品和数字作品(使用乐器数字接口或 MIDI 创作)时的音乐表现力,发现在聆听一场富有表现力的音乐表演时,音乐家的腹侧纹状体中表现出比非音乐家更高的活动性。[4]

---

① Helmut Leder, Benno Belke, Andries Oeberst & Dorothee Augustin, "A Model of Aesthetic Appreciation and Aesthetic Judgments", *British Journal of Psychology*, Vol.95.No.4(November 2004), pp.489-508.

② Leonid Perlovsky, "Musical Emotions:Functions, Origins, Evolution", *Physics of Life Reviews*, Vol.7, No.1(March 2010), pp.2-27.

③ Carlos Silva Pereira, João Teixeira, Patrícia Figueiredo, João Xavier, São Luís Castro & Elvira Brattico, "Music and Emotions in the Brain:Familiarity Matters", *Plos One*, Vol.6, No.11(November 2011), p.27241.

④ Heather Chapin, Kelly Jantzen, Scott Kelso, Fred Steinberg & Edward Large, "Dynamic Emotional and Neural Responses to Music Depend on Performance Expression and Listener Experience", *Plos One*, Vol.5, No.12(December 2010), p.l3812.

换言之,该研究表明音乐家更善于掌握对表现力的期望,从而识别音乐演奏中通常旨在传达情感的动作和动态变化。布如特克认为,认知掌握产生积极影响的假设是有效的,因为可以通过边缘和奖励活动对于情感调节的发现进行检验。

总之,布如特克等认为,基于大脑神经影像的实证支撑,我们可以验证关于音乐神经机制的两个推测,一个是自下而上的感官享乐的情感机制,另一个是自上而下的调节审美愉悦的认知机制,将音乐的审美享受归因于前额叶结构及调节这些结构的内部和社会因素的概念性假设,阐明了大脑中自觉享受音乐的认知通路。而且,布如特克等指出这些内外部的认知因素有时非常强大,以至于将从内耳达到脑干和杏仁核/海马回的感官反应(如喧闹或感官不协调)从内部和社会决定因素介导的有意识审美愉悦中分离出来,即使这首作品(如悲伤的音乐)可能诱发伤心、近乎痛苦的感觉,或者这种音乐(如摇滚)非常喧闹,甚至造成听众耳鸣,但认知调节产生的有意识审美愉悦可能伴随着倾向于采取行动反复聆听同一首这样的具有消极情感或感官反应的音乐作品。未来的研究应更着重于探明产生音乐审美情感反应的潜在社会和内部机制,以及这些机制如何改变大脑对音乐的处理方式。

第七章　客体特质对脑审美机制的影响

审美体验一般是指感知事物后经过加工所产生的愉悦体验,本章将阐明人脑产生审美体验的必要客观条件,即审美愉悦的客体来源是什么。一般来说,是从事物形式特征(颜色或形状)和语义方面(联想意义)来理解。实际上,客体特质和审美愉悦之间还有一个中间环节,即信息加工的流畅性。我们试图从客体特质到审美加工流畅性再到审美愉悦来进行论述。而且在客体特质当中,我们尤其强调事物的典型性对加工流畅性的正向效应,并以此为例来论证客体特质影响审美愉悦的脑机制。

第一节　客体特质影响审美加工流畅性

神经美学研究中的一个问题是哪些特征属性能够引起审美体验。有的神经学家主张审美体验是由可认知刺激物的一些形式属性、内容属性等引起,并和欣赏者的认知水平相关。一般我们可以把美学研究分为两条路径,一条涉及识别审美对象的愉悦特性,具有实验美学特色;另一条是涉及感知者的个人体验如何影响审美,这具有认知心理学特色。这里我们将阐明审美对象的特性以及感知者对客体特质的学习体验如何通过一种相同机制即提高加工流畅性来影响审美反应。

一、客体特质的审美关联

传统的实验美学研究者往往关注物体特性的作用,即研究刺激物的客观属性对审美体验的影响。费希纳通常被视为实验美学的鼻祖。费希纳把这种美学研究的特征建议为"从下"。这意味着,他是从某个特定的事实出发,逐渐发展出规律性,这与从哲学家和艺术理论家角度进行的美学研究是相反的。费希纳的心理学知识和方法,给当代试图测定艺术作品、设计和几何学图形如何影响偏爱提出了关键的参照物,例如颜色、大小、形状、平衡、规则性、节奏、和音都是被引用的参数。一些被当代心理学家和神经美学家用作审美实验的客体特质,如比例、信息数量、对称性、对比度、清晰度等,常常也是和审美吸引力相关联。

在 19 和 20 世纪最引人关注的是比例研究。其中黄金比例,又称黄金分割率,是关于美的比例,被许多人认为是自然界中所有美的图案、艺术作品和建筑物的基础。如德国心理学家阿道夫·泽辛(Adolf Zeising)相信黄金分割率是比例的基础,是宇宙中任何事物的内在属性,而且这也是艺术和自然中的美的基本组成物。美被认为是来自一个客体的某些特征的存在,特别是其中的比例关系。一旦这些特征被观看者接收到,它们就被观众评估为美的。艺术家的优势在于他们能够准确地使用和融合这些特征,从而引发观众们的审美体验。

迪奥等学者对观看遵循黄金分割比例的原作雕像和改变四肢和躯干比例的雕像的受试者进行对比脑成像研究。[①] 实验结果发现标准的黄金比例的雕塑大多获得人们正面的美的评价,而修改后的雕塑大多获得负面的丑的评价,两种情况下激活的脑区也是非常有差异的。

---

① Cinzia Di Dio, Emiliano Macaluso, Giacomo Rizzolatti, "The Golden Beauty: Brain Response to Classical and Renaissance Sculptures", *Plos One*, Vol.2, No.11(November 2007), p.1201.

刺激物中所含信息数量可能也是决定美的吸引力的重要因素。实验发现一个图案所含的信息数量越少,其图形美感就判定为更高。① 实验分析还发现,如果立体派绘画含有的信息数量越少,可能使得歧义越少,越使人感到心情愉悦。② 为什么信息数量越少的图形,更加容易使人产生美的判断? 许多心理学家认为,这表明含少量信息的对象吸引力可能来自这些对象加工过程中的高流畅性。③

此外,研究发现客体特质中的对称性、对比度、清晰度等因素也能够通过提高主体的加工流畅性来提升信息加工能力,从而使得刺激物更容易被识别④,从而更具有吸引力或更具美感,更受人喜爱,增加人的积极情绪⑤。

二、主体认知的审美作用

从主体认知和心理的角度来说,客体的熟悉度、新颖性、典型性、结构相关性、复杂性等因素影响主体的审美偏好和喜爱程度。

费尔霍和伊夏指出,对熟悉内容的视觉感知通过数个认知过程介导,包括物体识别、记忆回顾和心理意象,⑥这些过程与分布式皮层网络内的激活相关,包括视觉区、顶骨区、边缘区和前额区。其中,识别熟悉物体依赖于激活枕

①　Wendell R. Goarner, *The Processing of Information and Structure*, New York: Psychology Press, 1974.

②　Richard Nicki, Poh Lin Lee & Virginia Moss, "Ambiguity, Cubist Works of Art, and Preference", *Acta Psychologica* Vol.49, No.1(October 1981), pp.27-41.

③　Stephen F. Checkosky & Dean Whitlock, "The Effects of Pattern Goodness on Recognition Time in a Memory Search Task", *Journal of Experimental Psychology*, Vol.100, No.2(October 1973), pp.341-348.

④　Stephen F. Checkosky & Dean Whitlock, "The Effects of Pattern Goodness on Recognition Time in a Memory Search Task", *Journal of Experimental Psychology*, Vol.100, No.2(November 1973), pp.341-348.

⑤　Rolf Reber, Piotr Winkielman & Norbert Schwarz, "Effects of perceptual fluency on affective judgements", *Psychological Science*, Vol.9, No.1(January 1998), pp.45-48.

⑥　Scott L.Fairhall & Alumit Ishai."Neural Correlates of Object Indeterminacy in Act Compositions", *Consciousness and Cognition*, Vol.17, No.3(October 2008), pp.923-932.

下回和梭状回,此外与处理构型关系有关的枕叶背侧皮质以及受注意力需求调节的顶内沟区域也被激活。在一项功能核磁共振成像研究中,受试者被要求在观赏具象绘画、模糊绘画和抽象绘画时识别熟悉的物体。① 实验结果是:与模糊和抽象绘画相比,受试者在具象派绘画中能更快识别出熟悉的物体。研究发现,艺术作品的抽象程度对识别有显著影响,这与处理的流畅度理论相符。这种识别在很大程度上取决于客体用于决定处理流畅度的特征。②

在熟悉度方面,对于客体的重复接触会影响审美偏好。一些研究者认为重复接触能够增强偏好,这些研究者仅将流畅性视为感知者在评估判断情境下解释的一种认知线索。③ 莫纳汉(Jennifer L.Monahan)、墨菲(Sheila T.Murphy)以及扎约克(R.B.Zajonc)做过一个实验:一组是让受试者接触25种不同的象形文字;一组是接触5个不同的象形文字,每种文字重复接触5次。实验发现:重复接触5种象形文字的受试者比一次接触25种象形文字的受试者显示更为愉悦。④ 可见重复接触增加了熟悉度,带来了高流畅性,个体对客体的处理越流畅,其审美反应的效价越高。⑤ 而且哈蒙-琼斯(Eddle Harmon-Jones)和艾伦(John J.B.Allen)发现,与陌生刺激的新对象相比,重复接触的熟悉的刺激比陌生的刺激能诱发更多的颧骨(脸颊)肌肉的活动,颧肌的激活表

① Alumit Ishai,Scott Fairhall & Robert Pepperell,"Peception,Memory and Aesthetics of Indeterminate Art",*Brain Research Bulletin*,Vol.73,No.4-6(July 2007),pp.319-324.

② Camilo Cela-Conde,Luigi Francesco Agnati,Joseph P.Huston,Francisco Morar & Marcos Nadal."The Neural Foundations of Aesthetic Appreciation",*Progress in Neurabiology*,Vol.94,No.1(March 2011),pp.39-48.

③ Bruce W.A.Whittlesea & John R.Price,"Implicit/Explicit Memory versus Analytic/Nonanalytic Processing:Rethinking the Mere Exposure Effect",*Memory and Cognition*,Vol.29,No.2(March 2001),pp.234-246.

④ Jennifer L.Monahan,Sheila T.Murphy & R.B.Zajonc,"Subliminal Mere Exposure:Specific,General,and Diffuse Effects",*Psychological Science*,Vol.11,No.6(December 2000),pp.462-466.

⑤ Rolf Reber,Norbert Schwarz & Piotr Winkielman,"Processing Fluency and Aesthetic Pleasure:Is Beauty in the Perceiver's Processing Experience",*Personality and Social Psychology Review*,Vol. 8,No.4(February 2004),pp.364-382.

明积极情绪。① 可见,重复接触能够影响熟悉度,反映高加工流畅性的愉悦特征。

与熟悉度相关,研究表明人们往往喜欢非常典型的刺激物。② 关于客体的典型性与加工流畅性及审美愉悦的关系,下文还将重点阐释,这里略过。

对于刺激物偏好的形成,除了重复接触会让感知者熟悉已加工过的刺激物,还有可能取决于先前加工过相关结构的具有部分熟悉度的刺激物。一些实验结果显示了一种对于结构相关性的审美偏好。③ 因为这是因为具有结构相关性的刺激物能够促进信息的加工提取,可提高加工流畅性,从而产生愉悦情绪。研究结果发现,被试者最喜欢高流畅性条件下的刺激物,其次是中度流畅性条件下的刺激物,最后才是低流畅性条件下的刺激物。

以上概述了几个方面的客体特征和感知者认知的偏好效应,通过提高信息处理的流畅性,可以增加感知者的喜爱程度,从而使其让人更加喜爱,在艺术领域产生审美偏爱。影响审美偏爱的客体特质比较多,除了本节所提及的,还有一些也非常重要,如曲线、平衡、新颖性、复杂性等,因为篇幅所限,这里就不赘言了。在这些客体特质中,我们强调典型性,下面将详细阐释典型性这一和客体特征及认知心理熟悉度相关的特质,因为文艺批评和创作中经常会提及典型性,那么从神经美学角度阐明典型性与审美偏爱的关系也是非常有必要的。

---

① Eddie Harmon-Jones.& John J. B. Allen,"The Role of Affect in the Mere Exposure Effect: Evidence from Psychophysiological and Individual Differences Approaches",*Personlity and Social Psychology Bulletin*,Vol.27,No.7(July 2001),pp.889-898.

② Piote Winkielman,Jamin Halberstadt,Tedra Fazendeiro & Steve Catty,"Prototypes Are Attractive Because They Are Easy on the Mind",*Psychological Science*,Vol.17,No.9(October 2006),pp.799-806.

③ Peter Cordon & Keith J.Holyoak,"Implicit learning and Generalization of the 'Mere Explosure' Effect",*Journal of Personality and Social Phychology*,Vol.45,No.3(September 1983),pp.492-500.

第二节　典型性与审美加工流畅性

从心理学角度来看,人们喜欢典型性的事物。典型性与审美偏爱之间有着紧密的联系。"典型"又被翻译为"原型",英语是"prototycality",是指某一类型中结构最相关的部分或具有相似度最高的物体,代表了一种类型的所有部分的平均或中间趋势。[1] 所以在很多时候,我们也可以把典型看作一种平均值或中间阈值。人们对于典型的偏好非常明显,不仅反映在人类面孔[2]及鱼、狗、鸟[3]等有生命的类型中,也反映在色块[4]、家具[5]以及手表与汽车[6]等无生命的类型中。

考虑到典型是其类型中最具代表性的部分,那么推测典型是其类型中归类最准确最快的部分也就不足为奇了[7]。有一些学者关注了典型与流畅性关系的研究,比如温基尔曼和哈尔伯斯塔德(Jamin Halberstadt)研究了两者之间的联系[8]。

---

① Michael Posner & Steven W. Keele, "On the Genesis of Abstract Ideas", *Journal of Experimental Psychology*, Vol.77, No.3 (August 1968), pp.353-363.

② Gillian Rhodes & Tanya Tremewan, "Averageness, Exaggeration, and Facial Attractiveness", *Psychological Science*, Vol.7, No.2 (March 1996), pp.105-110.

③ Jamin Halberstadt & Gillian Rhodes, "It's Not Just Average Faces That Are Attractive: Computer Manipulated Averageness Makes Birds, Fish and Automobiles Attractive", *Psychonnomic Bulletin & Review*, Vol.11, No.1 (March 2003), pp.149-156.

④ Colin Martindale & Kathleen Moore, "Priming, Prototypicality, and Preference", *Journal of Experimental Psychology: Human Perception and Performance*, Vol.14, No.4 (1988), pp.661-670.

⑤ T.W. Whitfield & P.E. Slatter, "The Effects of Categorization and Prototypicality on Aesthetic Choice in a Furniture Selection Task", *Brish Journal of Psychology*, Vol.70, No.1 (February 1979), pp.65-75.

⑥ Jamin Halberstadt & Gillian Rhodes, "The Attractiveness of Nonface Averages: Implications for an Evolutionary Explanation of the Attractiveness of Average Faces", *Psychological Science*, Vol.11, No.4 (July 2000), pp.285-289.

⑦ Michael Posner & Steven W. Keele, "On the Genesis of Abstract Ideas", *Journal of Experimental Psychology*, Vol.77, No.3 (August 1968), pp.353-363.

⑧ Piotr Winkielman, Jamin Halberstadt, Tedra Fazendeiro & Steve Catty, "Prototypes are Attractive Because They Are Easy On the Mind", *Psychological Science*, Vol.17, No.9 (September 2006), pp.799-806.

该实验首先让受试者学习了一类随机点状图案或通用几何图案,然后向他们展示典型性等级不断变化的新图案,要求受试者尽快将这些图案归到各自类型中并对每种图案的吸引力进行评级。该实验观察到典型性等级、流畅性以及吸引力之间存在紧密联系:图案变得更具典型性,流畅性(以归类速度所示)以及吸引力也会随之提高,每种类型的典型成为所有图案中加工流畅性最高以及最具吸引力的部分。也就是说,事物的典型性使得大脑加工具有高流畅性。

蔡仪"美即典型"中提出了一个重要的关于美本质的概念,即认为美的本质在于该事物的客体特质是典型的。"美即典型"是哲学思辨美学的一个核心命题或理论构想,它从神经美学的角度进行了初步验证:事物的典型性使得神经加工具有高流畅性,两者成正相关关系,而内侧眶额叶皮层对高加工流畅性具有一定敏感性,于是高流畅性信号激活了内侧眶额叶皮层,带来了审美体验的愉悦感。总之,神经美学的实验结果给"美即典型"理论带来了实证支撑,神经加工的高流畅性可能是从客体特质的典型性通往审美愉悦的一个重要的中间环节。

从蔡仪"美即典型"的美学理论谈到神经美学的典型性和审美愉悦,是一个融洽自然而又新鲜陌生的跨越。蔡仪的"美即典型"理论虽然给我们提供了关于美本质的一种解释,但是对于事物的典型性与审美愉悦之间具体是怎么进行联系的,由于时代的局限,没有阐述清楚。笔者通过西方神经美学家的一些实验及实验实证数据,对此进行了详细诠释,认为高加工流畅性是两者之间的纽带:事物的典型性使得人脑神经加工具有高流畅性,而内侧眶额叶皮层对于高加工流畅性具有敏感性,高流畅性也就激活了内侧眶额叶皮层,内侧眶额叶皮层的激活引发了愉悦感,甚至是审美愉悦,概括来说,就是典型性的高加工流畅性带来积极的审美愉悦情感。

一、"美即典型"

蔡仪提出"美即典型"的观点,是从马克思主义的经典文本中,尤其是恩格斯的现实主义理论中得到启示的。蔡仪自己在《马克思究竟怎样论美?》说道:美是典型的说法,就我自己来说,是在《新艺术论》里首先提出来的。《新艺术论》是想试用马克思主义观点来论艺术,其中主要之点是学习恩格斯关于现实主义理论的一点体会,认为艺术创作的中心任务在于塑造典型;而艺术的塑造典型就是揭示形象的真,也就是创造艺术的美。恩格斯的现实主义定义说:"现实主义的意思是,除细节的真实外,还要真实地再现典型环境中的典型人物。"……进而在《新美学》里就更多方面论述了美是典型的论点,总的提出"美是典型种类中的典型个别",简单地说"美即典型"。①

蔡仪在 1942 年商务印书馆出版《新艺术论》第五章"典型"中提出"艺术的典型"后,在 1946 年出版的《新美学》第二章"美论"的第三节"美的本质"中,更具体阐述"典型"概念的内涵,认为"美的东西就是典型的东西,就是个别之中显现着一般的东西;美的本质就是事物的典型性,就是个别之中显现着种类的一般"②

紧接着蔡仪又举出两个例子来说明"典型"这一概念,一个是西方孟德斯鸠的一段话,另一个是中国战国时期宋玉所描绘的"东家之子"。原文如下:

孟德斯鸠(Montesquieu)有一段话说:"毕非尔神父说,美就是最普遍的东西集合在一块所成的。这个定义如果解释起来,实是至理名言。他举例说,美的眼睛就是大多数眼睛都像它那副模样的,口鼻等也是如此。这并非说丑的鼻子不比美的鼻子更普遍,但是丑的种类繁多,每种丑的鼻子却比美的鼻子为数较少。这正像一百人之中,如果有十人穿绿衣,其余九十人的衣服颜色都彼此不同,则绿衣终于最占势力一样。"在他这一段话里,说美就是最普遍的东西集合在一块所成的。并举实例说,美的眼睛就是大多数眼睛都像它那副模样

---

① 蔡仪:《马克思究竟怎样论美?》,《美学论丛》1979 年第 1 辑。
② 《蔡仪文集》第 1 卷,中国文联出版社 2002 年版,第 235 页。

的,叫我们更能明了所谓美的就是典型的,典型就是美。①

接着蔡仪引用宋玉的《登徒子好色赋》中的"天下之佳人莫若楚国,楚国之丽者莫若臣里,臣里之美者莫若臣东家之子。东家之子,增之一分则太长,减之一分则太短,着粉则太白,施朱则太赤",来说明东家之子之所以被认为是美的,在于她的形态颜色都是最标准的,也就是说,这位美人概括了臣里、楚国乃至天下女人的最普遍的东西。由此,蔡仪认为:"她的美就是在于她是典型的"。②

即使到了晚年,蔡仪仍然坚持"美即典型"的观点,不仅强调本质和现象、个别性和普遍性的统一,还注重提出个别性要"明确、生动",现象要非常突出。蔡仪在《马克思究竟怎样论美?》中阐述:

> 自然,美的事物并不同于一般事物。既然一般事物的本质都表现在它的现象上,而一般事物的现象也表现着它的本质,那么,美的事物要求事物的本质和现象的关系,当然有它的特点。只是美的规律要求事物的本质和现象的关系,两者联系或结合的特点,又当是怎样的呢?无论从事实上或理论上来说,只有一个正确的解答,这就是以非常突出的现象充分地表现事物的本质,或者说,以非常鲜明、生动的形象有力地表现事物的普遍性。因为如上所说,事物的本质或普遍性,总是要表现在它的现象上,不表现也是不可能的。而表现得不充分、不突出都不可能是美的。如生物的现象不能充分表现出它的苗壮蓬勃的生意,无产阶级战士的言行不能突出地表现他的无私无畏的英勇精神,不能说是美的。相反的,那种以丰茂的枝叶、鲜艳的花朵充分地表现它的欣欣生意的植物是美的;那种以一不怕苦、二不怕死的英勇行为突出地表现他的一心为革命、一切为人民的无产阶级战士的本质,就是很美的。③

---

① 《蔡仪文集》第1卷,中国文联出版社2002年版,第236页。
② 《蔡仪文集》第1卷,中国文联出版社2002年版,第236页。
③ 《蔡仪文集》第4卷,中国文联出版社2002年版,第150—151页。

蔡仪在著作《新美学(改写本)》中再次总结了他一生对于"美即典型"的认同,这次他不再提美的本质,而是提出美的规律:"美的规律是指以非常突出的现象充分表现事物的本质,以非常明确、生动的个别性有力地表现事物的普遍性;那么,这实际上指的就是典型的规律。因此概括地说,美的规律即典型的规律,或者说美的法则即典型的法则。"①

"美即典型"是蔡仪美学思想中的一个重要核心观点,这得到很多学者的认同,例如有学者指出:蔡仪的《新美学》是"从唯物主义基本原则——物质第一性,意识是对物质的反映出发,首先提出美在于客观事物的思想,根据认识论超越殊相获得共相的理路提出了'美即典型'这一关于美本质的核心命题,然后又将这一命题具体贯彻到美感论、审美形态论与艺术论三大环节,展开为美感是对美的认识,艺术是现实的反映,美的艺术即艺术的典型等命题,唯物主义认识论哲学原则支撑下的美的本质论—美感论—艺术论三大部分相互支撑,形成这一理论原点独特、内部又能一以贯之的有机理论体系,为此后的绝大部分美学家提供了一个可供仿效的学术范本。"②

二、典型与流畅性

美即典型,认为美的事物是种类的普遍性和个别的特殊性的统一。对此,有人质疑这使得美成为一种普通或平均的事物的特点,然而,当代实验美学家美国得克萨斯州大学的朗洛伊丝教授,为了探索人是怎么判断美的,她以最常见的人脸为实验材料,通过一系列实验,得出的研究结论是美是一种平均数,是一种常模,因为具有吸引力的脸是接近人脸总数的一种平均状态。

朗洛伊丝教授随机选择得克萨斯州大学的 96 位男生和 96 位女生的照片,将它们利用图像合成技术,分别用 2、4、8、16、32 张照片进行人脸图像合

---

① 《蔡仪文集》第 9 卷,中国文联出版社 2002 年版,第 20 页。
② 薛富兴:《分化与突围:中国美学 1949—2000》,首都师范大学出版社 2006 年版,第 35 页。

成,然后有 300 个志愿者评判这些合成的人脸照片的美丽程度,得到的结果是
32 张照片的合成人像得分最高。这说明美丽程度随着照片合成张数的增多
而增高,也就是说,参与合成的照片张数越多,也越接近于人脸总数的平均值,
就越被人们认为是美的,越具有吸引力。朗洛伊丝教授通过电脑分析,发现普
遍被人们和媒体认为相貌美丽的明星或模特们,她们的脸往往非常接近 32 张
照片的合成人脸图像,由此也从生活经验中验证了日常生活中我们觉得长得
美丽的人脸是接近于人脸的平均数、常模,即一种平均状态或具有普遍性。[①]

　　朗洛伊丝实验中合成程度最高的人脸图像体现出一种普遍性的集大成的
美。朗洛伊丝实验中还发现婴儿与成人对美的人像的判断具有一致性,成人
通常认为美的人像,对婴儿也具有同样的吸引力。对于美的判别,是否具有一
种普遍性和跨文化的一致性,朗洛伊丝还提供了两个实验证据。一个是英国
心理学家希夫邀请 15 岁到 55 岁性别不同的 4000 人参与的实验,结果表明他
们对于美丽的人脸的判断一致性高达 80%到 90%。二是跨区域、跨民族和跨
文化的审美判断实验,如实验中让亚洲人和高加索人、南非人和美国人互相判
别美,让英国、印度和中国的女性评价希腊男性,实验结果发现实验者对于美
丽的人脸的判别一致性高达 66%到 93%。这组材料对于是否存在超越种族、
文化甚至历史的美的普遍标准,提供了一种猜想和研究思路。

　　朗洛伊丝的实验美学从一个新角度验证了"美即典型"的理论构想,因为
这一实验结果至少是证明了美与典型性或常模之间是存在关联的。

第三节　高加工流畅性通往审美愉悦

　　这里,我们认为审美的高加工流畅性是从客体特质通往审美愉悦的一个
重要的中间环节。

[①]　郑蔚莉:《实验美学挑战美的神话》,《文艺报》2002 年 6 月 11 日。

一、高加工流畅性：客体特质到审美愉悦的中间环节

高加工流畅性可以获得审美愉悦的观点具有心理生理学以及神经科学方面的许多证据。对于审美愉悦的测量可以通过两种方式，一种是使用了面部肌电扫描技术，通过测量面部颧大肌（笑肌）的活动数量来指示积极情绪。另一种是通过电子发射计算机断层扫描、功能核磁共振成像等神经影像技术，检测内侧眶额叶皮层是否激活以及激活程度。

大多相关研究均使用了面部肌电扫描技术，通过测量面部肌肉中的电子活动数量来指示情绪。[1] 具体而言，积极情绪与颧大肌（笑肌）的活动增加有关，而消极情绪与皱眉肌的活动增加有关。为了检验典型（高流畅性加工对象）是否真的会产生真实而积极的情绪反应，温基尔曼和哈尔伯斯塔德[2]在受试者观看准备好的典型和未准备好的图案时，采取了面部肌电扫描技术进行观测。实验结果发现，观看准备好的典型产生大量的颧肌活动，这可能表明，观看准备好的典型就会比观看未准备好的典型产生更多的审美愉悦。该实验使得我们获得了对关于高加工流畅性带来愉悦这一观点的支持。

除了通过面部肌电扫描技术，测量流畅性引发颧大肌（笑肌）的活动增加，指示了流畅性带来积极情绪；一些实验还通过电子发射计算机断层扫描、功能核磁共振成像等神经影像技术，检测到高流畅性激活了内侧眶额叶皮层，也支持着这一观点。内侧眶额叶皮层是评估刺激物奖励价值的一个大脑区域。高加工流畅性是快速提供关于刺激物奖励特性信息的线索。埃利奥特（Rebecca Elliot）等认为在感知者需要基于部分信息（无法对刺激物进行严格

---

[1] John T.Cacioppo, Richard E.Petty, Losch.M.E & Kim, H.S. "Electromyographic Activity over Facial Muscle Regions Can Differentiate the Valence and Intensity of Affective Reactions", *Journal of Personality and Social Psychology*, Vol.50, No.2 (February 1986), pp.260-268.

[2] Piotr Winkielman, Jamin Halberstadt, Tedra Fazendeiro & Steve Catty, "Prototypes are Attractive Because They Are Easy On the Mind", *Psychological Science*, Vol.17, No.9 (September 2006), pp.799-806.

检查)对刺激物做出反应时,这一脑区对于评估行为结果十分重要。如果是这样的话,使用这一信号作为评估考虑刺激物的强化与奖励特性的线索时,便可以期待这一脑区对高加工流畅性非常敏感。[1] 很多研究虽然不直接评估流畅性本身的神经成像,但为这一猜想提供了支持。下面几个实验例子支持了一个观点,即内侧眶额叶皮层对高流畅性具有高敏感性。

麦圭尔(Eleanor A.Macguire)等在受试者阅读难易程度不同的故事时对他们进行了正电子发射计算机断层扫描。[2] 实验研究发现,如果故事从主观上越容易明白,而且可能越具有流畅性,内侧眶额叶皮层前区域中的血液流动就越大。弗里斯(Chris D.Frith)也利用正电子发射计算机断层扫描发现了相似的结果。[3] 他采用了要求受试者提供限制句子主干单词词片的理解能力图表。当受试者给出合理句干词片(更具有加工流畅性)时表现出的前内侧眶额叶皮层活动,多于不合理句干词片时表现出的前内侧眶额叶皮层活动。埃利奥特等人进行的功能性核磁共振成像研究也表明内侧眶额叶皮层对高流畅性十分敏感。[4] 此外沃尔兹(Kirsten G.Volz)等针对视觉神经机制做了一项功能性核磁共振成像实验,也表明内侧眶额叶皮层实际上对信息加工的流畅性非常敏感。[5]

---

[1] Rebecca Elliot, Raymond J.Dola & Chris D.Frith, "Dissociable Functions in the Medial and Lateral Oribitofrontal Cortex: Evidence from Human Neuroimaging Studies", *Cerebral Cortex*, Vol.10, No.3(March 2000), pp.308-317.

[2] Eleanor A.Macguire, C.D.Frith, & R.G.M.Morries, "The Functional Neuroanatomy of Comprehension and Memory: The Importance of Prior Knowledge", *Brain*, Vol.122, No.10(October 1999), pp.1839-1850.

[3] Chris D.Frith, "The Role of Dorsolateral Prefrontal Cortex in the Selection of Action, a Reveal by Functional Imaging", in *Control of Cognitive Processes: Attention and Performance XVIII*, S.Monsell & J.Driver(eds), Cambridge, MA: MIT Press, 2000, pp.549-565.

[4] Rebecca Elliot, Raymond J.Dola & Chris D.Frith, "Dissociable Functions in the Medial and Lateral Oribitofrontal Cortex: Evidence from Human Neuroimaging Studies", *Cerebral Cortex*, Vol.10, No.3(March 2000), pp.308-317.

[5] Kirsten G.Volz & D.Yves von Cramon, "What Neuroscience Can Tell Us About Intuitive Processes In the Context of Discovery", *Journal of Cognitive Neuroscience*, Vol.18, No.12(December 2006), pp.2077-2087.

二、高加工流畅性激活了内侧眶额叶

以上实验案例表明,眶额叶皮层对信息加工的流畅性非常敏感,高流畅性信号激活了内侧眶额叶皮层。当然,从笔者了解的资料来看,目前西方神经美学界对于内侧眶额叶皮层以及审美体验的认识还存在不同的观点。一种是认为内侧眶额叶皮层涉及奖赏中心;审美体验乃至审美过程没有专门的神经通道,而是一个综合的神经脑区加工过程,涉及认知、情感、判断、决定,甚至包括意义理解等等相关的许多脑区,认为审美体验中愉悦情感和其他刺激物引发的愉悦情感是没有区别的,脑区位置都是涉及内侧眶额叶皮层等奖赏——快乐中枢。而另一种观点,以"神经美学之父"泽基等为代表,泽基希望通过实验来寻找审美体验的共同因素,即不管审美客体的来源如何,也不管审美主体的文化和经验背景的差异,大脑中是否存在一个共同机制能够支撑美的体验。泽基认为内侧眶额叶皮层是审美体验的唯一共同区;审美神经机制虽然涉及许多脑区,包括视觉皮层等等不同功能的脑区,但审美是有专门神经通道的,包括审美体验和审美判断。

其一,泽基等认为审美体验有一个专门脑区,即内侧眶额叶皮层中的 A1 区,所有审美体验材料都会唯一而共同激活这一脑区。泽基致力于探究人类共同审美体验的神经生物学基础。2004 年,泽基和同事使用功能性磁共振成像技术,在被试者观看抽象画、风景画、静物画和肖像画等不同风格绘画作品时,进行脑部扫描检测,发现当被试者感觉到美时,对比丑的和中性的实验数据,人脑的内侧眶额叶皮层都被激活。[①] 后来在 2011 年针对音乐和视觉艺术等的脑扫描技术中,泽基等人初步确定了内侧眶额叶皮层中的某个区域范围是被不同来源的审美体验所唯一共同激活的,把这一脑区的中心测定为-3 $41-8$ 的位置,估测其直径在 15—17 毫米之间,并首次给该脑区命名为内侧眶

---

① Hideaki Kawabata & Semir Zeki, "Neural Correlates of Beauty", *Journal of Neurophysiology*, Vol.91, No.4(May 2004) , pp.1699-1705.

额叶皮层的 A1 区。[①] 虽然泽基在实验中认为人脑进行审美体验时不仅激活了内侧眶额叶皮层,而且不同的实验材料还激活了尾状核等其他脑区,但是泽基认为内侧眶额叶皮层的 A1 区是共同唯一的审美体验专门区。有学者认为泽基等的实验得出的审美体验的 A1 区的位置与其他实验的结果是相同的,只是名称不同而已。

其二,泽基认为审美判断除了和认知判断拥有共同的神经通道,还有自己的独特的专门通道。2013 年泽基等进行了审美判断的脑部扫描实验[②],研究结果显示了被审美判断和认知判断共同激活的脑区有:(1)两个判断涉及的共同通道,即前脑岛、背外侧前额叶皮层和顶内沟;(2)两个判断涉及的共同运动通道,即前运动皮层和辅助运动区。另外,泽基等发现审美判断期间单独激活了一些专门化脑区:(1)皮层区域:外侧眶额叶皮层和内侧眶额叶皮层;(2)皮层下区域:比如苍白球、杏仁核,并逐渐遍布到壳核和屏状核。其中内侧眶额叶皮层不仅是审美体验的唯一的专门脑区,也是审美判断的专门脑区之一,总之内侧眶额叶皮层与审美活动紧密相连。

对于内侧眶额叶皮层的两种理解,一种认为内侧眶额叶皮层是评估刺激物奖赏价值的大脑区域,内侧眶额叶皮层的激活说明激励了奖赏机制,带来了人脑的愉悦情感反应,另一种观点认为内侧眶额叶皮层直接与审美体验、审美判断相连,它的激活可以带来审美体验。有一项研究报告说,将阳极经颅直流刺激应用于内侧眶额叶皮层,会直接增加视觉刺激的审美级别。[③] 不管对于内侧眶额叶皮层的理解持哪种观点,都说明了高流畅性激活了内侧眶额叶皮

[①]　Tomohiro Ishizu & Semir Zeki, "Toward a Brain-Based Theory of Beauty", *Plos One*, Vol.6, No.7(July 2011), pp.1-10.

[②]　Tomohiro Ishizu & Semir Zeki, "The Brain's Specialized Systems for Aesthetic and Perceptual Judgment", *European Journal of Neuroscience*, Vol.37, No.9(May 2013), pp.1413-1420.

[③]　Koyo Nakamura & Hideaki Kawabata, "Transcranial Direct Current Stimulation over the Medial Prefrontal Cortex and Left Primary Motor Cortex(mPFC-lPMC) Affects Subjective Beauty but Notugliness", *Front Hum Neurosci*, Vol.8, No.9(December 2015), p.654.

层,产生真实而积极的情绪,带来了愉悦情感,甚至是审美愉悦。

总之,高加工流畅性可能是从客体特质的典型性等特征通往审美愉悦的一个重要的中间环节。也就是说,事物具有典型性等特征,其加工流畅性也随之提高,典型性是促进高加工流畅性的重要因素,两者成正相关关系;而内侧眶额叶皮层对高加工流畅性具有一定敏感性,高加工流畅性是带来审美体验的愉悦感的重要因素。

第四节 客体特质与审美体验
关系的相关思考

古往今来,对于美的定义有很多种,各种观点一直贯穿于各个时代,美是居于客观存在的客体中,还是存在进行审美感知体验的主体之中,一直争论不已。可以推测,是事物中的某种美的客体特质,吸引了人脑,激发了人脑的审美愉悦感,进行了审美判断,产生了审美体验。

一、美的客体特质

从美学研究来说,一方面,我们需要探究大脑主体的普遍共同的审美机制,另一方面还要继续探索客体本身的美,追寻是否在客体中存在一些共同因素导致了主体的审美机制的运作。当然也许是大脑审美机制主动选择了拥有某些共同特性的客体成为美的客体。也就是说,我们还需要弄清隐藏于事物之中的美的客体特质是什么。

19 世纪末,英国艺术批评家贝尔在《艺术》中提出:"如果我们能够发现所有客体中普遍和特殊的能够唤起美的特质,那么我们就会解决美学中的核心问题。"①并且他提出"有意味的形式"这一引发美感的客体特质的构想,即

---

① Clive Bell,*Art*,London:Chatto and Windus,1921,p.292.

线条和颜色用某个特别方式,组成某些形式以及形式之间的关系,激起我们的审美情感。

泽基也认为,被归类为美的事情可能其中有某些特征是有助于主体把它归为美的,泽基努力寻找客体中引起"审美体验"的因素,他在贝尔的基础上构建一个更完善的概念,即"有意味的组态",这一概念除了可以运用于线条、颜色,还可以应用于面部、身体或视觉运动刺激等。

其实,隐藏于事物之中,激发大脑审美的这一共同特性因素,即客体特质,必然是超越音乐的共性、绘画的共性等的所有审美刺激物的一个综合共性,如果说颜色、线条是绘画的抽象共性,节拍、旋律是音乐的抽象共性,那么在颜色、线条、节拍、旋律等绘画、音乐等抽象共性之上,推测还应该有一个更高更抽象的共性,比如典型性或者说中间阈值(简称中值)。因为一些实验结果明确表明:事物的典型性与人脑审美偏爱直接相关。[①] 当然,除了典型性,还有一些抽象因素与审美偏爱相关,如新颖性等。这里突出研究典型性,因为这是文艺审美中一个会引起争议的问题。

二、典型性与审美体验

关于事物的典型性和审美体验的关系,从大脑审美机制的角度来看,首先,绘画中的颜色、线条以及音乐中的节拍、旋律等可以感知的内容,在知觉区进行加工处理时,那些达到符合中间阈值区间范围的典型性的抽象感知特性,

---

① Colin Martindale & Kathleen Moore, "Priming, Prototypicality, and Preference", *Journal of Experimental Psychology:Human Perception and Performance*, Vol.14, No.4(1988), pp.661-670;Jamin Halberstadt & Gillian Rhodes, "The Attractiveness of Nonface Averages:Implications for an Evolutionary Explanation of the Attractiveness of Average Faces", *Psychological Science*, Vol.11, No.4 (July 2000), pp.285-289;Jamin Halberstadt & Gillian Rhodes, "It's Not Just Average Faces That Are Attractive:Computer Manipulated Averageness Makes Birds, Fish and Automobiles Attractive", *Psychonomic Bulletin & Review*, Vol.11, No.1(March 2003), pp.149-156;T.Whitfield & P.E.Slatter, "The Effects of Categorization and Prototypicality on Aesthetic Choice in a Furniture Selection Task", *British Journal of Psychology*, Vol.70, No.1(April 1979), pp.65-75.

导致神经加工时产生了高流畅性的信号;接着,这些高流畅性信号会打开某个连接知觉区与审美体验 A1 区的专门神经通道的阀门神经元;然后,这些高流畅性信号传输到内侧眶额叶皮层的 A1 区;最后,内侧眶额叶皮层的 A1 区被激活,产生了审美体验。

我们重视客体特质中的中值或典型性和审美体验的相关性,认为以高加工流畅性为中介,典型性与审美偏爱之间呈正相关关系,但是关于典型性与审美体验之间的关系,还需进一步完善。典型是哲学美学中的一个核心问题,是美学研究中的一个关键部分,如果想要透彻研究典型与审美体验,还需要弄清客体特质与典型性的关系,审美体验与其他快感体验的异同,以及审美体验与审美感知等的关系。在我们看来,虽然目前已取得一些成果,但很多方面还有待进一步展开实验研究。

总之,我们可以看到自下而上的实验美学和形而上学的思辨美学或哲学美学,两者可以进行很好的协调和互补,我们要一方面重视思辨美学的结论,另一方面运用实验美学的实证成果,来对思辨美学的形而上学的结论进行补充、完善。在美学的未来发展方向上,我们需要把实验的、科学的美学研究路径和思辨的形而上的美学研究路径相结合,从而推动美学研究能够突破主客二分的瓶颈,破解"美是什么"、"人类究竟是如何审美的"等很多千年美学之谜!

第八章　快乐与审美体验的
脑机制研究

　　关于审美体验的活动机制,古往今来许多哲学家、美学家等从认知和情感视角纷纷提出各种观点,可谓仁者见仁,智者见智。目前学界关于审美体验的脑机制研究还有些分歧。与多数哲学美学家们偏重于审美与情感的联系不同,神经美学家们早期更强调认知与审美的关系,目前是把认知和情感视为审美过程中同等重要的影响因素,至于两者之间是否存在联系,如何联系,多伦多大学教授瓦塔尼安从核心感情——快乐——的角度进行了严密的推测和验证,搭建了审美中的快乐理论模型。依据视觉审美实验的脑成像数据分析,瓦塔尼安认为审美体验是认知和感情加工的互相作用的复杂结果①。那么两者是如何连接起来,通过什么样的神经运行机制来共同发挥审美功能? 目前还没有明确清晰的实验成果,也没有更多的理论模型来对这一人脑奥秘进行解释。对此,瓦塔尼安提出的审美快乐理论建构,通过几个神经美学实验案例来验证莱德等的审美体验模型和贝瑞特等的情感理论模型的合理性,并且围绕着快乐和不快乐状态的核心感情在审美体验中的加工顺序中的位置,及其在

---

　　① Oshin Vartanian & Marcos Nadal, "A Biological to a Model of Aesthetic Experience", in *Aesthetics and Innovation*, .L. Dorfman, C. Martindale, and V. Petrov (eds), Newcastle: Cambridge Scholars Publishing, 2007, p.430.

审美判断和审美情感中的作用,从中推测出"快乐"在审美过程中起着连接认知和情感的作用,试图以此在神经美学研究领域搭建一个能够联系情感和认知的理论框架。所以瓦塔尼安的审美快乐理论有效地弥合了学界关于审美过程中是由认知还是情感主导的问题争议。瓦塔尼安的研究成果不仅论证了审美体验中感情和认知共同起着重要作用,而且两者之间也有着紧密联系。此外,审美快乐理论还引发了我们对美与崇高、审美共通感、美感与快感、审美净化等基本美学问题的思考和神经美学角度的阐释。

第一节　审美实验、模型和情感理论

审美体验是一种共同的现象,当我们有意识地参与审美行为时,我们都会有审美体验,比如欣赏绘画作品、聆听音乐,观看舞蹈、电影等。

瓦塔尼安是把他和戈尔[①],川端秀明和泽基[②],斯科夫等[③]的核磁共振成像实验,以及克拉-孔迪[④]的脑磁图实验等审美实验的研究成果与莱德等的审美体验模式和贝瑞特等的情感体验模式联系起来,从而对审美过程中有意识快乐体验的作用进行理论构建的。

以上的审美体验实验主要研究了各种不同的审美活动分别激活了大脑的哪些脑区,并对审美相关的脑区进行定位和功能细分。这几个实验在视觉神经美学章节已经介绍过了,此处不再赘言。神经美学家们依据不断积累的脑

---

① Oshin Vartanian & Vinod Goel, "Neuroanatomical Correlates of Aesthetic Preference for Paintings", *Neuroreport*, Vol.15, No.5(April 2004), pp.893-897.

② Hideaki Kawabata & Semir Zeki, "Neural Correlates of Beauty", *Journal of Neurophysiology*, Vol.91, No.4(May 2004), pp.1699-1705.

③ Martin Skov, et al, "Specific Activations Underlie Aesthetic Judgement of Affective Picture", *The 11th Annual Meeting of Human Brain Mapping*, 2005.

④ Camilo Cela-Conde, Luigi Francesco Agnati, Joseph P. Huston, Francisco Morar & Marcos Nadal, "The Neural Foundations of Aesthetic Appreciation", *Progress in Neurabiology*, Vol.94, No.1 (March 2011), pp.39-48.

成像实验成果,在掌握了这些审美与大脑神经区域和功能关联之后,更加关注人脑审美感知、情感、判断等复杂、动态、整体的处理过程,建构了审美神经机制几种加工模型,对审美活动过程中人脑神经的运行机制进行了阶段划分,从而对人脑处理审美过程进行了科学模拟。比如,2004 年,查特杰提出了视觉审美认知神经加工的"三阶段"模型;2004 年莱德等提出审美体验五阶段加工模型;以及 2007 年侯夫提出另一种审美加工三阶段说。其中瓦塔尼安在阐述审美快乐体验理论时非常认同莱德的审美体验模型。

瓦塔尼安和纳达尔专门测试了这几个模型,他们认为莱德的审美体验模型不仅明确地探究了审美体验中感情和情感的作用,而且最具有神经生物学的支撑条件。① 所以在建构审美中快乐作用的理论时,瓦塔尼安主要是运用莱德的审美体验模式来进行说明和阐述的。

一、腹侧神经回路的调节作用

为了从神经科学的角度更深入地理解审美过程中的情感体验,瓦塔尼安还肯定了贝瑞特(Lisa Feldman Barrett)的情感体验模式,以此作为莱德的审美体验模式的神经生物学意义上的理论基础。贝瑞特的情感理论的关键特征是核心感情②的概念,即围绕一个客体是好坏、益害、奖赏威胁,产生内容的快乐或不快乐的状态。核心感情是个不断变化的状态,情感体验组成了核心感情状态的心理表征。快乐或不快乐状态是情感的心理表征的核心。情感体验是一种有感情和认知成分的心理状态。感情成分是指被核心感情包括的快乐和不快乐状态。认知成分是获取有机体与环境的关系的感情状态的心理表征。为了支持这个观点,他们引用了大量证据来例证快乐或不快乐状态是情感的

① Oshin Vartanian & Marcos Nadal,"A Biological to a Model of Aesthetic Experience",in *Aesthetics and Innovation*,L.Dorfman,C.Martindale & V.Petrov(eds),Newcastle:Cambridge Scholars Publishing,2007,pp.430–444.

② James A.Russell,"Core Affect and the Psychological Construction of Emotion",*Psychological Review*,Vol.110,No.1(January 2003),pp.145–172.

心理表征的核心。自然地,贝瑞特等没有声称情感体验能被简化为快乐或不快乐状态,但是快乐或不快乐是情感体验的一个必需构件。他们坚决主张当一个人形成涉及一个快乐或不快乐状态的核心感情的心理表征时,一种情感就被体验到;但是这个情感可能涉及其他的关于有机体和环境之间关系的评估和估算。这里的关键思想在于:情感体验是一种有感情和认知成分的心理状态。这感情成分是被核心感情囊括的快乐或不快乐状态。这认知成分是形成有机体与环境的关系的感情状态的心理表征。由于核心感情是一个不断变化的状态,随着核心感情状态的变化,我们的环境心理解释也随之发生改变。

　　贝瑞特等提出大脑的腹侧部包括两个神经回路,他们共同调节核心感情。同时许多证据都支持人脑腹侧部在价值计算中的作用,这里的价值被理解为一个客体或事件的感觉属性如何影响有机体状态的心理表征。贝瑞特认为,可以通过两个分离但相互依赖的神经系统,来对客体或事件的早先体验有关的有机体的核心感情进行调节。具体来说,第一个神经回路是由杏仁核的基底外侧复合体、眶额叶皮层的中间和侧面与前脑岛组成。这个系统产生了一个价值基础的客体表征,包括它的感觉属性和它对有机体的影响。在这个整体系统里面,杏仁核的基底外侧复合体对刺激物的原始价值进行编码,眶额叶皮层的中间和侧面对刺激物的环境依赖价值进行编码,前脑岛为内感受线索进行编码。这三个结构结合起来产生这个刺激物最初的一个基于价值的表征,包括了它的感觉属性和它对有机体意味着什么。第二个神经回路涉及腹正中的前额皮层和它与前扣带回皮层以及杏仁核的连接。从第一条神经回路可以接受基于价值的输入,而第二条神经回路提供了贝瑞特等所说的"感情工作记忆"(affective working memory),它的内容能够形成选择、决定和判断的基础。换句话说,第二个神经回路(特别是腹正中的前额皮层)形成的这个表征,能使有机体基于感觉和直觉而不是抽象规则,进行选择、决定和判断。[1]

---

　　[1]　Lisa Feldman Barrett,Batja Mesquita,et al,"The Experience of Emotion",*Annual Review of Psychology*,Vol.58(July 2007),pp.373-403.

总之,这两个神经回路有着不同的脑区位置和功能作用。第一个神经回路形成基于价值的客体表征,是对感觉属性和有机体意义的回应。第二个神经回路提供感情工作记忆,从感觉和直觉上形成主体选择、决定和判断的基础。

二、审美情感体验的基本神经结构

瓦塔尼安把莱德的审美模式与贝瑞特的情感体验模式进行了细致比较,认为二者有两个关键特征是显著一致的。(1)前者的持续感情评估中的感情(affect)和后者的核心感情(core affect)是一致的。莱德的审美模式区分了被持续的感情评估登记过的感情和审美情感,审美情感是审美体验的二个终端产品之一。持续的感情评估运行平行机制来处理相继的信息加工流,而且在一个持续的基础上来接收输入。这在概念上类似于贝瑞特把核心感情解释为是对影响有机体的环境输入价值的动态阅读。当然,在贝瑞特的情感体验模式中,核心感情被概念化为一般情感体验中的关键基石,然而在莱德看来,持续感情评估是被概念化为与特别的审美体验有关。尽管如此,在这一阶段,两者都是强调感情(affect),而不是情感(emotion)。(2)两人对于审美情感的定义是一致的。贝瑞特的审美体验中的情感体验涉及核心感情的心理表征,而这与莱德的审美情感的定义,即审美体验中的输出成果之一的情感体验的定义是相符合的。而且两人都认为,只有当一个有意义的感情状态的心理表征已经形成,那么主体对于刺激物的情感体验才是完整的。

贝瑞特等的情感体验模式已经描画出基本的神经结构,瓦塔尼安认为这个模式在符合一般的情感体验的范围内,能够形成测试关于审美艺术中有意识快乐体验的假设的基础。也就是说,贝瑞特的情感体验模式涉及两个脑神经回路共同调节核心感情的这个特别功能。瓦塔尼安希望用这个模式来理解审美体验中的有意识快乐体验。特别当一个主体与一个客体相互作用时,主体肯定形成一个关于客体价值的第一人称的心理表征。这个价值将会受到以前的体验,以及通过视觉客体象征性地表现出来的概念的影响。这个心理表征会有内容,这一内容会包含被这个人感觉到什么的信息。由于提取的信息的变化性质的功能,这个心理表征在和艺术品的相互作用期间可能会改变。如果贝瑞特等是正确的,而且考虑到这个被唤起后会导致关于艺术的有意识快乐体验的神经机制,那么这会和评估其他刺激物产生的有意识快乐体验所唤起的神经机制是相同的。

第二节　快乐在审美体验中的次序测试

审美体验中有意识快乐的作用问题,是与观看艺术作品时相关联的感情状态的加工过程的准确顺序的知晓水平相关的。顺序问题表明了在全面体验机制中的因果关系,全面体验是从观看艺术作品开始,最后以对艺术作品的评估来结束,实际上如果不考虑对艺术作品评估的认知和情感性质,那么形成一个关于艺术作品的评估信息的行为,对进行审美体验是不可或缺的[①]。而且关于感情评估判断是随从还是先于认知评估判断,瓦塔尼安希望在研究中对这一问题进行解答。

一、基本感情的神经系统调节审美判断

瓦塔尼安测试了贝瑞特情感体验模式中的两个神经回路结构是否涉及绘画等视觉客体相关的审美体验。瓦塔尼安挑选的这几个案例,即瓦塔尼安和戈尔[②]、川端秀明和泽基[③],以及斯科夫等[④]的核磁共振成像的视觉审美实验,

① Anjan Chatterjee,"Prospects for a Cognitive Neuroscience of Visual Aesthetics",*Bulletin of Psychology and the Arts*,Vol.4,No.2(January 2003),pp.55-60.

② Oshin Vartanian & Vinod Goel,"Neuroanatomical Correlates of Aesthetic Preference for Paintings",*Neuroreport*,Vol.15,No.5(April 2004),pp.893-897.

③ Hideaki Kawabata & Semir Zeki,"Neural Correlates of Beauty",*Journal of Neurophysiology*,Vol.91,No.4(May 2004),pp.1699-1705.

④ Martin Skov,et al,"Specific Activations Underlie Aesthetic Judgement of Affective Picture",*The 11th Annual Meeting of Human Brain Mapping*,2005.

和克拉-孔迪①的脑磁图实验,主体都有意识地聚焦主观偏爱或美。这几个实验研究了主观偏爱和审美体验、审美判断的神经关联性。在莱德等看来,审美偏爱和审美判断都涉及感情和认知的成分②。瓦塔尼安也认为这几个实验能阐明审美体验中情感的作用。因此瓦塔尼安把这几个视觉审美实验研究结果和莱德的审美体验模式和贝瑞特的情感体验模式联系起来。

瓦塔尼安和戈尔的审美实验结果显示,几个涉及加工情感或奖励的大脑皮层结构,包括视觉皮层、尾状核、扣带回,可以因一个偏爱功能而产生共变活跃。这些结果非常好地适合莱德的审美体验模式和贝瑞特的情感体验模式。莱德提出持续的感情评估与信息加工流是平行运行的,而且它从中接收持续的输入。这意味着一个主体与一个艺术作品相互作用能够给这个艺术作品沿着信息加工顺序在任何给予的点上提供一个偏爱比率,而且在这个比率能被产生以前,不需要认知地掌握这个作品。因此瓦塔尼安和戈尔的审美实验揭示了,当主体对给予的艺术品表明他们的喜爱时,一些皮层和皮层下结构应当期待被激活,它们可以调节持续的感情评估。同样,回顾贝瑞特模式中的价值——心理表征,理解为一个客体或事件的感觉属性如何影响有机体状态——通过两个相互分离但相互依赖的神经系统被计算。如同已经注意的,在这个模式中的第二个系统提供了贝瑞特等所称的"感情工作记忆",它能使有机体在感觉和直觉而不是抽象规则的基础上进行选择、决定和判断。这个神经回路涉及前扣带回皮层。考虑到瓦塔尼安和戈尔的实验需要主体进行偏爱判断,而且扣带回是激活的区域之一,这个结果显示,针对艺术作品进行的第一人称偏爱判断可能会被促进核心感情的神经系统所调节。

---

① Camilo Cela-Conde, Luigi Francesco Agnati, Joseph P. Huston, Francisco Morar & Marcos Nadal, "The Neural Foundations of Aesthetic Appreciation", *Progress in Neurabiology*, Vol. 94, No. 1 (March 2011), pp.39-48.

② H. Leder, D. Augustin & B. Belke, "Art and Cognition: Consequences for Experimental Aesthetics", *Bulletin of Psychology and the Art*, Vol.5, No.2 (January 2005), pp.11-20.

二、眶额叶皮层评估美的感情属性

川端和泽基以及斯科夫等人的这两个实验都试图寻找那些与美的刺激相关的皮层结构,这些皮层结构遇到被评估为美的刺激物,相对激活得就更多。根据莱德的审美体验模式,美的评估产生审美判断,而且它的计算只能跟随着这个模式的五个阶段的加工过程来发生。因此瓦塔尼安认为,在这两个研究中眶额叶皮层的激活不可能与持续的感情评估相关,更有可能的是,美的感情属性是在眶额叶皮层被计算。反之,眶额叶皮层的激活被连接到一个广泛的加工排列,但是特别连接到复杂的奖赏(reward)、享乐(hedonic)和情感的相互作用[1]。根据贝瑞特等的模式,涉及价值计算的第一个神经回路系统是由杏仁核的基底外侧复合体、眶额叶皮层的中间和侧面和前脑岛组成。这个系统产生了一个价值基础的客体表征,包括它的感觉属性和它对有机体的影响。在这个系统里面,眶额叶皮层的中间和侧面对刺激物的环境依赖价值进行编码,促进一个最初的基于价值的刺激物表征,包括它的感觉属性(sensory properties)的信息和这个信息对有机体意味着什么。考虑到这两个研究需要主体去进行美的判断,而且这个眶额叶皮层是在与主体判断为美的图像的两个相关研究中激活的脑区之一,特别当这个判断与斯科夫等实验中图片的情感状态抵触时,这个结果建议,对视觉图像反应,进行第一人称的美的判断,可能会被促进核心感情的神经系统调节,美的判断会在导致价值的心理表征的加工次序中的相对早期阶段为价值编码。也就是说,这个结果显示,进行视觉图像的第一人称的审美判断,可能会被在导致价值心理表征的加工次序中的相对早期阶段促进核心感情的神经系统所调节。

总之,依据克拉-孔迪的脑磁图实验,当参与者判断美的刺激物时,左背

---

[1]　M.L.Kringelbach & E.Rolls,"The Functional Neuroanatomy of the Human Orbitofrontal Cortex:Evidence from Neuroimaging and Neurophysiology", *Progress in Neurobiology*, Vol.72, No.5 (April 2004), pp.341-372.

外侧前额皮层的活动显著增强,而且是在非常短的时间段内被检测到,瓦塔尼安认为这个活跃可能有助于决策期间对核心感情的早期调节和促进从上而下信息流的开始。再根据瓦塔尼安和戈尔、川端和泽基以及斯科夫等的实验研究结果,显示第一人称的审美体验除了涉及认知,还涉及情感,为基本快乐或不快乐状态编码的核心感情是连接到后者的。

第三节 快乐在审美中的桥梁作用

瓦塔尼安依据神经美学实验成果进行严谨细致的推测和验证,搭建了审美中"有意识快乐"的理论模型,试图论证人脑在进行审美体验时,是由快乐体验在起着连接认知和情感的作用。

在研究和论证前,瓦塔尼安对研究对象和路径进行了一些设定。他在研究中限定于进行有意识快乐体验的研究。因为瓦塔尼安认为当我们观察和接触艺术作品时,我们能够意识到快乐体验,而且绝大多数审美研究实验要求主体进行评估,这意味着可以使用这些实验数据解答有意识快乐体验的问题。

一、审美体验中的情感和快乐问题

首先,瓦塔尼安通过把贝瑞特的情感体验理论和莱德的审美体验模式进行比较,认为贝瑞特的情感体验理论形成了莱德的审美体验模型中的感情和情感的神经生物学基础。莱德等提出人脑审美活动过程的"五阶段"加工模型,包括认知和感情两个部分,前者是感知分析、暗示记忆加工、明确分类、认知掌握和评估五个阶段的有序连接,后者是一个与认知顺序流分离独立而又平行运行的感情评估流。① 通过艺术品信息的输入,经过认知流和感情流的

---

① Helmut Leder, Benno Belke, Andries Oeberst & Dorothee Augustin, "A Model of Aesthetic Appreciation and Aesthetic Judgments", *British Journal of Psychology*, Vol.95.No.4(November 2004), pp.489-508.

并行加工,依据加工结果即认知和感情状态是否清晰完满,最后产生"审美判断"和"审美情感"这两个输出。10 年后,莱德和纳达尔还对该模型进行了完善,认为审美过程中认知和情感通路是密切而动态的相互作用,并强调了"审美情感和语境在审美场景中的作用"①。莱德的审美体验模型明确地探究了审美体验中认知和感情的作用,后来瓦塔尼安和纳达尔还检验了该模型,认为该模型最具有神经生物学的支撑条件。②

贝瑞特的情感体验理论可以帮助我们更好地认识审美过程中的情感作用,所以瓦塔尼安把贝瑞特的情感体验理论作为莱德的审美体验模型的神经生物学意义上的理论基础。贝瑞特情感理论中有"核心感情"(core affect)与情感(emotion)或者情感体验(emotional experience),这一组有些相近又不太相同的关联概念。贝瑞特把核心感情认定为感情的内在核心部分,即围绕一个客体是好的还是坏的、有益的还是有害的、奖赏的还是产生威胁的初步认识,产生针对内容的基本的快乐或不快乐的状态。贝瑞特把情感看作是与环境相互作用的核心感情的心理表征,也就是说,关于情感的体验是指感情的外在表征,是在核心感情的基础上再次加工,并加入一些围绕该事物及环境理解的认知成分,也可以理解为一种情绪表现形式。就两者关系而言,在贝瑞特的情感理论中,核心感情被概念化为一般情感体验中的关键基石。简而言之,贝瑞特所指的核心感情,是指感情中的核心部分,是基本的快乐还是不快乐,而情感体验是核心感情引发的心理表征,是感情的一种外在表现。比如快乐的核心感情可以引发为喜悦、幸福、兴奋、狂喜等不同程度、层次的情感体验;不快乐的核心感情可以引发悲伤、忧郁、痛苦、害怕、失望、焦虑等不同方面、程

---

① Hemut Leder, Benno Belke, Andries Oeberst & Dorothee Augustin, "A Model of Aesthetic Appreciation and Aesthetic Judgments", *British Journal of Psychology*, Vol.95, No.4(November 2004), pp. 489–508.

② Oshin Vartanian & Marcos Nadal, "A Biological to a Model of Aesthetic Experience", in *Aesthetics and Innovation*, L.Dorfman, C.Martindale & V.Petrov(eds), Newcastle: Cambridge Scholars Publishing, 2007, pp.430–444.

度、层次的情感体验。此外,情感体验是一种不仅包括感情成分,还包括认知成分的心理表征状态。感情成分是指被核心感情囊括的快乐和不快乐状态。情感体验还涉及认知成分,是指获取有机体与环境的关系的感情状态的心理表征。贝瑞特等在情感体验研究中,发现大脑的腹侧部包括两个不同位置和功能分离的神经回路,它们互相依赖,共同调节核心感情。[①] 瓦塔尼安认为,贝瑞特等的情感体验模式已经指出基本的神经结构和运行机制,可以用这个模式来理解审美体验中的有意识快乐体验。

　　然后,瓦塔尼安通过这些绘画艺术的脑实验研究结果,来测试贝瑞特情感体验模式中的两个神经回路是否涉及绘画等相关的审美体验,来例证这些研究结果是怎样有助于阐释审美体验中的情感和快乐问题。瓦塔尼安挑选了这样几个案例,包括瓦塔尼安和戈尔、川端秀明和泽基以及斯科夫等的核磁共振成像的视觉审美实验,克拉-孔迪等的脑磁图实验。这几个实验研究了审美体验、审美判断的大脑神经机制。在莱德等看来,审美体验和审美判断都涉及感情和认知的成分。[②] 瓦塔尼安认为这几个实验能阐明审美体验中情感所发挥的作用。因此瓦塔尼安把这几个神经美学实验的研究结果和莱德的审美体验模型及贝瑞特的情感体验理论联系起来。测试结果显示,进行视觉图像的第一人称的审美判断,可能会被在导致价值心理表征的加工次序中的相对早期阶段促进核心感情的神经系统所调节。而且结果显示,第一人称的审美体验除了涉及认知因素,还涉及情感因素,为初级的快乐或不快乐编码的核心感情是连接到后者的。

　　最后,瓦塔尼安提炼出一个基本框架来表明审美体验中快乐的作用。瓦塔尼安依据把审美体验模式和情感体验模式运用到几个典型审美实验中推导

---

　　① Lisa Feldman Barrett, Batja Mesquita, et al, "The experience of Emotion", *Annual Review of Psychology*, Vol.58(July 2007), pp.373-403.

　　② H.Leder, D.Augustin &B.Belke, "Art and Cognition: Consequences for Experimental Aesthetics", *Bulletin of Psychology and the Art*, Vol.5, No.2(January 2005), pp.11-20.

得出的结论,试图在神经美学领域搭建一个能够联系情感和认知的框架,同时能够解释审美体验中快乐的作用。莱德的审美体验模式和贝瑞特的情感体验模式分别有助于瓦塔尼安搭建这一框架。莱德模式是一个审美体验的神经加工模型,能够解释感情和情感的不同作用;贝瑞特模式是一个情感体验的神经生物学模型,能够连接情感的感觉快乐和不快乐的状态,而且在加工过程中合并核心感情的心理表征。此外,瓦塔尼安和纳达尔已经通过视觉审美的神经影像学研究,在神经生物学水平上测试和验证了莱德等的审美体验模式及其关于审美体验的不同方面的特定假设①。于是,瓦塔尼安提出一个审美体验中的快乐模型,以此搭建审美体验的认知和情感连接框架,希望能够非常清晰地激发神经美学家们进行深入研究。

二、快乐在审美过程中的贡献

瓦塔尼安认为,促发人脑产生快乐或不快乐的核心感情的神经回路,尤其是人脑对刺激物进行价值认知加工编码的早期阶段的促发核心感情的神经回路,调节产生了审美判断,引发最后的审美情感的心理表征。或许我们可以这样理解瓦塔尼安关于快乐在审美过程中的贡献:关于刺激物的价值加工编码等早期阶段的基本认知促发了快乐或不快乐的核心感情,而调节核心感情的神经回路调节了客体的心理表征等,形成了美或不美的审美判断,并伴随着审美情感。也就是说,认知促发了核心感情,核心感情引发了审美判断和审美情感,而核心感情又主要是由快乐或不快乐状态组成,所以说审美过程中的快乐在连接审美认知和审美情感中起了重要的作用。

于是,瓦塔尼安提出一个审美体验中的快乐模型,以此搭建审美体验的认知和情感连接框架,并启发神经美学家们展开更深入研究。瓦塔尼安有关快

---

① Oshin Vartanian & Marcos Nadal,"A Biological to a Model of Aesthetic Experience",in *Aesthetics and Innovation*,L.Dorfman,C.Martindale & V.Petrov(eds),Newcastle:Cambridge Scholars Publishing,2007,pp.430-444.

乐在审美中的桥梁理论模型可以分成这样几个部分:其一,核心感情是后面的情感体验的基石,核心感情的心理表征引发情感;其二,由于核心感情的心理表征还涉及关于内容的认知掌握,它们形成了情感和认知的桥梁;其三,核心感情形成了觉得快乐和不快乐状态的生理支撑,在核心心理状态引发的情感与给予它们意义的认知之间,有一个理论连接。也就是说,审美过程中的有意识快乐体验在赋予核心感情以意义的审美认知和核心感情状态引发的审美情感之间形成一个有效的理论连接。当然,瓦塔尼安只是根据已有的神经美学实验和审美体验模型、情感体验理论提出这样的理论架构,这些是否科学可行,还需要进一步开展神经美学实验的验证。

我们比较一下瓦塔尼安与泽基关于认知和审美情感的神经关联性的研究,以期展望神经美学在该领域的研究前景。瓦塔尼安是试图通过调节快乐状态的核心感情的神经回路来连接认知与审美判断、审美情感的。而泽基是通过审美实验显示了审美判断和认知判断不仅具有相同的神经脑区,同时审美判断还具有专门的神经脑区。"泽基等通过应用审美判断和认知判断的关联分析,研究了被审美判断和认知判断共同激活的脑区,两者共享的位置有:前脑岛;背外侧前额叶皮层;顶内沟;共同运动通道,即前运动皮层和辅助运动区。"①也就是说,前脑岛等可能涉及情感和认知过程中的大量功能。此外,通过审美判断的脑扫描实验,泽基等除了观测到审美判断和认知判断有着共同激活的脑区外,还发现审美判断单独激活了一些专门化脑区:(1)皮层区域:外侧眶额叶皮层和内侧眶额叶皮层;(2)皮层下区域:比如苍白球、杏仁核,并逐渐遍布到壳核和屏状核。虽然泽基是分开测试认知判断和审美判断的脑神经相关性,而瓦塔尼安是关注审美体验过程中的认知和情感的脑神经回路是如何关联的,但是我们从中可以看到他们都共同提到前脑岛、眶额叶皮层、前额叶皮层、杏仁核各自在认知判断、审美判断和审美体验、审美情感中起到的

---

① 胡俊:《论泽基审美判断的脑神经机制研究》,《上海文化》2018 年第 8 期。

不同作用。不过它们在审美过程中是怎么具体展开作用和关联的,两人的看法还是各有侧重。

后来,查特杰和瓦塔尼安[1]还提出审美体验的神经环路三要素,对之前的认知和情感因素进行了细化、拆分和组合,并添加了与镜像神经元系统相关的运动皮层,以及与激励、渴望有关的人脑奖赏系统,从而把审美体验涉及的相关脑区分为三大加工系统,其一是由感觉、知觉和运动系统组成的感觉—运动环路;其二是专业知识、背景和文化组成的知识—意义环路;其三是奖赏、情绪、渴望或喜爱组成的情绪—效价环路。

第四节　审美快乐理论引发的美学重释

瓦塔尼安的审美快乐理论,指出了审美过程的开始阶段,基本的核心感情是在对客体的利害基本认识的前提下建立的,并激活了其后的情感机制,成为审美中认识和情感的连接处。审美过程中,确定了基本的核心感情之后,会经过中间阶段的情感充分弥散以及审美主体对客体在脑海中经历再加工,包括回忆想象、语义理解、意义识别等,然后关于审美的文化、社会价值等还会对已充分发酵的情感进行最后调节,进行确定性的审美判断。一旦主体得出确定的审美判断,将会伴随愉悦的审美情感,这样的审美情感将更持久、更强烈、更具有高峰体验。这也解释了为什么有些画面或音乐在审美的初期和中期阶段原本激起的是负性的消极情感,而在后期却被审美判断为正性,并伴随愉悦的审美情感。[2] 也就是说,在不同文艺领域,有的审美活动开始激发的是喜悦或

---

① Anjan Chatterjee & Oshin Vartanian, "Neuroaesthetics", *Trends in Cognitive Sciences*, Vol.18, No.7 (July 2014), pp.370-375; Anjan Chatterjee & Oshin Vartanian, "Neuroscience of Aesthetics", *Annals of the New York Academy of Sciences*, Vol.1369, No.1 (April 2016), pp.172-194.

② Valentin Wagner, Winfried Menninghaus, Julian Hanich & Thomas Jacobsen, "Art Schema Effects on Affective Experience: The Case of Disgusting Images", *Psychology of Aesthetics Creativity and the Arts*, Vol.8, No.2 (May 2014), pp.120-129.

快乐的感情,有的审美活动在开始时主体产生了负面情绪,例如我们在欣赏悲剧时产生了恐惧、痛苦情绪,聆听伤感音乐时产生了悲伤情绪,观看《泉》等现代主义绘画时产生了厌恶情绪,但艺术与现实隔着一层距离,在经过审美心理表征的意义认知后,还是能够在后期进行审美判断,获得审美体验和审美愉悦情感的。

一、美与崇高

在痛苦、悲伤的美的消极情感体验中,关于崇高与美,是美学史中的重要理论问题,从朗吉弩斯(Casius Longinus)的《论崇高》,到伯克的《关于崇高与美两种观念根源的哲学探讨》,再到康德的《关于美感和崇高感的考察》《判断力判断》等,还有叔本华对崇高的不同分类等,美学家们对此议题一直探索不息。伯克是将崇高看作一个独立的审美范畴,并把崇高与美进行严格区别,使得崇高的审美范畴与美这一审美范畴并列起来。康德在《判断力批判》中把崇高和美视为两个不同的范畴,强调崇高作为一种精神力量超越了任何感官的标准,而美的体验是与被欣赏对象的特征有着直接相关。叔本华认为真正的崇高只能在人的心灵而非自然界的对象中寻找。

近年来,神经美学家们也对崇高与美进行了探索。2014 年,石津智大和泽基进行了一项 FMRI 实验①,结果表明人脑进行崇高的体验与美的体验时,激活的是两个独立的神经活动模式,验证了伯克和康德等认为的崇高的体验和美的体验是两个不同的范畴。那么我们怎么理解悲剧激发了悲伤、恐惧等消极情绪,但是主体通过文化理解,能够认识到悲剧中的人物,尤其是英雄人物体现出的人类的崇高心灵和崇高力量,从而引发愉悦情感?

石津智大和泽基认为崇高涉及恐惧、宏大等许多因素,但又与每一个单独

① Tomohiro Ishizu & Semir Zeki, "A Neurobiological Enquiry into the Origins of Our Experience of the Sublime and Beautiful", *Frontiers in Human Neuroscience*, Vol. 11, No. 11 (November 2014), pp.1-10.

因素相区别。石津和泽基的实验结果还表明崇高体验激活了受到环境威胁产生焦虑的脑区,但也使得原本在恐惧中激活的脑区变得迟钝甚至失活,甚至还激发了积极情绪的脑区。这都是社会意义和文化意义赋予原先的生存意义的再认识和再调整,在通往审美体验的中间过渡发展中起着决定性作用,使得我们能从恐惧的情绪之中发展到崇高体验,再从主体内部心理认知的崇高之中升华到审美情感。

2017 年石津智大和泽基进行的另一项 FMRI 实验[1],显示悲伤等负面情绪与喜悦等正面情绪所引起的大脑机制都可以激发审美体验。人们面对米开朗基罗在梵蒂冈圣彼得大教堂的雕塑作品《圣殇》时,看到典雅而沉静的圣母默默地俯视着横躺在她双膝上死去的基督的场景,欣赏者很容易从雕塑中体会到悲伤情绪,并从中领会到崇高的力量,进而产生美感。

这是因为主体在审美过程的后期阶段,通过对客体审美意义的文化认知来重新调节弥散性情感。这样推测也是有神经美学的实验依据的,通过一些实验数据可以看到这一步是通过涉及认知控制的背外侧前额叶来进行调节的。[2] 石津和泽基的实验结果显示"在体验悲伤的美的期间,背外侧前额叶和内侧眶额叶的连通性有着显著增强"[3],神经美学家们普遍认为内侧眶额叶与审美体验有着密切的联系。

2011 年,石津智大和泽基通过实验数据分析,把内侧眶额叶中的 A1 区视为审美体验的专化区[4](这里的体验或审美体验,是一个核心范畴的审美体验,可能是指审美过程中触发美感的一瞬间,而有时候我们使用审美体验这一

① Tomohiro Ishizu & Semir Zeki, "The Experience of Beauty Derived from Sorrow", *Human Brain Mapping*, Vol.38, No.8(May 2017), pp.1-16.

② Samuel M.McClure, Jian Li, Damon Tomlin, Kim S.Cypert, "Neural Correlates of Behavioural Preference for Culturally Familiar Drinks", *Neuron*, Vol.44, No.2(November 2004), pp.379-387.

③ Tomohiro Ishizu & Semir Zeki, "The Experience of Beauty Derived from Sorrow", *Human Brain Mapping*, Vol.38, No.8(May 2017), pp.1-16.

④ Tomohiro Ishizu Semir Zeki, "Toward a Brain-Based Theory of Beauty", *Plos One*, Vol.6, No.7(July 2011), pp.1-10.

概念时,是把审美体验基本等同于整个审美过程,强调主体内在的体验,这时的审美体验往往是在宽泛范畴的角度来使用)。"2013年,泽基等人通过实验发现,眶额叶皮层部分也是与审美判断相关的,而且进行审美判断时内侧眶额叶皮层的激活区域与审美体验激活的A1区是部分重叠的"①。还有一些学者把腹内侧前额叶看作审美评估的一个重要脑区,因为目前对于腹内侧前额叶没有明确划分,不同研究者用它来描述不同的脑区,有的研究者认为腹内侧前额叶和内侧眶额叶是临近的两个脑区,有的研究者认为腹内侧前额叶包括内侧眶额叶,还有的研究者是把两者混用。柯克(Ulrich Kirk)等设计了一个FMRI实验②来测试认知信息对主体审美判断和偏爱的影响,实验中的艺术品全部来自哥本哈根的路易斯安娜现代艺术博物馆,其中一半的艺术品贴上来自"电脑"的标签,一半贴上来自博物馆"画廊"的标签。实验结果显示,没有经过艺术训练的被试者普遍在主观上对后者做出更高的审美判断,同时也观测到这些被试者观看后者时,比观看前者有着更强烈的腹内侧前额叶激活。而另一个实验③显示,专业人员对于标有不同金钱价值而实际是同一批艺术品的审美判断几乎没有差异,同时观测到他们的腹内侧前额叶的激活没有差异,研究发现是因为专业知识起到了校准的作用,因为这些专业人员涉及执行控制和价值调节的背外侧前额叶也被激活,在这次实验中背外侧前额叶持续参与了对偏见易感性的校准,从而对腹内侧前额叶进行调节。

可见腹内侧前额叶/内侧眶额叶作为神经计算评估机制中的重要脑区,可以被涉及认知控制的背外侧前额叶所调节和校准,尤其主体在深层自我审查

---

① 胡俊:《论泽基审美判断的脑神经机制研究》,《上海文化》2018年第8期。

② Ulrich Kirk, Martin Skov, Oliver J. Hulme, Mark S. Christensen, "Modulation of Aesthetic Value by Semantic Context: An fMRI Study", *Neuroimage*, Vol. 44, No. 3 (November 2008), pp. 1125-1132.

③ Ann Harvey, Ulrich Kirk, George Denfield, Pendieton Read Montage, "Monetary Favors and Their Influence on Neural Responses and Revealed Preference", *Journal of Neuroscience*, Vol.30, No.28 (July 2010), pp.9597-9602.

时,专业知识可以把大脑从环境信息、语义信息、金钱价值、社会声望、个人经历等产生的偏见中拉出来。

二、审美共通感与差异性

由此也看出,这些不同的个性和文化因素等,虽然都会起到认知调节和控制的作用,但会在不同阶段对不同主体的审美判断有着不同的影响。这也说明了为什么虽然人类都有共同的审美神经机制,但不同文化背景的个人在审美判断上还是有差异的,比如专业人员和新手对于同一个客体的审美判断有时是不一样的,这是因为知识、文化、环境、民族、个人经历等因素会在审美过程的最后阶段对相同的审美对象形成不同的意义和情感,从而产生不同的审美差异。"一千个读者就有一千个哈莫雷特"。通过理解瓦塔尼安提出的认知和情感在审美中的相互作用,也正好解答了康德所提出的审美普遍性和差异性问题。

一方面,"共通感"是美感的普遍性基础,审美是先验的属于人类的一种共同能力,因为我们人类天生具备着基本的审美脑神经机制,并逐步发展、进阶和丰富,从幼儿时期就可以说某事物是美或不美的,到后来经过文化熏陶和专业培养能够识别和理解更复杂的审美,甚至进行审美创造。而且,即使是面对相反审美价值的事物,"来源于喜悦和悲伤两种不同情感状态中的美的体验分享着共同的审美体验神经机制"[①]。根据实验结果,石津智大和泽基发现这两种不同类型的美的体验都激活了内侧眶额叶皮层。

石津智大和泽基认为审美过程中,不论艺术作品最初产生的是消极感情还是积极感情,最后都能带来审美体验,并产生审美愉悦情感,因为人脑具有共情的结构和功能,使得人类具备共情能力。"同情心,使人类有可能意识到别人的感受,并且感受到不同程度的快乐或悲伤的感觉……由于从积极或消极的效价情感中体验到美,不可避免地需要心智化他人的情绪状态或者解释

---

① Tomohiro Ishizu & Semir Zeki, "The Experience of Beauty Derived from Sorrow", *Human Brain Mapping*, Vol.38, No.8(May 2017), pp.1-16.

他们的意图,共情是悲伤和快乐来源的美的体验的另一个共同点"。①

人类审美机制中共通的不仅有共情机制,还有通感加工机制。共通感的说法最早来源于亚里士多德《论灵魂》中的"共通感觉",认为人具有视觉、听觉、嗅觉、味觉和触觉五个感觉,人能够将上述不同的感觉连接在一起,形成一种复合的感觉,即共通感觉。钱锺书曾提到古诗句"红杏枝头春意闹"就运用了视觉和听觉的通感。② 华东师范大学周永迪教授等的研究成果③表明,虽然大脑有专门处理视觉、听觉等感觉的不同脑区,如视觉脑区有 V1、V2 等,但是背外侧前额叶可以进行不同感觉信息(视觉、听觉、触觉等)的跨模式加工,背外侧前额叶是一个通感皮层,连接基本感觉信息与高级认知决策,背外侧前额叶上有不同神经元群,可以进行视觉、触觉等不同知觉模态之间的信息传递,背外侧前额叶还在知觉与行动的连接中扮演了重要角色,从而在行为、语言和推理合作中发挥重要作用,是不同感觉处理的综合中枢。

另一方面,即使面对相同审美对象,不同主体的美感形成也具有差异性。"美感又是历史形成的,是在文化中习得的"④。正是这些文化差异带来的认知差异才导致主体在面对相同客体时引发不同的核心感情,或者即使引发相同的核心感情,也会因为认知带来对客体意义理解的不同从而会产生审美趣味、审美判断、审美情感方面的一定差异甚至相反结果。

三、快感与美感

关于快感与美感两者的区别和联系,一直是人们关注的基本美学问题。

---

① Tomohiro Ishizu & Semir Zeki, "The Experience of Beauty Derived from Sorrow", *Human Brain Mapping*, Vol.38, No.8(May 2017), pp.1-16.

② 钱锺书:《七缀集》,上海古籍出版社 1985 年版,第 63 页。

③ Liping Wang, Xianchun Li, Steven S. Hsiao, Fred A. Lenz, Mark Bodner, Yong–Di Zhou &Joaquín M.Fuster, "Differential Roles of Delay–Period Neural Activity in the Monkey Dorsolateral Prefrontal Cortex in Visual–Haptic Crossmodal Working Memory", *PNAS*, Vol.112, No.2(December 2014), pp.214-219.

④ 刘旭光:《欧洲近代美感的起源》,《文艺研究》2014 年第 11 期。

两者的差异和审美过程中的认知意义加工有关：主体对客体及其特质的外在的视觉听觉的认识是一种感官认知，与此紧密相连带来的快乐是基本的核心感情，即快感，如果浅尝即止，那么就仅仅停留在快感体验中，也可以理解为一种涉及初级感觉加工的悦目悦耳的感官快乐，继而我们的大脑必须进行深度体验，才可以发展出审美愉悦情感。这种深度体验，像是一种沉浸于审美过程中的自我思想巡游的状态，可以用中国古代审美中的"神与物游""思接千载"来理解，可能是主体自我的内在认知和情感体验，一种自我生命体验和对客体心理表征认知的融合，一种心理表征的情感浸润和文化意义的再附加，这个过程可能主要涉及大脑中进行自我审视和反思的默认网络、能够起到共情作用的镜像神经元系统、参与情景回忆及检索加工并体现想象力和创造力的海马系统、进行逻辑推理的工作记忆系统、调节大脑情感加工中枢的边缘系统，以及进行语言和语义加工的意义系统。在经过审美过程中的深度体验后，大脑在审美过程中有了情感充分浸润与文化意义阐释后，会形成审美意象，意中有象，意中有情，意中有义，同时根据意象形成的完满度，有关判断和决策的脑区会对客体有一个审美判断。在此前后，会持续激活快乐及愉悦体验的奖赏系统，并继续在意象的基础上进行意境的加工，伴随着稳定的审美愉悦情感，进而产生象外之象、意外之意、韵外之致，达到一种只可意会、不可言传，或者说妙不可言的审美高峰体验。

换句话说，快感是审美愉悦感的一个前提，快感发展成美感还需要经过深度审美体验，增加很多智性的情感的考量。所以从这个意义上来说，审美愉悦一定是一种智性愉悦，一种心灵和精神的愉悦，而不仅是一种感官享受。也就是说美感中包含感官的快感，但不能停留于感官，还要达到能够愉悦心灵的层面，即这种快感能不能往前走，还要看后面理性的智性的文化因素以及个人因素、感情因素等能不能对此快感进行提升。至于痛感与快感的关系，以及痛苦感、悲伤感能不能发展成审美愉悦感，下面将继续论述。

四、审美净化与审美愉悦

从瓦塔尼安的快乐理论,我们延伸提出了一个问题,即如果审美过程的开始,客体引发主体的基本核心感情是痛感包括痛苦、悲伤等,而不是快乐,是否能够进入审美,甚至进而产生审美愉悦体验呢？答案毋庸置疑是肯定的,前面也做了一定的阐释。而且,悲伤的情绪能否引发审美体验,能否进行审美判断,产生审美愉悦情感,与前面说的快感能不能继续发展成美感,即快乐的情绪能否发展产生审美愉悦情感一样,关键之处都是有没有经过深度的认知和情感体验,以及经过深度体验后有没有形成审美判断,可见,理性或智性因素中文化意义的赋予对审美判断具有调节控制作用。从神经美学的角度看,正因为审美深度体验的过程大脑激活了多个脑区,保证了能够从形象性、情感性、意义性等方面形成了情—象—意系统的稳定审美意象。审美意象形成的情—象—意完满度是进行审美判断的一个重要标准。审美意象的形成,促使我们有可能进行审美的判断,并伴随着轻松愉悦的审美情感。接着,审美意象在认知的审美判断和感情的审美情感的更进一步融合推动下,最终形成具有范型的独特鲜明的审美意境,从而更加典型和凝练。例如诗句"大漠孤烟直,长河落日圆",再如维米尔的画作和米开朗基罗的雕塑。

目前,神经美学家们对于审美过程中的审美认知、审美体验、审美判断、审美情感等具体运作的神经机制,还是处于一知半解、推测验证、各方观点相互辉映并争鸣的探索研究阶段,还没有完全揭开审美过程的脑神经运行机制奥秘,当然这也正是当前世界范围内神经美学发展的机遇所在。

前面主要是从神经运行机制的角度来看审美中的快乐作用,这里从神经递质角度来进行一点补充。人脑可以分泌多种让人产生快乐感觉的神经递质,即多巴胺、内啡肽和五羟色胺(也称血清素)等。近年来,萨琳普①、甘拉德②(Abhishek Gangrade)、埃弗斯③(Stefan Evers)等神经美学家们开始把神经递质的观测作为一种研究审美体验的方法,通过实验发现这些快乐神经递质与审美快乐有着紧密的联系。人脑在欣赏让人感到喜爱的文艺作品时,一般都会激活奖赏机制以及释放出内啡肽、多巴胺和五羟色胺等,同时会产生愉悦感,包括瞬间高峰体验的幸福感和持续平和的喜悦感。

从这些快乐的神经递质角度,我们也可以理解为什么欣赏悲剧等也会给我们带来审美的愉悦感。由于文艺与现实之间是有隔离的,主体在欣赏负性情绪的文艺作品时,可以通过少剂量的与现实保持一定距离的痛苦、恶心、恐惧等消极情感的领略和感知,间接让人感受到自己受伤,一种情绪受伤,从而激活自我的一种情绪疗伤及免疫能力,即释放或分泌人脑中的一些快乐神经递质,如内啡肽。内啡肽是一种痛并快乐着的神经递质,是在身体或者精神遭受痛苦后,大脑分泌的一种多肽化合物,在镇痛的同时还伴随轻松和快乐的感觉。大脑分泌的内啡肽又会压制氨基丁酸(γ-aminobutyric acid,简称 GABA)的活动,GABA 对多巴胺起着抑制作用,这样解除 GABA 的抑制就增加了多巴胺的释放,引起兴奋和强烈快乐的感觉。如果说多巴胺是让人兴奋而快乐的递质,那血清素是使人平静且快乐的递质。有实验证实,在聆听这些负性情绪音乐时,人体也会分泌让人产生愉快感的血清素,即五羟色胺。④

亚里士多德提出艺术的情感净化功能,在这里找到神经美学角度的依据。人脑在欣赏产生消极情感的艺术时,不仅产生内啡肽,进行情绪的镇痛,同时

① Valorie N.Salimpoor, Mitchel Benovoy, Kevin Larcher, Alain Dagher & Robert J.Zatorre, "Anatomically Distinct Dopamine Release during Anticipation and Experience of Peak Emotion to Music", *Nature Neuroscience*, Vol.14, No.2(February 2011), pp.257-262.

② Abhishek Gangrade, "The Effect of Music on the Production of Neurotransmitters, Hormones, Cytokines, and Peptides: A Review", *Music and Medicne*, Vol.4, No.1(January 2012), pp.40-43.

③ Stefan Evers & Birgit Suhr, "Changes of the Neurotransmitter Serotonin but Not of Hormones during Short Time Music Perception", *European Archives of Pschiatry and Clinical Neuroscience*, Vol.250, No.3(June 2000), pp.144-147.

④ 崔宁、丁峻:《音乐审美的认知神经机制》,《中国美学研究》2015 年第 2 期。

内啡肽释放又会联动促发多巴胺的大量释放和接受,使人产生兴奋的情绪,随后还有血清素的分泌,转为平静的快乐。"曾有学者对儿童绘本中的恐惧情绪进行了研究,进而提出在儿童的成长过程中,适当地体验担忧、害怕等情绪,只要是在儿童心理承受范围内的较低水平的'坏'情绪,对成长是有益的,且能促进情感的平衡和对逆境的应对能力;反之,没有经历过'负面'情绪的儿童,更容易患情感失调类的心理疾病"。① 可见,正常人观看有些悲伤、恐惧情绪的悲剧作品可以激发内啡肽、多巴胺和血清素等快乐递质,而且人脑中血清素的促发和接受,可以使人获得平静、轻松的感觉。人们之所以喜欢阅读悲剧,除了可以从中感受到崇高的社会认知意义,更因为内啡肽等快乐神经递质的分泌和释放引起人脑神经感受的愉悦感。

总之,从亚里士多德的艺术情感净化功能和大脑快乐神经递质的角度,我们了解到,欣赏美的事物,无论悲伤或快乐的,都可以激发人脑的奖赏系统,分泌内啡肽、多巴胺和血清素等快乐递质,这些快乐神经递质对人脑的净化和愉悦功能可以从艺术作品的审美实验结果中窥见一斑。而且临床医学使用的抗抑郁药物也是通过提高多巴胺、五羟色胺在正常范围内的释放,对人的精神起到治疗和康复的作用。这三种有着差异而又关联的快乐递质能够用来更完善地解释审美过程中可以细分的不同情景、不同阶段、不同程度甚至不同类型的快乐及愉悦。

第五节　关于快乐与审美体验的延伸与思考

综上,随着脑科学的进一步发展,我们期待美学理论和实践的更多创新,如我们已经知道审美体验中的快乐起着重要作用,审美快乐理论模型将使我们重新思考审美中的问题及审美意义。

———————————

① 王昕、关涛:《负性音乐情绪的神经机制对比研究》,《中国音乐》2019 年第 4 期。

一、感性与理智：审美愉悦的双向调控路径

如上一节中所述，由于高级认知调节审美判断，消极共情也可激发审美愉悦体验。理性或智性因素中文化意义的赋予对审美情感和审美判断具有调节控制作用。也就是说，"情感和认知都相互缠绕在判断中"，最终是通过默认系统对于内在自我和社会的观照反思来形成审美判断，激发审美情感。

从神经美学的角度来看，审美情感体验有两条调控路线，一条是自下而上的加工线路（即感觉到快感的加工机制），一条是自上而下的线路（即审美愉悦的认知意义调节机制）。审美过程开始时，视觉、听觉等感觉信号由眼耳等外部器官输送到大脑，首先是综合集中传送到丘脑，丘脑是人脑最重要的感觉传导接替站，来自全身各种感觉（嗅觉除外，嗅觉信息直接传送嗅觉皮层）的传统通路，都在丘脑内交换神经元，然后由丘脑对感觉进行粗略的分析、综合，再投射到大脑皮层。而且，丘脑与大脑的快乐中心腹侧纹状体即伏隔核之间是有连接的，经过初步筛选后的一些正向感觉信息会激活纹状体，产生快乐感觉，即一种有关满足生存的感官享乐的快感。当然如果是负向感觉信息，比如生存威胁的信息，会被丘脑传送到杏仁核等脑区，并产生恐惧等不快感觉。另一方面，不管是快感还是不快感的原初感觉信息，都会被丘脑投射到大脑皮层，进行精细加工。经过知觉信息的编码，然后再在前额叶新皮层经过工作记忆、逻辑推理、语义概念、意义加工、价值计算、情感评估以及自我反思和社会关系的思考，然后在高阶认知的调节下进行审美判断，激活审美体验的脑区，即腹内侧前额叶/内侧眶额叶，获得一种美感愉悦体验。大脑的额叶对情感起到调控作用。美感区腹内侧前额叶虽然和快感区腹侧纹状体都属于大脑奖赏神经回路，都能激发愉悦情感，但腹侧纹状体一般是和食物、性等生存价值相关联，腹内侧前额叶的激活是和大脑新皮层的高阶认知活动相关联，能自上而下地激活奖赏机制，并能调控腹侧纹状体，提升审美愉悦的快乐强度和持续时

间,也就是说,审美过程中标记快乐或不快的核心感情的初步感觉信息经过大脑高级皮层加工分析后,会受到意义加工、想象、推理、判断等高级智性认知因素调节,以及主体内在自我和社会意识、关系价值的思考推导,最后具备审美价值的意象会激活美感体验区,激活奖赏机制中和高阶认知有关的脑区,获得审美愉悦的高峰体验。

二、审美意象:审美愉悦的核心加工对象

从神经美学的角度看,美感体验区腹内侧前额叶/内侧眶额叶是与人脑镜像神经元系统、共情系统、记忆系统、推理系统和默认网络相关联,涉及审美意象的生成和意识加工。不论外物最初激活的是快感还是不快感,悲伤还是快乐的情感,最终是否产生美感愉悦高峰体验的关键之处还是审美意象是否生成。在审美深度体验的过程中,大脑往往激活了多个脑区,保证了能够从形象性、情感性、意义性、自我反思和社会性等方面形成情—象—意系统的稳定审美意象。审美意象形成的情—象—意完满度是进行审美判断的一个重要标准。审美意象的形成促使我们有可能进行审美的判断,并伴随着轻松愉悦的审美情感。接着,审美意象作为审美中介体,或者说审美的第二客体①,成为审美内部加工的对象,人脑各相关脑区将对人脑内部的审美意象进行深度加工,特别是审美意象在认知的审美判断和感情的审美情感的更进一步融合推动下,最终形成具有范型的独特鲜明的审美意境,从而更加典型和凝练。

2012 年,韦塞尔和斯塔尔等人的美学实验发现,在欣赏不同审美等级的作品时,枕颞区等初级感觉区和纹状体等皮层下结构,呈直线上升式激活,而包括内额叶、后扣带在内的反思自我和社会的默认网络、额下回等语义系统和镜像神经元系统、海马等记忆系统在欣赏最高审美等级作品的体验过程中,呈

---

① 丁峻:《审美活动的第二客体》,《杭州师范大学学报》(社会科学版)2018 年第 2 期。

飞跃式激活,极度活跃。① 所以我们推断可能在这一阶段,客体的感知觉信息进入大脑以后,以默认网络为首的脑区激活,对大脑内在的审美对象表征,即心中之象,进行具身化和心智化再加工,促使审美意象的生成,激活大脑的意义、共情和奖赏系统,达到在审美判断和审美情感上双向认同的美的意境及愉悦体验。

三、体情智:审美愉悦的正向身心效应

由于审美过程中能够带来快乐,甚至引发持续、强烈而轻松的审美愉悦感,审美对于人的情感和精神具有非常明显的治疗效果,而且健康的人经常保持审美愉悦也是非常有益于身心,有益于长寿。古今很多书画家都非常健康长寿,如唐代书法家柳公权 87 岁,明代书画家文徵明 89 岁,当代书画家启功 93 岁。审美欣赏或创作是一种非常安全有效的身心保健及治疗的方法。审美体验活动不仅有助于我们适度促进大脑分泌多巴胺等快乐神经递质和肾上激素等,调节呼吸、心跳等身体机能,提升大脑的学习和记忆能力;而且审美过程还有助于人们心智系统增强,提高内在自我反思和社会意识的关联。如研究显示:"那些喜欢阅读小说的人倾向于拥有更强大的心智化系统"②,可能是因为读者在融入理解小说中的思想情境时,能够如同身临其境的经历一样来激活加强大脑的默认系统,提高社会沟通和交往的心智能力。

目前,因为脑科学以及神经美学还处于初期发展阶段,很多脑神经机制和功能都没有完全理清,所以虽然我们知道审美欣赏和创作中的快乐机制对人们的健康长寿,甚至对自闭症、抑郁症等的治疗和康复都有着肯定性作用,但

---

① Edward Vessel, G.Gabrielle Starr & Nava Rubin, "The Brain on Art: Intense Aesthetic Experience Activates the Default Mode Network", *Frontiers in Human Neuroscience*, Vol. 6, No. 66 (April 2012), pp.1–17.

② [美]马修利·伯曼:《社交天性——人类社交的三大驱动力》,贾拥民译,浙江人民出版社 2016 年版,第 166 页。

如何通过数据分析来量化并可操作化,甚至理论化地运用审美,还是任重而道远。

在未来的人工智能时代,期盼有这样的审美智能机器人医生或艺术家,通过扫描我们的大脑及身体心理状况,以及对我们的性别、社会、文化背景等进行综合数据分析,给出非常细致、科学、合理的审美欣赏或创作的活动方案,或者能够根据我们的状况,为我们量身打造或创造出适合我们个人心理或精神健康状态的艺术作品,从而通过审美欣赏或创作的方式来愉悦心灵,净化情感,提升我们心灵和情感的健康指数。在人工智能将取得大发展的未来,期待更多学者们参与其中并展开更深入的研究,逐步推进脑科学与美学理论的融合和创新。

第九章　重构审美现代性中的智性愉悦

审美现代性落脚于感性对抗理性的启蒙现代性,本是对工具理性、过度理性的校正和反思,但现代主义、后现代主义逐步发展到以追求感官感觉、欲望的快感来挤兑精神愉悦,把审美演化为"新感性""泛审美",已经偏离了审美自身的初衷。由于感官刺激的快乐和审美愉悦都能让人产生情感上的快乐,容易让人对两者产生混淆或疑惑,但从美学史以及中国当代蔡仪美学的角度,审美是一种从感性升华到理性的智性愉悦,并可以从脑科学角度进行实证支撑。审美过程应该是一种感性和理性、认知与情感的融合;审美体验不是感官快感,而是一种智性愉悦。我们以智性愉悦来重构审美现代性,用美的维度创造出美的艺术世界,提升人类精神的美好境界,设计人类生活的美好未来。

一般来说,审美现代性与启蒙现代性既同源共生和目标一致,又相互牴牾冲突。审美现代性是启蒙现代性的产物,审美现代性是源于启蒙运动的科学理性观念,意在摆脱蒙昧,强调人的自主性。审美现代性在感性领域、意义生成领域释放人的潜能,正是启蒙规划目标或者启蒙精神中反抗压制和人的解放的目标。同时审美现代性又借助审美感性来对抗、批判甚至是颠覆启蒙现代性的理性,因为崇尚理性的启蒙现代性在促进社会摆脱蒙昧主义推动社会进步的过程中出现了工具理性、人的异化、技术控制和环境污染等一系列社会问题。"社会结构(技术经济秩序)和文化之间存在着惊人的根本分裂。前者受经济原则支配,这原则就是根据效益和功能理性,通过给物(包括将人看成物)制定秩序来确定如何组织生产。后者则是挥霍无度、不加选择的,受非理性、反智性风气所主导,在这种风气中,个人被认为是文化判断的试金石,对个人影响也被当作经验之审美价值的衡量尺度。"①

从审美现代性和启蒙现代性这种复杂纠缠的关系以及内在理性与感性的对抗和胶着中,我们看到,代表这种审美现代性的现代主义文化强调人的感性时,一般还是把感性安置在理想和精神层面,有着先锋性的艺术追求,而后现代主义虽然同样提倡审美现代性,但"以解放、色欲、冲动自由等等之类为名"②,比现代主义更进一步把感性的追求放进了欲望、色情之中,同时在日常生活领域,出现消费主义和享受至上主义并行,出现一波又一波打着所谓审美现代性旗号进行的感官欲望狂欢,并名之为美,名之为艺术。但实际上,审美现代性只是想要纠正启蒙理性精神的偏离,它的审美自主性、反思性以及对人性的解放意图是来源于启蒙现代性,并不违背启蒙理性的精神,甚至说这种反思批判正是理性精神的象征和延续,即使是现代主义、后现代主义也依然保持和继承了现代启蒙运动中的理性批判精神。所以结合当下社会中的一些欲望横流、信仰缺失和人文精神失落的文艺发展现状,我们应该真正地反省和认识到审美现代性并不是纯粹感性的远行,而是一场有理性诉求在其中支撑的感性旅行。审美现代性应该是一种融合审美感性和审美理性的现代性。所以我们有必要重新廓清审美中感性、理性和情感的内涵、范围及关系辨析等。

---

① ［美］丹尼尔·贝尔:《资本主义文化矛盾》,严蓓雯译,人民出版社2010年版,第37页。
② ［美］丹尼尔·贝尔:《资本主义文化矛盾》,严蓓雯译,人民出版社2010年版,第53页。

第一节　美学史中的感性、理性和情感

审美活动是一种感性过程,还是一种理性升华?美感体验是一种感官的快感,还是心灵的愉悦?这些基本问题在美学发展史中一直被提出和讨论,各家的观点都有差异。例如,柏拉图认为美是一种至上的理念,鲍姆嘉通认为美是感性认识的完善,康德提出审美是智性的。那么中国本土美学家是如何回答的? 20世纪五六十年代以及八九十年代全国掀起过美学热,展开轰轰烈烈的美学大讨论,其中蔡仪等美学家认同审美是一种智性的愉悦。从脑科学的角度来看,神经美学实验发现人脑在进行审美体验时,不仅有关感知、记忆、想象、情感的皮层激活,而且有关推理、思考、判断、反思的皮层更是活跃,随着审美评级上升,前者是呈线性增长,而体验最动人的美时,后者呈飞跃式激增。在当下的环境中,我们关于审美智性愉悦的理解可以对消费主义甚嚣的感官愉悦的审美态度起到一定的校正作用。

一、古希腊罗马时期到中世纪

古希腊时期虽然有着丰富的感性生活,创造出大批文艺作品,达到人类早期艺术发展的鼎盛,但在哲学上却忽略感性,如泰勒斯、赫拉克利特、德谟克利特、苏格拉底、柏拉图等都相续刻意淡化感性,将感性从人的本质规定性中分离,同时注重"逻各斯",强调从宇宙万物的表象中追求普遍性和本质性的理念世界。这说明古希腊时期,哲学家们已经开始从丰富的感性生活和艺术世界中发掘出蕴藏其中的理性概念,开始了对古典理性的思维认识,认识到正因为人有理性而高于万物。

柏拉图重视审美中的理性内容,提出"理念说"。柏拉图认为感性认识只能把握不停变化的现象世界,而理性认识是对本质性的理念世界的理解,从而获取普遍性的知识和真理。他把世界分为理念世界、现实世界和艺术世界。

现实世界是对理念世界的模仿,而艺术世界是对现实的模仿,是"摹本的摹本",他认为艺术作品中所蕴藏的美是美的事物的本质,因此"这种美是永恒的,无始无终,不生不灭,不增不减的……一切美的事物都以它为泉源,有了它,那一切美的事物才成其为美。"①他认为,美的理念是理念世界中的最高境界,真正的艺术中可以见到最高的真理,即美。

　　柏拉图为了突出美的精神性,把美提升到一种抽象的升华的绝对理念,而且故意轻视感性世界,认为"美不能沾染感性形象,一沾染到感性形象,美就变成不完满的"②。虽然柏拉图认为美的本质是一种高度抽象的理念,但对美的认识,还是一个从感性事物出发,由个别到一般,融合感性与理性的循序渐进的过程。他在《会饮篇》中对此描绘道:"这时他凭临美的汪洋大海,凝神观照,心中起无限欣喜,于是孕育无数量的优美崇高的道理,得到丰富的哲学收获。如此精力弥漫之后,他终于豁然贯通唯一的涵盖一切的学问,以美为对象的学问。"③虽然审美初期观看的是具有形象性、感性体验的汪洋大海,但后期的凝神观照,作为一种深度的审美体验活动,其对象是"优美崇高的道理",即一种抽象的思想。柏拉图认为,在对美的观照的过程中,审美意识是逐步上升:"第一步应从只爱某一个美形体开始,凭这个美形体孕育美妙的道理。第二步他就应学会了解此一形体或彼一形体的美与一切其他形体的美是贯通的。……应该把他的爱推广到一切美的形体,……再进一步,他应该学会把心灵的美看得比形体的美更可珍贵,……从此再进一步,他应学会见到行为和制度的美,……从此再进一步,他应该受向导的指引,进到各种学问知识,看出它们的美。"④柏拉图在虚构的哲学神话故事中,认为代表美的厄罗斯"不是阿芙洛狄忒的儿子,而是丰富神和贫乏神的儿子。丰富神代表逻各斯,贫乏神代表

---

① 〔古希腊〕柏拉图:《文艺对话集》,朱光潜译,人民文学出版社 2008 年版,第 215 页。
② 朱光潜:《西方美学史》,人民出版社 2001 年版,第 50 页。
③ 〔古希腊〕柏拉图:《文艺对话集》,朱光潜译,人民文学出版社 2008 年版,第 215 页。
④ 〔古希腊〕柏拉图:《文艺对话集》,朱光潜译,人民文学出版社 2008 年版,第 214—215 页。

物质,所以,厄罗斯是理性和感性的结合。这决定了审美意识也是理性和感性的结合"①。

此外,柏拉图还强调审美活动中的情感力量,提出"灵感说"和"迷狂说"。他认为主体在艺术创作审美过程中会得到某种灵感,并被迷狂的情感所控制。"凡是高明的诗人,无论在史诗或抒情诗方面,都不是凭技艺来做成他们的优美的诗歌,而是因为他们得到灵感,有神力凭附着。科里班特巫师们在舞蹈时,心理都受到一种迷狂支配;抒情诗人们在作诗时也是如此"②。柏拉图的"灵感说"启迪着后来的哲学美学尤其是近代西方浪漫主义美学对于"情感"和"想象"的重视。

出于对人的感性认识、理性认识和情感的把握,柏拉图在《理想国》中把人的本质分为三个部分:理性、激情和欲望。"这三个部分中,理性最高,它统辖整个灵魂;激情次之,它是理性的盟友,辅助它进行管辖;欲望最低。"③柏拉图把灵魂分为理性、感情和感官欲望三重维度,这三分法深深地影响了现代美学。古人的智慧有时真的令人不可思议地惊叹,让人想到当代脑科学根据生物进化规律,把人脑分为爬行脑、情感脑和理智脑三个层次,分别调控人的本能、情感和理智,又有学者认为这是对应于人的本我、自我和超我的三体一脑。

从柏拉图到亚里士多德,古典理性已经具有对世界万物的本质性探索的认识论的雏形,但还没有发展出把对象作为反思形式的认识论。亚里士多德肯定了日常的物质世界是一个真实的世界,不是理念的摹本,但他仍然认同艺术是对物质世界的模仿。他认为,"如果说艺术家模仿自然,自然只是材料因,作品的形式是形式因,艺术家才是创造因,他的模仿活动其实就是创造活

---

① 汝信主编,凌继尧、徐恒醇著:《西方美学史》第一卷,中国社会科学出版社 2005 年版,第118 页。

② [古希腊]柏拉图:《文艺对话集》,朱光潜译,人民文学出版社,2008 年版,第 6 页。

③ 汝信主编,凌继尧、徐恒醇著:《西方美学史》第一卷,中国社会科学出版社 2005 年版,第120 页。

动。"①古希腊哲学家都认同艺术对现实生活的模仿,模仿说成为一种影响至深、流传至今的文艺理论观念。与柏拉图为了推崇美的理念而打压快感形成对照的是,亚里士多德承认快感与美的联系,突出情感在艺术中的功用。他在《诗学》中针对审美欣赏过程中出现的情绪,如悲剧中表现和激发出的怜悯和恐惧等,提出情感净化理论,认为通过艺术审美达到情感的净化和升华。也就是说,主体通过欣赏艺术作品,舒缓和疏导乃至宣泄一部分负面的过于强烈的情绪,从而保持、恢复或达到一种平衡的心理状态,于是会产生一种快感和美感。

从古希腊到古罗马时期,斯多葛学派战胜伊壁鸠鲁学派,把理性作为人的本性,感性更加被淡化。但对感性在审美中的作用,相比艺术"摹仿"说,古罗马时期的斐罗斯屈拉特(F.Philostratus)提出了"想象"的概念,"模仿只能造出它已经见过的东西,想象却能造出它所没见过的东西。用现实作为标准来假设。"②因此他认为"想象"比"摹仿"更有艺术创造力,承认想象的思维活动,强调想象在审美活动中的重要作用。新柏拉图主义的普洛丁(Plotinus)认为世界的本原是"太一"。万物是从"太一"流溢出来的,先流溢出来的是心智,即宇宙理性,也相当于柏拉图的理念世界;心智经过灵魂,然后向下是现象世界。灵魂是联系心智和现象世界之间的中间环节。心智的活动是通过直觉的方式,灵魂的活动是通过概念、判断和推理等方式。灵魂向内活动,则趋向心智;灵魂向外活动,则趋向现实世界。他认为从太一到心智,再到灵魂,最后到感性的世界,距离太一越远,就越低级。他在《论理智美》中认为最高等级的美是理智美,从理智中流溢出灵魂,第二等级的美是人的灵魂、德行和学术的美,最低等级的美是感性知觉的美。他认为要达到最高等级的美,就要通过净化心灵才能观照到它。普洛丁的美学思想,继承和发展了柏拉图等人的审美

①　朱光潜:《西方美学史》,人民出版社 2001 年版,第 68—69 页。
②　北京大学哲学系美学教研室编:《西方美学家论美和美感》,商务印书馆 1980 年版,第52 页。

理念,通过流溢说,演绎了从物体美到灵魂美,再到理智美,最后回到美的原初形式"太一"的过程,说明了上升到最高等级的美,关键在于与神合一,这样才能在神秘的迷狂中达到最高的审美境界。这些观点影响了中世纪基督教美学,尤其是圣奥古斯丁(Aurelius Augustinus)美学思想。

到中世纪,感性最终被压制,理性成为公共性的宗教信仰的一部分,提高理性地位的最终目的是为了加强对神的信仰。在文艺美学方面,感性受制于宗教理性,但又借助宗教的形式得到一定程度的舒缓和释放。奥古斯丁比较强调认知因素在审美中的影响,突出理性判断的作用,但也承认审美主体对客体的感知,以及情感的作用。奥古斯丁在《论美与适宜》中提出审美对象的审美特质唤起主体的情感反应。奥古斯丁在《论秩序》中还提出人的视觉和听觉是审美感官,通过视觉、听觉就能把握事物的整体,完整地领悟事物的形式和意义。通过物体和主体的内在一致性,使得理性借助感觉而大放光彩。对于情感,有学者认为,"奥古斯丁的情感理论具有明显的认知主义特色,他不仅赞同情感以理性判断为基础的观点,还使人们注意到情感的最初波动中包含的认知要素。不同层次的认知要素使得情感具有二阶的结构,不同的心灵状态都是其运作的结果。……心灵首先在通过感官或自身想象获得的感性表象刺激下产生适或不适的波动,然后由意愿依靠理性判断对这些波动中蕴含的认知信息加以认可或否决,判断的依据不同导致不同的情感状态。这样的框架反对理性认知和非理性情感的二元划分,强调情感中包含的不同层次的认知因素"①。这样奥古斯丁把构成审美经验的因素分为感官和理智两类。美虽然是感性事物的表现,但是它又是超越于感官层面的,从而更具有精神内涵。

二、文艺复兴到启蒙运动时期

文艺复兴时期,理性逐渐脱离宗教的桎梏,重新彰显为人类自身的能力,

---

① 杨小刚:《奥古斯丁的二阶情感理论》,《世界宗教研究》2018 年第 6 期。

理性之光成为人类进步的动力之源。笛卡尔等为理性注入"怀疑""反思"的精神,包括对宗教神学的怀疑,人的理性置换了"上帝"的位置,突出了人的自主性。后来,启蒙理性进一步去除蒙昧、开启民智,成为现代性的核心精神。随着现代生活的渐近,特别是 18 世纪以来,伴随着宗教世俗化和生活市民化的进程,文艺发展萌发出不同于古希腊罗马知性模仿的热潮,也不同于启蒙早期理性化叙事的审美趣味,而显示出对感性生命的重视、对人性、情感的张扬。新的文艺实践也呼唤新的文艺理论,18 世纪的情感理论等也开始成为有影响的审美观念。18 世纪以来的文艺实践和文艺理论一起奠定了感性文化形态的审美现代性的基础,这种价值观念既不同于模仿说、理智说等传统审美观念,又不同于同时期的启蒙现代性的理性规范。斯宾诺莎(Baruch de Spinoza)的情感理论非常突出地把情感与人的自由联系在一起。斯宾诺莎认为人类的情感是一种心灵的动能,他把快乐、痛苦和欲望视为人类的基本情感,其中快乐是主动情感,而痛苦是被动情感,其指出"快乐为心灵过渡到较大完满的感情"①。正确的观念能够使得心灵更加自主,那么当心灵获得自由时,其产生的会是主动情感——快乐。"当心灵观察它自身和它的活动力量愈为明晰,则它便愈为愉快"②。斯宾诺莎据此认为审美情感能够引起快乐,又认为快乐是能够促进身体活动力量的情绪,那么审美情感对于人的心灵有着积极作用。"我们所感到的快乐愈大,则我们所达到的圆满性亦愈大,换言之,吾人必然地参与精神性中亦愈多"③。依据斯宾诺莎的情感理论,心灵自主能够带来主动情感,这样的情感使人感到快乐,而快乐又有益于人的身体、精神和心灵。当然作为理性主义美学的代表人物,斯宾诺莎"在承认情感的自然性的同时","更加强调对于情感需要心灵加以整理"④,认为理性可以调

---

① ［荷兰］斯宾诺莎:《伦理学》,贺麟译,商务印书馆 1983 年版,第 108 页。
② ［荷兰］斯宾诺莎:《伦理学》,贺麟译,商务印书馆 1983 年版,第 142 页。
③ ［荷兰］斯宾诺莎:《伦理学》,贺麟译,商务印书馆 1983 年版,第 206 页。
④ 汝信主编,彭立勋、邱紫华、吴予敏著:《西方美学史》第二卷,中国社会科学院出版社 2005 年版,第 466 页。

节和控制感情,从而达到心灵的自由。"斯宾诺莎的情感观实际上是审美中的情感论的理论基础,这种情感观是 18 世纪美学的核心,也是 19 世纪美学观的基础。"①斯宾诺莎的情感理论之所以重要,可能在于他把快乐、情感、审美与心灵的高度联系起来。

　　18 世纪的哲学家、美学家维柯把人类以想象为动力的以己度物的思维方式,称为"诗性智慧",或者说"诗性的思维"。诗性智慧是以感性形象和情感体验为基础,用想象来进行推理和创造的能力。因此人类的诗性思维是"以对外在事物的表象所获得的感受和体验为思维材料,来揣度和把握外物,也以这些感性的表象来表达思维的结果。所以,它是'有象思维'或者说'具象思维'"②。而我们的审美思维正是这样的具象思维,以感性事物的表象来表达主体的情感和审美的感受。维柯用"想象的类概念"和"可理解的类概念"来标示从诗性思维向逻辑思维转化的两个关键阶段。前者是一个具有共相性质的类概念,是"把各种不同的人物、事迹或事物总括在一个相当于一般概念的一个具体形象里去的表达方式";后者是指"可用理智去理解的'类概念'"③,进入概念的推理阶段。维科认为诗性智慧是一种以具象为加工材料并有着逻辑化的理性因素的思维方式,即一种感性的形象思维。法国思想家狄德罗也非常重视想象的作用,把想象与智性、理性相联系:"想象,这是一种特质。没有了它,一个人既不能成为诗人,也不能成为哲学家、有机智的人、有理性的生物,也就不称其为人"④。

　　英国经验论者强调人类感知活动具有首要作用,认为一切知识来源于经验,理性仅仅作为有限的工具被使用。英国经验主义美学代表人物休谟

---

①　刘旭光:《审美能力的构成》,《文学评论》2019 年第 5 期。

②　汝信主编,彭立勋、邱紫华、吴予敏著:《西方美学史》第二卷,中国社会科学院出版社 2005 年版,第 658 页。

③　[意大利]维柯:《新科学》,人民出版社 1986 年版,第 104 页。

④　[法]狄德罗:《狄德罗美学论文选》,徐继曾、陆达成译,人民文学出版社 1984 年版,第 161 页。

说道:"理性不但是而且应该只是感情的奴隶,除了为感情服务和服从感情以外,绝不能自称有任何其他职能。"①英国经验主义美学家们把美的与"愉快的"相联系,认为美感只是一种快感。如休谟认为,审美的开始是由于审美对象的某些形式或性质引起了审美主体的快感。也就是说,在审美过程的第一阶段,"按照人类内心结构的原来条件,某些形式或性质应该能引起快感"②。在休谟看来,接着快感又引起主体对对象做出美的评价,快感成为人心判断对象是否为美的依据。那么,在审美过程的第二阶段,"这种情感就决定人心在对象上贴上'美'或'丑'"③。在休谟的审美情感理论里,快感是审美过程的中介,即休谟认为是客体的某些属性激发了主体的快感,可能是形式属性,可能是性质属性,而这种快感又导致人们对客体做出美的判断。然而伯克却认为感官是审美的中介,他提出"美大半是物体的一种性质:通过感官的中介,在人心上机械地起作用"④。笔者虽然不同意伯克心灵机械论的说法,但赞同他提出的美是来源于物体的一种性质,并能够被主体所接收,先通过感官,最后作用于心灵的说法。我们从现代神经科学的角度看,审美主体通过眼睛、耳朵等感官,把客体的相关信息输入大脑,大脑进行初步的感知,然后对感知到的信息进行分析,再作用于心灵。伯克把美区别于感官享乐,而把美与心灵相联系,美一定要作用于心灵,使心灵获得充实、丰盈和愉悦。这样伯克不仅认同了审美中感官的认识作用,还把对于美的追求推到了更高的心灵层面。然而对于审美是如何从感官到达心灵的,他还是没有说清楚。

　　与英国经验主义相反,大陆理性主义学者把理性看作一种区别于感觉的

---

① ［英］布洛克:《西方人文主义传统》,董乐山译,生活·读书·新知三联书店1998年版,第94页。

② 北京大学哲学系美学教研室编:《西方美学家论美和美感》,商务印书馆1980年版,第111页。

③ 北京大学哲学系美学教研室编:《西方美学家论美和美感》,商务印书馆1980年版,第109页。

④ 北京大学哲学系美学教研室编:《西方美学家论美和美感》,商务印书馆1980年版,第121页。

能力,理性高于感觉,并能据此把握事物的本质和普遍真理。笛卡尔将理性比作"自然之光",把理性看作一种天赋的思想能力,认为通过理性直觉可以引导心灵离开感觉,上升到理想思维的层面,理性演绎法是获得科学知识的途径。如斯宾诺莎把理性看作一种高级的认识能力。莱布尼茨(Gottfried Wihelm Leibniz)把审美限于感性活动,并对立于理性活动,认为审美是一种"混乱的认识"。沃尔夫作为莱布尼茨的忠实信徒,认为哲学是研究高级的理性认识,从而把感性认识排除在外,因为他认为感性认识是低级的。在美学思想方面,他提出美在于客观事物的完善和在主观方面产生的快感效果。沃尔夫的学生,鲍姆嘉通在继承理性主义者认为审美是一种感性认识的基础上,不满于理性主义者对感性认识的轻视,提出一门新学科来专门研究感性认识,认为感性认识也可以提供知识,通向真理。鲍姆嘉通的《美学》正是感性学的意思,他认为美学是研究感性知识的科学,美是感性认识的完善,而且感性认识也可以达到"真"。那么感性认识是什么,如何达到真? 鲍姆嘉通明确提出,感性认识是一种低级认识能力,是指"在严格的逻辑分辨界限以下的,表象的总和。"①在他看来,感性认识的表象能力,不仅是感性的杂多的获取能力,还是一种类似理性的思维能力,所以可以"达到真"。"在美的思维的领域里,第三个任务就是达到真,达到审美的真实性,也就是凭感性就能认识到的真。"②鲍姆嘉通发展了莱布尼茨的思想,认为审美的感性认识是"混乱的但是明晰的"③。美的思维,是指通过感性认识也可以达到真,这和逻辑思维通过抽象认识来达到真的作用是一样的。"如果说逻辑思维努力达到对这些事物清晰的、理智的认识,那么,美的思维在自己的领域内也有着足够的事情做,它要通过感官和理性的类似物以细腻的感情去感受这些事物。"④鲍姆嘉通还把情感

---

① [德]鲍姆嘉通:《美学》,简明、王旭晓译,文化艺术出版社 1987 年版,第 18 页。
② [德]鲍姆嘉通:《美学》,简明、王旭晓译,文化艺术出版社 1987 年版,第 41 页。
③ [德]鲍姆嘉通:《美学》,简明、王旭晓译,文化艺术出版社 1987 年版,第 143 页。
④ [德]鲍姆嘉通:《美学》,简明、王旭晓译,文化艺术出版社 1987 年版,第 43 页。

也包括在感性之中,认为感情也是感性的,"对本身的现在的变化的观念是情感;因此,它们是感性的"①。总之,鲍姆嘉通的感性认识是指通过感性的杂多的获取能力,包括感觉、想象力、洞察力、记忆、创造力、预见力、判断力、特征描述等,达到表象的总和,具有类理性能力。审美思维是一种感性认识,可以通过感官、类理性和感情来进行审美。

三、十八世纪末到二十世纪初

从上面可以看出,哲学家、美学家既认为审美中有感性因素,又有理性因素。对于两者关系,有的认为是并列的,有的认为是对立的,两者在逻辑上还有一个很大的鸿沟需要跨越。对于启蒙以来感性与理性的二律背反,康德有着敏锐的发现,他对根植于启蒙文艺中的审美现代性进行系统的理论构想,用反思判断力来弥合感性和理性的紧张对抗关系,化解了危机。这一反思判断力就是审美能力,它具有艺术自律性,虽然表现为感性的,却又遵从理性,蕴含着理性,虽无功利性、无目的性,却又是合目的性的。

康德为了阐明审美如何从感性发展到理性,他用知性(verstand)取代"类理性"概念来连接感性与理性。康德清晰界定了感性和知性:"我们若是愿意把我们的内心在以某种方式受到刺激时感受表象的这种接受性叫作感性的话,那么反过来,那种自己产生表象的能力,或者说认识的自发性,就是知性。我们的本性导致了,直观永远只能是感性的。……相反,对感性直观对象进行思维的能力就是知性。"②康德还阐明了审美从感性到知性、理性的过程,"借助于感性,对象被给予我们,且只有感性才给我们提供出直观;但这些直观通过知性而被思维,从而知性产生出概念。"③康德在三大批判中还提出"智性的"(intelektuell),是指通过知性得来的认识,康德使之具有了"知性的""心灵

---

① 〔德〕鲍姆嘉通:《美学》,简明、王旭晓译,文化艺术出版社1987年版,第143页。
② 〔德〕康德:《纯粹理性批判》,邓晓芒译,人民出版社2004年版,第52页。
③ 〔德〕康德:《纯粹理性批判》,邓晓芒译,人民出版社2004年版,第25页。

性的""创造性的"三重内涵,因此"智性"包含了知性、理性、心灵、想象力和创
造性等诸多因素。

　　此外,与鲍姆嘉通把情感视为一种感性认识不同的是,康德的审美情感理
论愈加显得成熟,他明确把情感与认识相提并论,并把情感与审美活动直接联
系起来。康德在《判断力批判》卷首就开宗明义地说道:"为了分辨某物是美
的还是不美的,我们不是把表象通过知性联系着客体来认识,而是通过想象力
(也许是与知性结合着的)而与主体及其愉快或不愉快的情感相联系"①。可
贵的是,康德并不认为审美仅仅是通过知性来认识客体,形成表象。康德提出
了对客体的知性认识以及对客体的想象力在审美中的中介作用。也就是说,
康德提出了审美过程中想象力和知性结合后,共同与情感相联系,在审美中发
挥重要的中介作用。与鲍姆嘉通不同的是,康德不仅把认识与情感进行区分,
而且强调审美中高级认知的作用,同时还指出这些低级认识、高级认知与情感
有着紧密联系。康德严谨缜密地提出,审美是通过想象力、联想这一高级认知
中介,并可能与对客体相关的知性结合,最后形成了一种美或不美的判断,伴
随着美的判断,人们还产生了愉悦的情感。可见康德强调审美是与情感特别
是愉悦情感紧密联系的。

　　康德之后,一方面许多美学家更加认同美感与情感的关系。"从心理学
角度看问题的风靡一时的费肖尔和立普斯的移情说,更是于认识之外研究情
感在欣赏艺术和自然中所发生的作用。"②这些美学家非常重视情感在审美中
的作用,甚至把情感视为"审美活动的源动力"③,这反而忽视了奥古斯丁、休
谟、康德等人在思考审美中的情感作用和情感特质时,仍然客观地指出对客体
的外部认识(比如感官感觉、低级感性认识、客体知性)和内部认知(想象力、
判断)在审美中的参与和渗透。

---

① 　[德]康德:《判断力批判》,邓晓芒译,人民出版社 2017 年版,第 29 页。
② 　朱光潜:《西方美学史》,人民文学出版社 2001 年版,第 6 页。
③ 　刘旭光:《审美能力的构成》,《文学评论》2019 年第 5 期。

另一方面,哲学美学家们继续把美提升到人类理智和精神层面,达到一种形而上的高度,更加注重审美教育对心灵的引领功用。谢林提出美感直观可以是理智的,"美感直观正是业已变得客观的理智直观"。黑格尔提出美是感性和理性的高度融合,"美是理念的感性显现"①。席勒高度重视审美教育功能,"若要把感性的人变成理性的人,唯一的路径是先使他成为审美的人"②。叔本华认为,审美是纯粹心灵的自由之境,审美可以把人的心灵从物质世界中解放出来。所以至此,审美的现代性被赋予了解放人的心灵,令人完善,摆脱世俗,净化灵魂等精神层面的意义。这种审美理念在 20 世纪传播到中国,甚至演化到蔡元培提出"以美育代宗教"的程度,把美上升到一种可以提升人类灵魂境界的精神信仰。

四、二十世纪至今

随着现代化的进程,启蒙现代性中的理性精神虽然带来了科技发展和社会进步,但工具理性也带来理性禁锢和人的异化等问题。这时感性的审美现代性成为对抗与批判理性的启蒙现代性的重要武器,因此审美中的理性因素以及精神境界、灵性方面遭到了削弱,而感性的因素被放大和增强。启蒙现代性中人的自主和解放的需求在审美现代性中逐步被转化为感官感觉的体验乃至肆意释放。一些美学家开始把审美慢慢拉下人类精神提升的圣坛。尼采把美打回到人类最初的感觉欲望中,注重审美生理化、快感化。本雅明等敏锐观察到机械复制时代的来临破坏了美的灵韵。梅洛-庞蒂强调感知觉在认识中的本源地位。马尔库塞等提出新感性,强调感性自由,此举虽然解放了感性,但也使感官欲望以审美之名成为摧毁美感的洪水猛兽,冲击着审美的精神层面。当代美学家德勒兹倡导感觉美学,提出人的创造力不是源于人类精神的

---

① ［德］谢林:《先验唯心论体系》,梁志学、石泉译,商务印书馆 1983 年版,第 273 页。
② 北京大学哲学系美学教研室编:《西方美学家论美和美感》,商务印书馆 1980 年版,第 181 页。

凝思或理性的逻辑,而是主要取决于人的身体感受。艺术是感觉的组合体,无论绘画、雕像还是写作都离不开感觉。"感觉,就是被画出的东西。在画中被画出的东西,是身体,并非作为客体而被再现的身体,而是作为感受到如此感觉而被体验的身体。"①随着消费主义热潮的涌进,这时的审美愈来愈失去美的含义,鲍德里亚干脆提出消费社会中的"泛审美",韦尔施提出"日常生活审美化",舒斯特曼等提出"身体美学",美的感性层面被发挥到了极致,各种感官享乐和"肉身化的审美"——这些在古典美学中被摒弃的元素,又重新被纳入审美中,并被赋予了重要的地位。

可见,从美学史的角度来看,美学家们纷纷把审美过程与认知、情感联系起来,只是侧重点各有不同,有的认为审美是一个认识过程,甚至是感性认识的过程,有的认为审美是情感推动的过程。朱光潜强调审美客体和审美主体的情感交融,李泽厚更是提出审美的"情本体"理论。蔡仪是从认识论美学的视角,认为美的认识不仅包括感性认识,还应该有理性认识,他在侧重于认识的基础上,提出审美是认识和感情的融合,还提出审美能够给人带来智性的愉悦。蔡仪的这一美学思想对我们商讨审美过程中的感性、理性与情感关系,具有一定的启发意义。

第二节　审美智性愉悦的脑机制解读

由于哲学思辨方法的局限,对于美学基本问题的研究进入瓶颈阶段。20世纪末期,脑科学和实验美学的发展带来了美学研究方法的突破,人们开始探索审美的大脑神经机制,针对一些审美基本问题,开始从脑影像实验的数据角度对原先的美学基本问题进行回应和分析。

---

① ［法］吉尔·德勒兹:《弗兰西斯·培根——感觉的逻辑》,董强译,广西师范大学出版社2007年版,第43页。

一、神经美学中认知和情感机制的关系

对于审美过程中的认知和情感成分的作用和关系,神经美学家们也纷纷作出回应。与多数哲学美学家们偏重于审美与情感的联系不同,神经美学家们早期更强调认知与审美的关系,比较认同认知在审美过程中起着主要作用。比如"神经美学之父"泽基认为"人们是通过认知来欣赏这个世界,并通过认知来达到审美满意",艺术审美活动是"在一个不断变化的世界中对于本质知识的追寻"[1]。再如侯夫和雅各布森从认知的角度提出审美过程是包括从对客体的感知觉加工,到思考审美价值、回忆以前的知识和决定审美判断,最后是行为的审美表达的三个阶段。[2] 甚至有学者指出一些纯粹认知模式也可以引发审美体验。[3] 这在神经美学家们看来,至少有证据显示,审美现象可以不涉及情感来解释,情感参与可能不是审美体验中的一个必要前提。

后来,在进一步的研究中,神经美学家们逐步承认情感在审美中的作用,但仍偏重认知。有的学者,如查特杰认为审美过程中,开始是进行认知,然后基于认识的影响,生发了情感[4];也有的学者,如莱德等,早期也认为审美认知过程中始终伴随着主体的情感,但这情感的变化一直是受到认知的影响[5]。

近年来大量脑科学实验发现大脑中情感和认知机制之间是相互作用和影

① Semir Zeki, *A Vision of the Brain*, Oxford: Blackwell Scientific Publications, 1993, p.12.

② Lea Höfel & Thomas Jacobsen, "Electrophysiological Indices of Processing Symmetry and Aesthetics: A Result of Judgment Categorization or Judgment Report?", *Journal of Psychophysiology*, Vol.21, No.1 (July 2007), pp.9-21.

③ C.Martindale, "How Does the Brain Compute Aesthetic Experience?", *The General Psychologist*, Vol.36 (2001), pp.25-35.

④ Anjan Chatterjee, "Neuroaesthetics: A Coming of Age Story", *Journal of Cognitive Neuroscience*, Vol.23, No.1 (February 2011), pp.53-62.

⑤ Hemut Leder, Benno Belke, Andries Oeberst & Dorothee Augustin, "A Model of Aesthetic Appreciation and Aesthetic Judgments", *British Journal of Psychology*, Vol.95, No.4 (November 2004), pp.489-508.

响的,如认知可以引导情感,而情感也会影响判断①。因此,目前大部分神经美学家都认为审美中认知和情感起着同等重要作用,如莱德和纳达尔后来调整之前观点,提出审美体验过程中"认知和情感之间的相互作用"②,但是关于审美过程中的认知和情感机制之间是如何相互作用的,即两者如何关联起来共同促发审美体验的,还需要系统的深入研究。

大脑审美神经机制有自下而上和自上而下两条路线。从审美活动的脑机制内部,我们看到感性和理性并不决然对立,感性认识能够自下而上地影响我们对该事物的初步基本感情,但是理性认知、理智依然能够自上而下地调控情感和奖赏系统,并决定是否产生审美愉悦情感。

二、神经美学角度看智性愉悦的内涵

从神经美学角度来看智性愉悦的内涵在于:虽然有感知觉的感性输入,但不论这些感性信息产生的是快适感还是不快感,或者是积极情感还是消极情感,最后是否达到审美愉悦,还是由自上而下的意义来调控确立的。如一些伤感音乐、悲剧作品最初激发的是消极情感,最后由于认知的调控,仍然能够产生愉悦的审美情感。韦塞尔等的神经美学实验发现,人脑在进行审美体验时,不仅有关感官感知的初级感觉皮层激活,而且有关推理、判断、反思和记忆、想象、共情的皮层更为活跃,随着审美评级上升,前者即感性方面是呈线性增长,而体验最动人的美时,理性和知性方面呈飞跃式激增。③ 在当下的环境中,我们关于审美智性愉悦的理解和证实,希望可以对消费主义甚嚣的感官愉悦的

---

① 罗跃嘉、吴婷婷、古若雷:《情绪与认知的脑机制研究进展》,《中国科学院院刊》2012 年第 1 期。

② Helmut Leder & Marcos Nadal, "Ten Years of a Model of Aesthetic Appreciation and Aesthetic Judgments:The Aesthetic Episode Developments and Challenges in Empirical Aesthetics", *British Journal of Psychology*, Vol.105, No.4(November 2014), pp.443-464.

③ Edward Vessel, G.Gabrielle Starr & Nava Rubin, "The Brain on Art:Intense Aesthetic Experience Activates the Default Mode Network", *Frontiers in Human Neuroscience*, Vol.6, No.66(April 2012), pp.1-17.

审美态度,起到一定的校正作用。

近年来的脑科学研究成果显示,人脑中感官快乐激活的脑区,与审美愉悦体验的脑区,虽然有一定的联系,但是两个不同位置的脑区,它们的功能也不尽相同。"伏核虽然被认为是直接产生快乐的地方,但前额叶等更高级的区域才是对快乐进行认知加工,产生更高级的情感,并进行调控的地方。"①大脑的快乐中心伏(隔)核,在面对所有感官快适的事物时,产生激活反应,而审美体验时,在最初激活了快感区伏(隔)核后,经过记忆、联想和想象等逻辑推理和情感共情之后,激活的是内侧眶额叶/腹内侧前额叶皮层,这一脑区是人脑的高级认知加工和决策区以及奖赏脑区,不仅受到大脑一般智力脑区,即一般逻辑推理脑区背外侧前额叶的调节,而且这一脑区也是属于社会心智系统的一个重要脑区,即社会智力的逻辑推理脑区。这两个推理判断功能的脑区在审美体验中都能够调节腹内侧前额叶,从而激活奖赏回路,释放出快乐、愉快的感觉。

我们先来了解一下审美过程中进行感知觉加工的脑区。按照人脑审美过程的认知加工顺序,首先是进行初步的感知加工,各种视觉、听觉等(嗅觉除外)信息传输到丘脑,丘脑对各种感觉信息粗略分析和综合,再投射传输到大脑的各感觉专化区。大脑的视觉专化区是枕叶皮层,包括专门进行颜色、形状、面孔等信息加工的区域。大脑的听觉专化区是颞叶皮层。丘脑在信息加工过程中,是可以和大脑快乐中心伏(隔)核直接联系的,所以我们会直接产生感官刺激带来的悦目悦耳的快感。

然后,这些感觉信息会输送到一般智力脑区,如汇集到前额叶,尤其是背外侧前额叶,进行跨感觉加工或者说是知觉整合,同时背外侧前额叶也是工作记忆系统,即一般智力推理脑区,它还是判断决策脑区。这些知觉认识,同时也激活了内颞叶等记忆系统,产生联想和想象,并激活语义加工脑区,共同进

---

① 邓丽俐、汤永隆:《快乐的脑机制研究》,《保健医学研究与实践》2009年第4期。

行意义加工。这些都属于一般智力加工系统或者说一般逻辑推理脑区以及记忆脑区和语义加工脑区。

最后，如果该事物具备最为打动人心的美，还会高度激活审美共情脑区以及自我反思和社会推理的脑区，进入审美体验的沉浸状态，神与物游，将激发深度审美愉悦情感。这种深度审美体验越是在最动人的文艺作品中，越是能获得直达心灵的深刻审美愉悦体验，欣赏者仿佛身临其境。这是因为美的级别越高的文艺作品，因其形象真实的刻画，更是激活了我们镜像神经元系统等，即通过意象直观推理产生共情的脑区，出现情感共鸣或移情现象。而镜像神经元系统又是和默认网络这一社会心智系统相连，让我们更容易激活默认网络即审美的社会智性及自我反思脑区，沉浸在社会、他人观照和自我反思的认知和情感体验之中，在作品和欣赏者、创造者之间达到社会性的连接，使欣赏者能够理解和解读创作者所要表达的思想，发掘作品所赋予的更多社会和个人的意义。人脑是在社会心智系统中完成他人观照的自我反思，即在人脑默认系统中进行他人和自我的综合认知和情感反应。正是这些审美形象的逻辑推理以及社会意义的赋予，最后激活了情感—奖赏系统中的腹内侧前额叶/内侧眶额叶皮层，带来情感愉悦的高峰体验。可见，文艺作品也是人类或者社会个体之间相互联结的情感和价值认同的中介纽带。为什么我们需要美的文艺作品，喜欢所有美的事物，不仅在于我们需要欣赏已有的美好事物，还会创造未来的美好事物，体现了我们人类对美好生活的共同愿望和理想以及价值认同。

从人类进化的角度来看，最初个体和群体生存需要满足食物和繁衍的基本需求，那么这时人脑对于更有利于生存繁衍的事物，会给予更多的奖赏机制，激发多巴胺等快乐神经递质的释放，产生更愉悦的反应，从而把这些客体对象识别为美食、美味和美人。"从进化的角度来看，外表的吸引力，包括面容的美丽，可能是生育能力、基因质量和健康的信号"①。（再如丰乳肥臀的女

---

① Anjan Chatterjee & Oshin Vartanian, "Neuroscience of Aesthetics", *Annals of the New York Academy of Sciences*, Vol.1369, No.1(April 2016), p.13035.

性身材在需要自然生产和养育的历史条件中,臀大可能意味着更容易生产,丰满的乳房可能给孩子更多乳汁)。脑科学实验中,表明漂亮面孔直接刺激大脑的面孔处理区梭状回和快乐中心腹侧纹状体/伏隔核,获得快感。随着生存得到满足,同时人类在群体生活中越来越社会化,那么审美活动在保留原有的生存需要后,就变得更加有超越性,也越来越追求社会化的功能,审美就会更具有社会性。审美的感官化取向,虽然伴随着日常生活审美化和身体美学有所加剧,但这也是人类审美发展长河中最初的生命源头,所以会一直伴随着人类审美的发展。一方面,这是对人类进化过程中生存审美的致敬,是一种审美的峰值效应;另一方面也是人类追求感性享受和理性愉悦的博弈,正如日常生活审美化,本来是要把生活提升到审美的境界,结果却是把审美拉回到日常中,身体美学也是一样,本来是要把感官的感受上升到精神审美的层面,结果却是审美被回归到身体感性欲望之中。人类情感系统的进化,从生存和进化角度对有价值事物的情感评估判断,发展到超越实际的生存价值,对具有满足社会需要的事物的情感评估,仍保留对具有生存价值事物的直觉喜悦的情感反应。审美体验是一种愉悦的感受,它是一种心灵的愉悦,不仅是快感,更是很多智性因素对快感的提升。

蔡仪认为美感是一种智性愉悦,虽然有些感知觉的输入直接可以产生快适感,但是他认为智性认识可以进一步把这种快适感提升到审美愉悦感。在这里,意义的赋予对于审美情感具有重要贡献。其实,很多悲剧作品显示,即使最初没有产生快适感,甚至产生的是恐惧、痛苦感,如果能够形成丰富的意义,并且意识是正确的,意义得到正向解读,如崇高,仍然会产生审美愉悦感。如果最初由感官认识产生了快适感,但是不能进一步赋予正向的意义价值,还是不会产生由高级认知系统控制调节的审美愉悦感。审美过程中,从感觉出发是从下而上的加工,意义的调节是从上而下的加工,具有重要审美价值的事物会高度激活这两条大脑加工线路,共同汇集形成全面的综合信息(有时体现为一种完满的审美意象),从而高度激活大脑的社会心智系统和共情脑区,进行理性的社会观照和自我反思,产生深度愉悦的审美体验。也就是说,我们在审美认知过程中,一方面进行自下而上的加工路径,对客体进行感知觉的认识,提取和综合审美客体的属性特质,形成物体之象;另一方面进行自上而下的加工路径,依据审美主体自身的个人经历、文化背景、语义知识等,通过记忆、逻辑推理、判断等进行意义解读,对原先的物象信息进行调节或认知校准,进一步打造心中之象。与此同时,大脑的情感—奖赏系统也被激活,通过镜像神经元系统中情感脑区的激活产生悲伤或喜悦的共情。这几个系统的信息共同汇合到前额叶皮层的默认网络,即社会心智系统,再进行全信息整合,在社会认知和价值观的框架下融入自我反思的认知和情感,进行心象再造,完成审美意象的再创造,这时会激活大脑中体现高级认知带来奖赏的内侧眶额叶皮层/腹内侧前额叶皮层,释放多巴胺,带来审美愉悦体验。

第三节　重构智性愉悦的审美现代性

审美现代性和启蒙现代性可以看作是现代性的一体两面:一方面它们共同确立人的主体性地位,追求人的自主性;另一方面审美现代性是以感性来反思和批判启蒙现代性带来的工具理性、人的异化、技术控制等问题。

一、智性是感性和理性的连接

审美现代性本以深化感性为着力点,来反思理性的启蒙现代性,这本来可以牵制理性的过度或越界,以感性来包容和中和理性,然而结果却越演越烈,甚至一度发展到以孤立的感性甚至欲望来期冀获得真理。这在赋予感性以至高位置的同时,丧失了理智的陪伴,失去审美现代性建立的初衷:以丰富的人性化的具有生活气息的感性来融合概念化工具化的理性。追求没有理智的感性,只能让人重新退回到古希腊时期就被批评的如动物本能般只追求欲望快感从而逐渐丧失憧憬人类美好未来的理念建构。

　　可以肯定地说,尊重人自身的感觉体验,对于确立人的主体性是必不可少的。而且审美过程中感性确实发挥着重要的作用,自主性、反思性起源于人的自我体验和社会感知。主体的审美过程起于感觉,并由此形成快感或不快感,形成基本的核心感情。对于文艺作品来说,感官体验带来的艺术形象性是必不可少的要素,欣赏者首先是从感官的感觉体验来理解艺术世界,创作者也是把创作理念落脚于感官体验,感性体验是审美有别于哲学、科学、宗教等的自身特质。

　　然而,孤立的感性加工,不能形成审美体验,审美体验必然涉及推理、判断、想象、联想、情感和意义解读,自我和社会认知、反思等。艺术创造是从心中理念到外在形象书写表达,审美欣赏是从外在形象感知到最后理念的捕获,审美体验中感性与理性因素都是不可或缺的。审美过程是一个复杂而多层累叠的加工模式,既有从感觉到快感,从感官信息输入进入丘脑筛选初步加工,再到伏(隔)核奖赏回路的自下而上的线路,同时也有理性调控情感,从大脑高级认知皮层再到腹内侧前额叶感情评估脑区,并调节奖赏通路的自上而下的加工路线。在大脑高级认知加工脑区中,有涉及记忆加工和联想、想象的内颞叶区,有一般推理判断的的背外侧前额叶脑区,有镜像神经元系统的直观认知脑区,也有涉及自我和社会关系的认知、情感和反思的默认系统脑区,有涉及情感、共情的边缘系统,以及和兴奋、愉悦相关的多巴胺奖赏回路等。

　　科学家们研究发现人脑镜像神经元系统可以进行具身化的直观认知,凭直觉理解他人的行为及动机。镜像神经元系统在灵长类动物大脑中都存在,而默认网络的心智解读系统只有人类才有,是独属于人类的心灵、意识层面的脑区。心智系统在解读他人的意图时,是采用复杂的社会性的推理判断,并且用社会心理视角来反思自我的情感和认知。镜像神经元系统凭直观、直觉来理解事情是心智解读系统的重要前提,特点是反应快,是一种粗略的认知,然后心智系统进行更为复杂但更精确的逻辑推理和判断。韦塞尔的实验数据表明,审美深度体验往往是更强烈地激活了默认网络的心智系统及其相连系统。

镜像神经元系统和默认网络相连,引发共情和社会推理,具备认识自我和他人的心理、情感状态以及行动意图的能力,同时这两个脑区又和记忆系统、情感边缘系统及奖赏系统相连,它们共同对自我认知和情感进行多重整合,产生高峰的审美愉悦体验。

这些脑区之间都有相连通路,它们在信息交汇和相互影响方面有着复杂的处理系统。目前所知的是感觉信息能够刺激快感产生,奖赏系统能够影响认知和行为,同时理性判断的脑区也能够调节情感奖赏系统。这些脑区在审美深度体验时都被高度激活,在想象、联想、推理、判断及自我和社会关联的深度反思中,有助于欣赏者在大脑对依据物体感觉分析而来的心中之象进行"知情意"的处理,融合感性与理性、认知与情感、自我与社会,进行自主与反思的再加工,再造完满的审美意象。

我们可以用"智性"来把感性和理性相连,因为智性的对象是感性的世界,智性的旨意是理性的获取。重建智性愉悦的审美现代性,既要重视人自身的感觉体验,追求给人带来身心愉悦的美,也要关照人类美好的理想未来建构。

审美现代性相对于启蒙现代性更具有反思性和超越性,但这种反思和批判正是现代理性精神把自我当作审视对象进行批判的,因此也是启蒙理性的自主性的体现和张扬,也是现代性本身所具有的内涵。现代主义提倡用审美感性、新感性来对抗理性精神。

审美现代性本身这种反思和批判更是一种关联和融合感性和理性的智性精神,所以审美现代性的内涵还应该是理性与感性的结合,现代主义和后现代主义用感性甚至感官欲望代替心灵审美,抽去理性精神,反对现代性,走上非理性的极端,实际是事与愿违。因为原本用审美感性来给社会理性进行纠偏,这本身就蕴含一种理性思维,就此来说,其实审美现代性的反理性本质上还是用理性思维来反对理性,虽然其外在显示为感性形态。如在绘画领域,艺术家们用打破传统绘画的形式来体现现代社会的时空剧变以及深刻的社会批判。

毕加索立体主义倾向的绘画《亚威农少女》，把传统绘画中的空间秩序和结构排列都被打破，五个人物不同侧面的部位都聚合在一个平面中，形体扭曲变形，色彩夸张而怪诞。画作在给人很强的感官视觉冲击力的背后，还通过描绘巴塞罗那亚威农街的妓女形象，体现了生命、性欲、本能、死亡等旨意。再如，蒙德里安的代表作多为平行线和垂直线交叉形成的仅有黄红蓝三色的方块，其抽象主义绘画本身是蕴含着追求一种身处光怪陆离、万象丛生的现代社会并与其抗争的极简主义思想。

虽然我们看到现代主义是反对、批判现代理性，但其实批判本身就是一种现代理性精神，所以我们在欣赏和看待这些现代主义、后现代主义文艺作品时，不仅要看到这些反传统的艺术表现形式，更要看到它背后所蕴含的批判性内涵。那么从这个角度来看审美现代性的本质还是一种理性批判精神，一种现代性；但是从另一个角度来看，这种审美现代性又是扩大和推崇感性、新感性、甚至一种感官欲望，而达到一种泛审美、超审美化的程度，甚至把传统上艺术与生活的界限都打破，给美祛魅，最后只能丢失了美的追求，失去美本身追求人生、社会美好事物的理想境界，彻底打碎或抛弃了审美作品中包含的理性层面的东西，堕落到反理性纯欲望甚至纯生理的地步。

当代社会是非常复杂、相互裹挟的社会形态，如现代与前现代、后现代共存。在文化价值方面正如吴子林所说，现代主义追寻生活的意义，主张深度模式，表现出人文的关怀，后现代主义则止步于感官的瞬间刺激与满足，平面化、无深度地制造、复制文学产品，因此童庆炳先生早在20个世纪90年代就对中国审美文化走向"意义消解"表示了极大的隐忧，指出"精神的失落""人的失落"只能导致媚俗、无聊文化的产生。①

尤其是当前消费主义至上的思想潮流带来的物欲横流，把审美的理性因素抹去，以美的名义来追求感官刺激和享乐。刘旭光认为，官能刺激、欲望满

①　吴子林：《中国现代性困境的理性沉思——童庆炳文艺思想新解》，《当代文坛》2020年第1期。

足、感性快适都以各种各样的理由被置入'审美'之中,精神被还原为肉体的一种状态,生命被理解为诸种本能活动,现实的功利主义原则取代了形而上学的超越性维度,人类精神的独立性、自由与非功利性被一种建立在物质满足之上的幸福与快适所取代,这从根本上挖掉了近代,或者说自柏拉图以来的人类审美精神的根基。①

二、审美现代性中智性愉悦的展望

面对当代日常生活中出现人的异化、物化的现象,审美现代性应该也是一种以感性为依托的理性批判和反思,要以超越和融合感性、理性的审美智性精神展望未来。

每个时代的审美价值观及审美趣味,必然反映时代的政治、经济、文化等各种因素的推动,反映它们在背后的诉求。消费主义美学提倡物质消费和感官娱乐,一方面确实可以改善和提高大众的生活水准,丰富精神生活,刺激各类感官,为大众在紧张劳动之后提供一种片刻的放松或欢乐,这正是社会进步、大众生活富足的表现。

但切记,人类文明的推动,从来不是靠消费,不是靠感官的满足。人类文明的原动力,不是靠吃喝玩乐的享受乐趣。人类文明的价值应是对人类未来的想象和创造,探索人类未知的领域,解决人类的未解问题。审美思维的价值正是对于人类美好未来的想象。对于未来人类前景的想象与引领,一种从旧的土壤中来,又能够创造未来人类的生存和生活方式的想象,正是审美的终极意义,更是与人类审美自身目的相契合的。

审美就是一个融合旧的记忆表象、概念,充分发扬人的自由想象力和创造力,用无目的性的方式,来创造出新的合目的性、规律性的审美意象,达到身心自由愉悦的通透生命体验。

---

① 刘旭光:《"审美"的历程:"审美"的重建》,《学术月刊》2016 年第 1 期。

最能培养创造力的领域之一,是人类的审美领域。最能体现追求人的崇高、美好品格的领域之一,是人类的审美领域。最能有益于人的身心健康、精神愉悦的领域之一,是人类的审美领域。

审美的背后,必然有理性的内容或观念的支撑,即使是反理性主义的美学,其审美观念背后也是有着社会观念的诉求,所以审美的形式、质料必然与某种内在的社会、文化意义相关联。

从视听觉的感官刺激中可以形成心中的意象,并产生美感。正因为审美是智性的,所以审美不是停留在感官刺激中,而是更进一步地把感官刺激信息与意义附加相结合,把个人与社会认知相连,并在情感的充盈中,赋予其个人或社会价值。所以一些味觉、嗅觉、触觉的刺激信息,也可以与大脑中记忆系统、意义系统相连接,也能产生审美意象。例如,品尝一道家乡菜,一碗兰州拉面,让品尝之人想起了家乡的场景或母亲在厨房忙碌的身影,那么思家的乡愁情绪会包含其中,萦绕于心。

审美的怯魅,不仅要去权力意志化,还要去资本商品化。审美是几千年来乃至几万年来,人类对现实中有利于自身生存与发展的美好事物的筛选与肯定,更是对人类未来的真诚向往,以及对美好的想象和创造。比如,在人类艺术进化史上,早在十几万年前的尼安德人就开始创造美好事物。正是审美创造力给人类带来了自身的发展,并指向未来的意义。

审美是人类高等智慧的结晶,是对人类未来的想象和创造。也就是说,审美是人类这一高等智慧生物在进化中对于未来的设计和展望,在创造审美世界的同时,也因为促发了人类大脑自身的进化和发育,包括人类大脑的想象力、创造力、创新力,以及思维和思想的自由发展,从而推动了人类自身越来越有智慧,同时也推动社会的美好发展。总之,从人类自身及社会的发展来看,审美的追求,都应该是和人类的美好生活和未来理想紧密联系的,所以我们必须重视审美的教育作用,重构审美智性愉悦的维度。

第十章　审美创作的脑机制研究

在实践运用上,审美脑机制研究的发展可能会对艺术教育、文艺创作、媒介投放、审美机器人的制造等方面产生重要影响,这里我们重点研究和探讨与艺术欣赏密切相关的艺术创作在艺术创造力、镜像艺术模型等方面,神经美学对艺术生产的基本影响和实践助力。

当人类神经影像学研究处于早期阶段时,提供的神经影像数据主要是关于我们理解审美欣赏的神经基础,我们在前面部分已对审美和艺术欣赏的神经生物学基础进行了相当详细的研究梳理。近年来科技的进步已经可以从脑部扫描仪中获取部分艺术生产过程中神经系统的数据,这些神经系统构成了审美生产的基础。这里将重点探讨审美产品生成过程中创意方面的神经基础研究,比如音乐、写作和绘画领域的创造性生产的神经美学研究。从文艺理论角度,我们一般认为文艺创造性生产是与现实生活紧密相连的,且与外部的社会物质发展具有不平衡性,也认同文艺生产是艺术家的个人创造,但对于文艺创作者是如何对外部现实世界进行大脑加工从而创造出文艺作品的,即大脑的文艺创造性生产的神经机制究竟是怎样的,目前还处于科学探索阶段。依据当前神经美学实验的成果,这里介绍和阐述文艺创造性生产的大脑神经机制研究。

第一节　创造力及文艺审美创作的理论模型

20世纪的一个最有影响的创造力理论假说是坎贝尔（Donald T. Campbell）的模型，即盲目变异和选择性保留（blind variation and selective retention，简称BVSR）的理论模型。这一模型涉及两个环节，即"生成"和"评估"。① 在创造力生产理论中，坎贝尔认为"生成"和"评估"这两个环节有时是循环发生的。

一、创造性的生成和评估

创造力生产的第一环节是创造性的"生成"，坎贝尔认为其特征是"想法的盲目变异"，也就是说，创造过程的生成阶段并非目标明确，而是相当"盲目"的，很少受到规则支配的。在这一阶段，创造者会针对某一问题，在黑暗中盲目摸索，猜想或构想许多解决方案，其中大部分可能都不具备新颖性或适用性，在处处碰壁的思想探索中，偶尔灵光一闪，其思想的火花可能会指明出路。

虽然大多数人都同意创造过程的生成阶段最有可能出现各种新颖的想法组合，但是对于创新生成的过程是否具有盲目性，不同学者持不同观点。有的学者对此提出怀疑，乃至否定，比如西蒙顿（Dean K.Simonton）等学者对创新生成的随机性进行了质疑②，他们强调创造和发现不是盲目的，而是被洞察和指引的。还有的学者对随机性是认同的，比如庞加莱（Henri Poincaré）认为，人们会从存于意识的内容中展开随机搜索，以启动创造过程，而且这些内容融

---

① Donald T.Campbell，"Blind Variation and Selective Retention in Creative Thought as in Other Knowledge Processes"，*Psychological Review*，Vol.67，No.6（December 1960），pp.380-400.
② Dean K.Simonton，"Creativity and Discovery as Blind Variation and Selective Retention：Multiple-Variant Definition and Blind-Sighted Intergration"，*Psychology of Aesthetics，Creativity，and the Arts*，Vol.5，No.3（August 2011），pp.222-228.

合了先前无关的想法、概念,形成了新关联的想法。①

坎贝尔的创造力理论假说的第二环节是创造性的"评估",通过对第一环节生成的新思想的分析,以及规则支配的评估,进一步对新想法进行选择性保留和删改。在第二阶段,创造者根据已有的可用的创意思想,选择最佳创意,并做出改进,选择性的保留的新思想不仅是新奇的,也是有用的。所以坎贝尔认为,新奇和有用是大多数人能够共同接受的创造性生产的特征。

二、创造力理论的拓展

坎贝尔的创造力理论在问世后的半个多世纪影响了很多学者,他们对创造力理论进行了拓展研究。比如西蒙顿提出,专业领域知识、思想的随机性、类比对等,以及兴趣、好奇心、干劲、精力和决心等个人能力都在创造力的盲目变异和选择性保留中起着重要作用。再如戈尔在《思想的草图》(*Sketches of Thought*)一书中,把创造性的生产描绘为思想的草图,以及这些思想的评估和精炼。② 这些研究增强了坎贝尔创造力理论的有效性,也有力地解释了很多创造力生产的现象。当然,对于坎贝尔的理论模型,我们还需要从神经科学的角度对这两个步骤进行验证和阐释。

在文艺生产方面,福拉沃(Linda Flower)和海耶斯(John R.Hayes)提出创意写作的三阶段模型③,也有力地推进了坎贝尔创造力理论在文艺领域的运用。他们把写作过程分为三个阶段:"计划""转化"和"评价"。第一阶段"计划"涉及根据长期记忆内容产生新想法和新思想。"计划"阶段是与坎贝尔创造力理论模型中的"生成"阶段类似的。第二阶段"转化"涉及根据语言规则将这些新想法和新思想转化为文本的语言内容。福拉沃等的写作模型比坎贝

① Henri Poincaré, *The Foundation of Science*, Lancaster, PA: Science Press, 1913.

② Vinod Goel, *Sketches of Thought*, Cambridge, MA: MIT Press, 1995.

③ Linda Flower, John R.Hayes, "A Cognitive Process Theory of Writing", *College Composition and Communication*, Vol.32, No.4(January 1981), pp.365-387.

尔创造力模型多出这一环节,可能是因为坎贝尔的模型是针对所有的创造力,而每种创造力显然都会产生其自身领域特定的转化规则,那么创意写作领域会出现专门的从新思想到语言文本的转化环节。第三阶段"最终的评价"包括对书面文本进行评估,并可能会进行修改。"评价"阶段是与坎贝尔创造力理论模型中的"评估"阶段相类似的。

第二节　文艺审美创作的脑机制实验及分析

关于创造力生产理论中的"生成"与"评估"的神经基础,一些神经科学实验对此已展开研究,大量的神经心理学和神经影像学数据显示,创造力的神经基础在大脑中是广泛分布的。[①] 那么在文艺生产的各个具体领域,有关艺术创造力的大脑神经基础是怎样的呢?

一、文学创作的脑神经机制

关于创造性写作的神经基础研究,别赫捷列娃(Natalia P.Bekhtereva)等的实验结果显示,语言创造力是和两个半球的背侧和腹侧的前额叶皮层的激活相关联的。[②] 为了具体展开对文学创造性生产的脑神经机制研究,沙阿(Carolin Shah)等进行了一个功能核磁共振成像研究,通过脑扫描仪观察参与者进行创意写作的具体过程,这是文学创造性生产的神经基础研究领域中的一个重要实验。[③] 受试者是沙阿及其同事招募的28名从未接受过创意写作

①　Gil Gonen-Yaacovi, Gil Gonen-Yaacovi, Leonardo Cruz de Souza, Richard Levy, Marika Urbanski, Goulven Joss, "Rostral and Caudal Prefrontal Contribution to Creativity: A Meta-Analysis of Functional Imaging Data", *Frontier in Human Neuroscience*, Vol.7(August 2013), p.465.

②　Natalia P.Bekhtereva, et al, "Study of the Brain Organization of Creativity: Positron-Emission Tomography Data", *Human Physiology*, Vol.27, No.4(January 2001), pp.516–522.

③　Carolin Shah, Katharina Erhard, Hanns-Josef Ortheil, Evangelia Kaza & Christof Kessler, "Neural Correlates of Creative Writing: An fMRI Study", *Human Brain Mapping*, Vol.34, No.5(May 2013), pp.1088–1101.

培训的人。实验是由四个阶段组成：第一阶段是默读一篇文本；第二阶段是抄写所读文本的部分文字；第三阶段是头脑风暴，受试者思考如何续写阅读到的文章，但不得将思考的内容书写出来；第四阶段是创意写作，受试者根据阅读到的文字，不拘泥于"头脑风暴"阶段产生的想法，书写一篇原创的、内容恰当的后续文章，可以对写作成果进行修改。

文学写作的头脑风暴期间，激活的脑区在语言创造性的任务中产生新奇的概念和思想。该实验的脑神经影像结果显示，主要激活的脑区有：额下回（包括布洛卡区）、前脑岛、眶中回（middle orbital gyrus）、左侧前扣带回、额上回（superior frontal gyrus，简称 SFG）、内侧前额叶皮层、辅助运动区、背侧主要运动区（dorsal premotor cortex，简称 DPMC）、额中回、左背外侧前额叶皮层、左侧缘上回、左侧角回、左侧顶下小叶、内侧颞回、颞上回（包括韦尼克区）、左颞极、枕叶、左侧枕回、右侧前小脑和左侧后小脑和小脑蚓部。

从主要功能上看，头脑风暴期间激活的脑区，首先涉及语言生产和理解的大脑核心网络系统，代表性脑区有顶额颞网络，包括布洛卡区、韦尼克区、角回、额中回、左侧颞上回和颞极等。头脑风暴期间激活的布洛卡区是运动性言语中枢，即说话中枢，位于额下回后 1/3 处，该脑区能分析、综合与语言有关肌肉性刺激，主管语言信息的处理，以及话语的产生。头脑风暴期间还激活了韦尼克区。韦尼克区的一部分是听觉性语言中枢，位于颞上回后部，该脑区是与理解语义有关，也涉及语音和语法，能调整自己的语言和听取、理解别人的语言。韦尼克区的另一部分和位于其上方的角回，共同形成视觉性语言中枢，即阅读中枢，该脑区能够理解视觉语言。头脑风暴期间还激活了书写性语言中枢，即书写中枢，位于额中回的后部。此外头脑风暴期间还激活了颞极。根据凯西·普赖斯（Cathy J.Price）的研究，颞极对于语言和句子理解，以及语言的听觉加工和词前知觉都起着重要作用。[1] 帕特森（Karalyn Patterson）等认为左

---

[1] Cathy J. Price, "The Anatomy of Language: A Review of 100 fMRI Studies Published in 2009", *Annals of the New York Academy of Science*, Vol.1191, No.1(March 2010), pp.62–88.

颞极是大脑中的语义"中枢"。[①] 颞极同样在记忆加工中扮演了一个重要作用。头脑风暴期间激活的布洛卡区、韦尼克区、角回等,都对语言的产生、表达和接受有着重要的意义,共同形成语言加工系统,在各自特定功能的基础上彼此协同活动,共同执行着人类特有的语言功能。沙阿等推测这些大脑语言区在"头脑风暴"阶段的激活可能是为了被试者能够使用语言概念生成新颖和原创的想法,来形成故事,这是和灵活、发散的语言思维风格以及类似的语言流畅度有关联,都反映了大脑的认知、语言和创造性的功能。

头脑风暴阶段激活的区域,除了语言认知网络,还涉及大脑执行网络(executive network),包括左背外侧前额叶皮层和背侧前扣带回,这些是大脑执行功能网络中的关键区域,同时也是计划和认知控制的重要环节。头脑风暴期间,左背外侧前额叶和背侧前扣带回的激活,是与策划写一个故事的必要结构以及写作的更高等级的认知控制和想法萌生、酝酿和开始启动相关的,此外,还与受试者根据自身的写作标准来选择性地保留和润色生成过程中产生的结果相关。

头脑风暴阶段还涉及其他写作准备、视觉和想象加工的大脑功能。比如,实验观察到头脑风暴期间还激活了主要运动区,这是为手写的写作过程做准备。

总的来说,正如福拉沃和海耶斯提出的文学写作的三阶段模型的第一阶段就是"计划",沙阿等的神经实验证实,文学写作的"头脑风暴"期间提供了一个与"计划"加工明显相对应的大脑神经网络,这是与福拉沃和海耶斯的写作认知加工理论相吻合的。

在创意写作期间,该实验的神经影像数据显示,激活的主要脑区有:主要运动区、辅助运动区、感觉运动区(somatosensory areas)、前中回(precentral gy-

---

① Karalyn Patterson, Peter J. Nestor & Timothy T. Rogers, "Where Do You Know What You Know? The Representation of Semantic Knowledge in the Human Brain", *Nature Reviews Neuroscience*, Vol.12, No.8(December 2007), pp.976-987.

rus）、额上回、左侧中扣带回、额中回、额下回、后中回（postcentral gyrus）、顶上小叶、左侧颞上沟/回、颞下回、枕回、右侧后小脑、右侧前小脑、小脑蚓部、左侧丘脑。这些脑区主要涉及写作的执行，包括手写加工过程和认知写作加工过程，具体如下：

创意写作期间主要激活了手写加工过程涉及的运动关联区域，包括主要运动区、体感区、辅助运动区、左侧顶上叶和右侧前小脑等。这些写作执行相关脑区的激活，可以归因于在写作技巧的使用中实现运动机能，涉及写作的手写的运动执行。

创意写作期间还激活了认知写作加工过程中的脑区。这些脑区包括语言区、记忆区和视觉区，涉及语言加工、语义整合、工作记忆、情景记忆、记忆检索、自由联想和高级认知控制等功能。其一，与头脑风暴类似，创意写作阶段激活的额下回、左侧颞上回和颞上沟，也涉及相关的语言加工和言语创造力。在创意写作期间的语言创造力是与语言和语义整合有关，还与语义记忆、记忆检索等有关。其二，沙阿等进行创意写作阶段与抄写阶段的对照分析，发现事件记忆检索、自由联想和自发认知以及语义整合都在海马、颞极和后扣带回的激活模式中观察到。海马回在记忆系统中扮演着重要作用，因此涉及写作过程中的情景记忆，尤其涉及言语生产中的词语检索，以及以自发和自由联想的方式产生言语。右侧颞极涉及情景，左侧颞极是关于语义和记忆的检索。颞极在语义系统中的关键作用可能是涉及不同上下文和语义思想的重要整合。创意写作阶段与抄写阶段相比，观察到了双侧颞极的激活，这可能解释为语义记忆和语义整合的加工，这涉及把想法转化为一个连贯的新故事。后扣带回皮层涉及句子理解，另外后扣带回和海马回是连接着的，因此也涉及情景记忆和言论生产的连贯性的加工。此外，后扣带回涉及自我参照的整合，被描述为是大脑默认网络（default network）的主要结构，提供了人们的自发认知。这些脑区的激活说明，正在经历创造性写作的参与者在扫描过程中通过在纸上进行一种自由联想的写作，来产生他们每个人的文本续写。其三，在创意写作阶段,如同在头脑风暴中一样,背外侧前额叶主导参与了认知控制,在实际写作当中发挥着作用,涉及维持注意力和高度工作记忆的负荷,以及对头脑风暴阶段产生的思考成果进行筛选,为创造力生成提供了基本的大脑加工。所以沙阿等认为这些额叶区域是与任务本身的高级工作记忆负荷和作者需要的自我批评态度相关的关键的认知写作脑区,而且也是储存特定领域知识,以及创造力涌现所需要的脑区。其四,创意写作期间还强烈激活了枕颞区、主要视觉区,这可能不仅是视觉反馈,也是对计划写下来的视觉情景的视觉想象。

　　总之,"头脑风暴"涉及额顶颞的脑区激活,用于生成新颖和原创的想法,并构成故事的概念。在"头脑风暴"中观察到运动区的激活表明了写作过程的综合准备。"创意写作"结合了手写加工和认知写作加工,主要涉及左颞极组成的左额颞网络,是与情景记忆、语义整合以及自由联想和自发认知的文本生产有关。沙阿等通过观察扫描仪监测下的实际写作,对大脑网络进行了调查,研究现实生活中的创造性写作基础,揭示了涉及创造力写作加工的大脑网络,对福拉沃等的写作加工过程模型也提供了一定的佐证。虽然该实验在技术和方法上有一些局限,但是实验结果仍然基本揭示了参与创造性写作过程的主要的大脑网络。这项研究是用神经科学方法研究创造性写作的第一步,也展望了未来在写作领域进行神经美学研究的可能性。

　　此后,洛兹(Martin Lotze)等进行了一项单词生成任务评估的语言创造力实验,结果显示左侧尾状核和左侧颞极等语言区域的抑制越少,语言创造力的得分越高,更具有功能自主性。[1] 埃哈德(Katharina Erhard)等使用功能核磁共振成像进行了专业作家和没有写作经验被试者的对照实验,包括头脑风暴和创造性写作两个阶段,旨在探讨文学写作中与创造力和专业知识相关的大

---

　　① Martin Lotze, Katharina Erhard, Nicola Neumann, Simon B Eickhoff & Robert Langner, "Neural Correlates of Verbal Creativity:Differences in Resting-State Functional Connectivity Associated with Expertise in Creative Writing", *Frontiers in Human Neuroscience*, Vol.8, No.7(July 2014), p.516.

脑活动。① 实验结果发现,在创意写作期间专业作家显示了左半球的额顶颞神经网络的激活,这与沙阿等的创意写作的实验结果是一致的。而且与没有经验的被试者比较,专业作家的左尾状核、左背外侧和上内侧前额叶的激活增强。相反,没有写作经验的被试者显示了双侧视觉区域更多地激活。可见,创造性写作的丰富经验是与前额叶(包括内侧和背外侧)和基底神经节(尾状核)的激活有关,此外文学写作中较高的语言创造力会增强右侧楔叶(right cuneus)的激活,从而增加阅读过程中获得的资源。

二、创意绘画的脑神经机制

根据坎贝尔的理论,创造力涉及一个双重过程,包括促进新思想产生的生成阶段和对其有用性评价的评估阶段。为了分离创造力生成和评估过程的神经系统,埃拉米尔(Melissa Ellamil)及其同事开展了一项创意绘画的功能核磁共振成像实验。② 实验中采用一台兼容核磁共振成像功能的平板电脑,让受试者在画画时能进行脑扫描实验。受试者都是来自艾米丽卡尔艺术与设计大学的本科生,拥有视觉艺术方面的相关经验。该实验由两个基本部分组成。在"生成"部分中,研究者首先让受试者查看涉及抽象概念(例如战争、移民及宗教)相关书籍封面的文字性描述,接着要求受试者按自己的想法画出(或写出)与描述相符的书籍封面。随后在"评估"部分中,研究者要求受试者画出(或写出)对自己所创作的封面的评价。在一定的生成评估周期结束之后,研究者提示受试者展开讨论,对"他们是否有能力参与这些书籍封面的创作和评估"作出评价。

---

① Katharina Erhard, F. Kessler, Nicola Neumann, H. J. Ortheil & Martin Lotze, "Professional Training in Creative Writing is Associated with Enhanced Fronto-Striatal Activity in a Literary Text Continuation Task", *NeuroImage*, Vol.10, No.7(October 2014), pp.12–23.

② Melissa Ellamil, Charles Dobson, Mark Beeman & Kalina Christoff, "Evaluative and Generative Modes of Thought during the Creative Process", *Neuroimage*, Vol.59, No.2(August 2011), pp.1783–1794.

在绘画创意的生成阶段,该实验发现,大面积内颞叶(medial temporal lobe,简称 MTL)区域,特别是海马体和海马旁回有着强烈的激活。内颞叶区域的海马回被看作是记忆加工的中心,海马旁回是空间导航的中心。内颞叶区域在建立和形成语义关联和情景关联的形成和检索过程中起着重要作用[1]。不仅召回长期记忆中的相关信息是内颞叶皮层的重要功能,而且当参与者模仿或建构未来活动时,海马和海马旁回也是被激活的[2]。其中,模仿或建构未来活动是创造性绘画等新奇生产行为的关键。从以上分析可以看出,记忆的内容重组并形成新奇的思想可能是内颞叶区域中的海马回和海马旁回起了关键作用,绘画创意产生新想法的中心脑区可能是在内颞叶皮层。可见,内颞叶皮层在创意绘画生成阶段起着重要作用。

在绘画创意的生成阶段,该实验还发现了其他区域的激活,包括双侧顶下小叶和双侧顶上小叶、双侧梭状回、双侧颞中回、双侧前运动区、左侧额下回和左侧小脑等。

绘画创意的评估阶段,在大面积分布式脑区中发现了更强的激活,包括执行网络和默认网络以及边缘系统等区域,而且执行区域和默认区域在整个任务执行过程中显示出积极的功能连接。也就是说,参与创造性的评估的脑神经加工过程,不仅扩展到由执行网络区域支持的经过深思熟虑的分析过程,还包括由默认区域和边缘区域支持的更自发的情感和内脏感知评估过程。

其一,绘画创意的评估阶段激活了大脑执行网络中的区域,主要有背侧前扣带回(dorsal anterior cingulate cortex,简称 DACC)、背外侧前额叶皮层。两者都牵涉到反应选择和认知控制。比如,两者与双侧顶下叶和楔前叶一起,连

---

① Katharina Henke, Alfred Buck, Bruno Weber, H.G.Wieser & Stefan Kneifel, "Human Hippocampus Associates Information in Memory", *Proceedings of the National Academy of Science USA*, Vol.96, No.10(June1999), pp.5884~5889.

② Daniel L.Schacter & Donna R.Addis. "On the Nature of Medial Temporal Lobe Contributions to the Constructive Simulation of Future Events", *Philosophical Transactions of the Royal of London*, B: *Biological Sciences*, Vol.364, No.1521(May 2009), pp.1245—1253.

接形成了额顶网络,调节自上而下的认知控制,似乎在判断生成产品的质量方面发挥着重要作用。① 大脑执行网络中涉及的反应选择和认知控制功能,对于绘画创意的评估是很关键的。

其二,绘画创意的评估阶段也激活了大脑的默认网络,包括内侧前额叶皮层,后扣带回、左侧颞顶交界处(the temporoparietal junction,简称 TPJ)。默认网络的功能之一是进行内部自发的心理活动,涉及内生认知和情感的加工。② 其中内侧前额叶皮层和后扣带回是默认网络的中枢。实验结果中默认网络在评估阶段的参与,说明了默认网络区域在内部生成认知和情感信息的加工中所起到的广泛作用,标示着绘画创意的评估可能是被价值和意义的内在指标所驱动的,即"根据内部情感信息进行归纳推理从而得出引导行为的结论。"③ 于是,在默认网络的作用下,他们的参与者可以依靠感情(感觉)来引导他们的评估行为,从而选择或放弃生成的创意绘画的新想法。重要的是,该研究通过阐释默认网络在评估阶段的参与,指出了情感功能在评估美学产品质量过程中可能发挥着作用。

其三,绘画创意的评估阶段还激活了其他脑区,包括双侧前外侧前额叶皮层(bilateral rostrolateral prefrontal cortex,简称 RLPFC)、双侧小脑、双侧颞极皮层、左前脑岛、辅助运动区、双侧额下回、双侧顶上小叶、双侧颞中回、双侧舌回(bilateral lingual gyrus)、双侧枕中回(bilateral middle occipital gyrus)和双侧楔叶。

---

① Nico U.F.Dosenbach, Damien A.Fair, Alexander L.Cohen, Bradley L.Schlaggar & Steven E. Petersen, "A Dual-Networks Architecture of Top-Down Control", *Trends in Cognitive Sciences*, Vol.12, No.3(March 2008), pp.99-105.

② Randy L.Buckner, Jessica R.Andrews-Hanna & Daniel L.Schacter, "The Brain's Default Network: Anatomy, Function, and Relevance to Disease", *Annals of the New York Academy of Sciences*, Vol.1124(March 2008), pp.1-38.

③ Melissa Ellamil, Charles Dobson, Mark Beeman & Kalina Christoff, "Evaluative and Generative Modes of Thought during the Creative Process", *Neuroimage*, Vol.59, No.2(August 2011), pp.1783-1794.

总之,埃拉米尔及其团队的研究结果表明,创意绘画的生成和评估方面涉及可分离的分布式的神经网络系统,也就是说,在艺术创造的加工过程中,生成和评估阶段是两个分离的步骤。绘画创意的生成阶段,主要是与包括海马体和海马旁回在内的内颞叶区域的激活相关。内颞叶可能是绘画创作中新创意产生的中心区。绘画创意的评估阶段,则与执行网络、默认网络和边缘系统等区域的激活相关。评估阶段不仅是与详尽的分析加工过程相关,也包括更多自发的感情和内脏感知的评估加工。综上,这一项绘画创意的神经科学实验促进了我们对绘画创作的基础创造性过程的认知,证实了记忆信息提取、创造性的心理模仿和新创意产生在生产阶段的作用,以及认知控制和内生认知和感情加工在评估阶段的作用。

此后,关于视觉创造力的研究,皮杰(Laura M.Pidgeon)等对6项核磁共振成像和19项脑电图研究进行分析,结果显示在视觉创造过程中,脑区激活通常集中在额叶,尤其右脑中额叶和额下回区域的活动更活跃,而且枕颞区在视觉创造性任务中起着重要作用,这与视觉创造过程中增加的视觉图像处理作用是一致的。①

三、音乐创作的脑神经机制

关于人脑的音乐刺激研究也是神经美学研究的主要方面之一。大量的正电子发射断层成像和核磁共振成像研究都集中在聆听音乐的脑神经基础上,尤其显示了聆听音乐时被强烈的快乐体验情感所调节,激活了大脑的奖赏回路②。还有关于音乐表演的实验研究,比如迈斯特(Ingo G.Meister)等通过功能磁共振成像来研究专业人士在演奏钢琴曲时大脑皮层的活动,发现激活了

---

① Laura M.Pidgeon,et al, "Functional Neuroimaging of Visual Creativity: A Systematic Review and Meta-Analysis", *Brain Behavior*, Vol.10,No.6(August 2016),p.540.

② Anne J.Blood & Robert Zatorre, "Intensely Pleasurable Responses to Music Correlate with Activity in Brain Regions Implicated in Reward and Emotion", *Proceedings of the National Academy of Sciences*, Vol.98,No.20(October 2001),pp.11818-11823.

双侧额顶叶网络,包括前运动区、楔前叶和内侧布罗德曼40区(Brodmann Area 40,简称BA40),说明音乐表演对视觉运动整合的要求更高,涉及视觉运动转换、运动规划和音乐加工等区域,强调了音乐家涉及音乐和运动想象的皮层区域的多模态特性。[①]

但是关于音乐创作的脑神经机制研究却为数不多,因为2007年学者们才开始探索即兴创作的音乐材料。即兴创作指的是艺术家构思新想法并将其融入不断发展的音乐作品中,并立即做出决策的动态时刻。由于音乐家必须通过组合有限的音符和节奏来产生无限可能的有上下文意义的音乐片段,研究人员认为即兴音乐创作是研究自发的创造性的艺术创新的神经基础的最佳方法。目前,研究人员已经专门研究了受过古典音乐训练的钢琴家所作的简单旋律即兴演奏,发现音乐创作涉及感觉运动和经典的外侧裂周区(perisylvian)的语言皮层(韦尼克和布洛卡的语义和句法加工区),以及前额叶,特别是背外侧前额叶。

除了钢琴的即兴创作,还有学者进行了爵士乐的即兴创作实验。多尼(Gabriel Donnay)等研究了一种典型的爵士乐即兴演奏,被称为"交换四拍子",即两个或两个以上的音乐家在任意长度的时间内交替演奏四拍子乐句的独奏。结果显示,即兴创作期间激活了韦尼克区、布洛卡区、感觉运动区、双侧前额叶,以及外侧前额叶失活。琳姆(Charles J.Limb)和布劳恩(Allen R. Braun)开展了一项研究,通过爵士乐即兴创作来研究音乐表演创作的神经基础。[②] 该实验招募了6名爵士乐演奏家。该实验使用兼容核磁共振成像功能的钢琴键盘对正在即兴创作的爵士乐演奏者进行功能核磁共振成像扫描。在音阶控制状态,参与者用四分音符重复演奏一个C大调八度音阶。在音阶即

---

① I.G.Meister, T.Krings, H.Foltys, B.Boroojerdi, M.Muller, R.Topper, A.Thron, "Playing Piano In The Mind—An fMRI Study on Music Imagery and Performance In Pianists", *Cognitive Brain Research*, Vol.19, No.3(May 2004), pp.219-228.

② Charlea J.Limb & Allen Braun, "Neural Substrates of Spontaneous Musical Performance: an FMRI Study of Jazz Improvisation", *Plos One*, Vol.3, No.2(February 2008), p.1679.

兴创作状态,参与者即兴创作一个独奏,但是被限制在一个相同的八度音阶内,使用 C 大调的四分音符。在爵士乐控制状态,参与者在预先录制的爵士乐四重奏的伴奏下演奏一个在核磁共振成像扫描前就已经记忆住的片段。在爵士乐即兴创作状态下,参与者自由地使用相同的和弦结构和听觉伴奏进行即兴创作。该实验结果如下:

首先,爵士乐的即兴创作期间,显示了内侧前额叶的激活。内侧前额叶是大脑默认网络的重要脑区,在内在的认知和情感方面扮演了一个关键的角色。一般认为,内侧前额叶是与自传式叙述、自我及内部生成的认知密切相关的。① 该实验中内侧前额叶的激活表明了爵士乐即兴创作是被内生的自我表达所促进的。也就是说,内侧前额叶的强烈激活促发了音乐的自发性即兴创作。

其次,爵士乐的即兴创作期间,也观察到大脑运动区的激活,包括感觉运动区、前运动区、主要运动区、辅助运动区。运动皮层是大脑皮层中参与计划、控制和执行自主运动的区域。琳姆等把大脑运动区的激活,归因于给爵士乐即兴创作的新奇的特征化运动工程进行编码和实施。爵士乐的即兴创作期间伴随着大脑运动神经回路的激活,揭示出爵士乐创造性生产的神经机制的领域特殊性。

再次,爵士乐的即兴创作期间,观测到背外侧前额叶和外侧眶额叶(lateral orbitofrontal cortex,简称 LOFC)的广泛失活。外侧前额叶皮层,特别是背外侧前额叶皮层,是大脑执行网络中的重要脑区,该脑区是与自觉意识的计划行为、参与执行和认知控制密切相关。眶额皮层是与行为抑制、行为决策、情绪与社交控制等相关。音乐即兴创作过程中,这些脑区的失活导致一种自上而下的认知控制的减弱,使得大脑不再支配有意识的计划行为,更容易引发

---

① Randy L.Buckner,Jessica R.Andrews-Hanna & Daniel L.Schacter,"The Brain's Default Network:Anatomy,Function,and Relevance to Disease", *Annals of the New York Academy of Sciences*, Vol.1124(March 2008),pp.1-38.

创意产生时的思维发散性和随机性。

最后,爵士乐的即兴创作期间,在杏仁核和海马体中观察到边缘活动的失活。边缘系统活动的参与也为创作过程提供了支持。不过,边缘系统失活的原因仍然是不清楚的,需要开展更多的研究,来确定杏仁核和海马体活动的减弱对爵士乐即兴创作的影响。

总之,通过这项爵士乐演奏的神经影像学研究,琳姆等为技艺精湛的演奏者们绘制了大量"创造性音乐表演的神经基础"的图像,并揭示了各神经系统之间针对这一活动产生的动态交互作用。爵士乐即兴创作过程中,参与者的大脑前额叶活动发生了变化,包括背外侧前额叶、外侧眶额叶的失活和同时发生的内侧前额叶的激活,另外还伴随着大脑运动皮层的广泛激活,共同调节音乐表演的组织和执行。此外,边缘结构的失活,可能是调节即兴演奏的动机和情绪基调。这种激活模式可能反映了音乐自发即兴创作所需的脑神经加工和心理过程的动态组合。比如背外侧前额叶、外侧眶额叶的失活与内侧前额叶的激活,可能导致创造性生产期间某种程度自上而下的认知控制的降低,从而减弱有意识的计划内容,这可能有利于创造性直觉发挥作用,从而使大脑中浮现出未经过滤的、无意识的或随机的想法和感觉,增强自我的认知、情感和表达的流畅性,促使自发的创造性活动的出现。这种分布式神经模式可能提供了一个音乐即兴创作的脑神经机制背景,揭示了音乐即兴创作是由脑神经系统之间的动态相互作用促成的,支持了关于爵士乐即兴创作的内在认知和情感加工之间具有重要关联的观点。

中国学者还进行了一项关于作曲家音乐创作时大脑状态的功能磁共振成像研究,比较了17位作曲家的创作状态和休息状态的大脑神经功能网络,发现在创作期间,两侧枕叶和双侧后中央皮层初级网络的功能连接性下降。然而,前扣带皮层、右角脑回和双侧额上回之间的连接功能明显增强。这些发现表明,专业作曲家在作曲时形成了一种特定的音乐创作大脑状态,在这种状态下,基本的视觉和运动区域的整合不是必要的。相反,前扣带回和默认网络之间的功能连接加强,以执行音符与情感的整合。①

第三节　文艺审美创作脑机制的几点探讨

接下来,将对文学、绘画和音乐等文艺生产的神经美学实验成果进行一些比较,来思考和探讨不同文艺生产领域中创造过程的神经基础,是否有共通的创造力加工机制,以及某些具体方面存在的差异。

一、一般性与特殊性脑区的合作加工

通过研究和分析不同文艺领域中创造力生产涉及的神经基础,我们会发现这些会涉及许多不同脑区,显示了不同领域文艺创造力的一般性神经系统和特殊性神经系统的合作加工。

文艺创作过程中,不同种类的文艺创造力生产,都会存在一些共同性的脑区,这些脑部区域有助于不同种类或模式的创意性生产。"艺术作品的生产需要几个大脑区域的功能以及他们神经相互连接的通路。"②一般来说,这些脑区都是不同种类文艺作品在创作过程或多或少都要共同使用到的脑区,属于文艺创作中涉及的一般性神经系统。"这些脑区涉及预先计划、工作记忆、做出决策(额叶);运动控制(额叶);手眼协调(枕叶、顶叶和额叶);记忆(海马结构);长期记忆(颞叶和顶叶);概念(颞叶和顶叶);关于世界的语义知识(颞叶和顶叶);情感环路(边缘系统);对于意义和空间的控制;总体和细节的认知;分解的策略;持续的注意力以及其他几个广泛的神经网络。"③具体举例

---

① Jing Lu,Hua Yang,Xingxing Zhang,Hui He,Cheng Luo & Dezhong Yao,"The Brain Functional State of Music Creation:An fMRi Study of Composers",*Scientific Reports*,Vol.5,No.12277(July 2015),pp.1-8.

② Dahlia,W.Zaidel.*Neuropsychology of Art*,London and New York:Routledge Press,2016,p.9.

③ Dahlia,W.Zaidel.*Neuropsychology of Art*,London and New York:Routledge Press,2016,p.9.

来说,在写作、创意绘画和音乐即兴创作中,背外侧前额叶皮层对调控文艺创造性的生产中的计划行为、抑制或执行功能、认知控制等起着重要作用。总的来说,这些在文艺创作中起着一般的共同作用的脑区,"无论是以激活还是失活的形式,都参与了各种文艺类型的创造性生产活动,都体现了它们在创造性生产过程中所发挥的领域一般性作用"①。

文艺创作过程中的一般神经机制除了涉及一些共同脑区,还涉及一些共同脑区之间的神经连接。比如,比狄(Roger E.Beaty)等进行了一项关于创造性的大脑的核磁共振成像研究,结果表明产生创造性想法的能力的特征是下前额叶皮层(双侧 IFG)和默认网络(包括 mPFC、PCC、双侧 IPL)之间的功能连接增强。② 研究结果进一步表明,发散性思维能力涉及与受控和自发认知过程相关的大脑区域之间的更大合作。荣格等提出创造力过程中的盲目变异、选择性保留阶段分别是与大脑的默认网络和执行控制网络的激活相关。③

与文艺创作神经机制的一般性系统相对应,不同文艺类型的创造性生产都被不同的特殊的脑神经系统支撑并加工特征化,因此不同类型的创造力都有自己独特的加工脑区。写作、绘画和音乐表演等文艺领域中关于"创造性生产的大脑基础"的神经影像数据研究结果显示,不同文艺种类创造性生产过程中观察到的激活模式在很大程度上存在着领域特殊性。创意写作的创造性生产是与额叶和颞叶中的语言区的强烈激活相关;绘画的创造性生成是与内颞叶的强烈激活相关;音乐即兴创作是与运动和感觉运动区的强烈激活相

---

① Oshin Vartanian, "Brain and neuropsychology", in *Encyclopedia of Creativity*, M.Runco & S. Pritzker(eds), London: Academic Press, 2011, pp.164-169.

② Roger E.Beaty, Mathias Benedek, Robin W.Wilkins, Emanuel Jauk, Andreas Fink, Paul J.Silvia, Donald A.Hodges, Karl Koschutnig & Aljoscha C.Neubauer, "Creativity and the Default Network: A Functional Connectivity Analysis of the Creative Brain at Rest", *Neuropsychologia*, Vol.64(November 2014), pp.92-98.

③ Rex Eugene Jung, Brittany S. Mead, Jessica Carrasco, Ranee Barrow, "The Structure of Creative Cognition In the Human Brain", *Frontiers In Human Neuroscience*, Vol.7, No.330(July 2013), pp.1-13.

关。这些不同文艺领域的创造力生产过程中,不同脑部功能区的激活,反映了不同文艺领域中的不同目标任务所涉及不同的独特的具体内容或活动。这些不同的特殊神经系统对不同类型文艺创造力生产中相关的不同特定类型的活动具有重要作用。比如,沙阿及其同事关于创意写作过程的实验结果显示,特殊的专门的领域相关知识在写作创造力的生产中具有重要作用。这些对创意写作具有重要意义的专门领域,主要是运用语言知识的语言加工及其相关脑区和功能,包括语言加工、语义记忆检索,以及在一个原始的、连贯的故事概念中的语义整合,还包括自由联想和自发认知等。[①]

总之,尽管诸如认知控制、计划行为、工作记忆等某些共同的一般的神经系统及功能,可能应用于文艺创造性的生产,但对于不同的文艺领域,涉及与某种文艺创造性的生产相关的独特的专门内容,可能还有一些特殊的相关功能的脑区参与其中。

二、认知与情感功能的共同参与

艺术创造力的实证研究为更好和更为欣赏地理解人类认知的心理和神经基础铺平了道路。如同审美体验的过程是由认知和情感功能共同参与一样,绘画、音乐、写作等不同艺术领域中的创造性生产所激活的脑区结构和功能,显示文艺创作过程也是由认知和情感功能来共同参与的。

文艺创造性生产激活了具有认知功能的脑区,比如决策区、记忆区、语言区、执行网络、默认网络等,以及涉及不同感知的视觉区、听觉区、运动区等。比如背外侧前额叶皮层,即大脑执行网络的中心,它在文艺创造性生产中起着重要作用。背外侧前额叶皮层中的锥体细胞是人类各种认知活动的启动源、发动机。众所周知,背外侧前额叶是与认知、计划执行、认知控制等紧密相关,

---

① 　Carolin Shah, Katharina Erhard, Hanns-Josef Ortheil, Evangelia Kaza, Christof Kessler, Martin Lotze, "Neural Correlates of Creative Writing: An fMRI Study", *Human Brain Mapping*, Vol. 34, No. 5 (May 2013), pp. 1088-1101.

该脑区负责不同类型认知活动的策划、发动,是人脑中最高级的认知中枢,在创造性生产中具有分析问题、解决问题和执行计划的功能。

研究人员只是刚刚开始揭示自发创造的神经基础,还没有提到创造性的活动是如何与审美判断或情感相互作用的。考虑到人类不断评估创造性思维及其对后续行为的影响,我们有理由认为,研究创作过程中情感的影响可能是我们创作的内容、方式和原因的另一块拼图。毕竟一个普遍的社会假设是情感主导着大部分的艺术创作。应该说,文艺创作过程涉及情感,这不仅是经验性的,也是有神经美学实验支撑的,因为文艺创造性生产中还广泛涉及边缘系统等涉及情感的脑部区域。我们把大脑的边缘系统称作"情感的大脑",顾名思义,边缘系统的脑区主要是控制人的情感反应的,参与调节本能和情感行为。比如边缘系统中的杏仁核是产生情绪、识别情绪和调节情绪的脑区,具有情绪意义的刺激会引起杏仁核的强烈反应,并形成长期的痕迹储存于脑中。另外,文艺创造性生产过程还涉及前扣带回、前脑岛,而这两个脑区涉及移情或者共情。比如潘彦谷等认为,前扣带回、前脑岛参与情感的加工处理过程,也是人类共情的神经生物学基础。①

关于创造性生产中大脑神经网络涉及认知和情感功能的共同参与,有的脑区主要倾向于认知功能,有的脑区倾向于情感功能,还有的脑区兼具认知和情感的共用功能。比如创造性生产是与大脑的默认网络相关联的。默认网络包含的脑区有后扣带回、内侧前额叶等。默认网络不仅涉及内生认知,也涉及内生的价值判断和情感促发。此外一些主要倾向于情感(或认知)加工的脑区,也会带有认知(或情感)的功能,比如,杏仁核是产生情绪、识别情绪和调节情绪的脑组织,但它对学习和记忆功能也有一定的作用。前扣带回主要参与情感动机、认知注意反应的功能,其中背侧前扣带回主要侧重认知功能,在认知过程中起着重要作用,而腹侧前扣带回主要侧重情感功能。此外主要负责情感大

---

① 潘彦谷:《共情的神经生物基础》,《心理科学进展》2012 年第 12 期。

脑的边缘系统中的海马结构也在学习和记忆过程中发挥着突出的作用。可见，有的脑区，即使是同一脑区内部领域，也会融合着认知和情感的功能。

三、个人和文化密码的解读困难

通过对艺术家作品和档案资料的研究，一般把文艺创作分为由内而外的三个步骤①。以绘画艺术为例：第一步是草图阶段，艺术家往往会根据自己的思想观念和文化社会背景，来启发和产生新想法、新创意，并可能会据此形成绘画的底稿，即草图。第二步是修改阶段，艺术家会调整、删改原先底稿中的基本元素或构图，并重新绘制。第三步是定稿阶段，艺术家会确定绘画作品的基本结构，并进行作品表层的涂色、润色，主要处理颜色和纹理方面。

而人脑欣赏艺术很有可能是由表面到深层的，这与文艺创作的时间顺序是相反的。比如，蒂尼欧(Pablo P.L.Tinio)认为，审美欣赏最初对艺术品表层的颜色和对比度等特征进行分析，然后综合认识作品的内容和风格，最后对作品所蕴含的个人和文化的核心意义进行深层次分析。②

激发作品的观念，即最初的灵感，是产生于绘画之初。在艺术家完成作品之后，观看者才开始欣赏作品，而且只有欣赏者到达最后阶段，即对作品的本质意义展开探索和思考，破译出艺术家的创作意图或者理解作品所蕴含的文化密码和深层含义后，这时艺术家通过各种材料图层将画作所蕴含的意境才能真正传达给感知者、欣赏者。

目前的神经美学研究在通过脑影像技术收集数据时，往往只给受试者很短的时间，比如几秒钟，来观赏绘画作品，并作出审美反应。那么这些脑影像审美实验所检测的脑区，可能只是标明了被试者在欣赏艺术品的早期和中间

---

① James C. Kaufman, *Cambridge Handbook of Creativity*, Cambridge：Cambridge University Press, 2010, pp.131-144.

② Pablo P.L.Tinio, "From artistic creation to aesthetic reception：the mirror model of art", *Psychology of Aesthetics, Creativity, and the Arts*, Vol.7, No.3(August 2013), pp.265-275.

阶段所激活的脑区,而对于欣赏者在最后一个阶段,意义建构和生成相对应的阶段所激活的脑区,我们可能还是不清楚的。确定文艺创作和欣赏的神经网络如何受到个人和文化含义的影响,是该领域面临的重要挑战。也就是说,目前神经美学遇到的困难之一,是如何通过脑影像实验来分析出个人和文化背景对于文艺创作和欣赏的影响,从而解读文艺创作中的个人和文化密码。

第十一章　审美脑机制研究的展望

　　显然,随着审美脑机制研究的不断发展,一系列研究成果对于当代美学学科的理论创新和实践发展具有重要作用,一定程度上激活了已快走入瓶颈的传统哲学思辨式的美学研究。目前,神经美学在人脑、艺术以及审美方面取得了丰硕的研究成果,尤其对于人脑审美神经机制研究,已基本摸清审美体验所对应的脑区,并建构了几种人脑审美加工过程的理论模型,有望在不久的将来彻底了解人脑审美处理过程,到那个时候,才可能在此基础上真正建立起新的美学大厦。为了推进这一进程,我们还要清醒地认识当前神经美学研究中的一些不足之处。

　　神经美学是一门新兴学科,正处于蓬勃发展时期。虽然目前神经美学研究还没有建立以审美神经机制研究成果为基础的系统完整的美学理论,但我们相信随着认知神经科学进一步推动美学的发展,随着越来越多的美学家、心理学家、认知神经科学家共同深入展开认知神经美学研究,神经美学研究的未来将会逐步打开人脑究竟如何审美的黑匣子,在清晰探究审美神经加工机制的科学基础上,美学基本原理和审美根本规律有望得以正确、科学地阐释,这将对美学的未来发展、科学发展做出巨大的革新性贡献。

第一节　审美脑机制研究的贡献

20 世纪以来中国的几次美学热围绕美本质等基本理论问题争论不已。西方神经美学是在 90 年代末伴随脑科学进步而快速发展起来,致力于探索人类审美的心脑奥秘,它的成果可以激活当前相关美学原理的研究停滞状态,回应美学的未解之谜。

一、美学研究的新视角

日益兴盛的审美神经机制研究为美学的未来发展提供了一种崭新的视角,虽然"目前的审美神经机制研究还不足以构建以它为基础的美学理论,但是它为美学的发展提供了新的可能,挖掘被美学理论家长期遗忘的神经机制将对美学的发展做出革命性的贡献"①。近 20 年来,神经美学所取得的一系列研究成果,推动着当代美学学科的理论创新和实践发展。最重要的是,在美学概念和美学原理方面,神经美学进行了独特、全新的阐释,在思维方式上一定程度地激活了传统美学研究。

审经美学对"美是什么""何以为美",即"美的定义""美的标准"进行了重新推断。如泽基提出:能称之为美的艺术是能最大限度、最精确地展现现实的基本或本质特征(而非现实的外观特征)的艺术,从而为同样寻求基本或本质特征的审美主体的大脑带来审美满足。② 简而言之,艺术与人脑对于事物的感知是一致的,艺术与人脑有着一个共同的目的,就是从不断变化的世界中提炼出事物恒定的本质或基本的特征,美的事物是指符合人脑审美神经机制的事物。

---

① 丁晓君、周昌乐:《审美的神经机制研究及其美学意义》,《心理科学》2006 年第 5 期。
② Semir Zeki, *Inner Vision: An Exploration of Art and the Brain*, New York: Oxford University Press, 1999, p.52.

神经美学对"美的成因",即"审美如何可能""何以体验到美"重新进行了科学阐释。例如,根据一些视觉实验,研究者发现艺术家凭直觉而不是知识遵循了视觉神经系统的运行机制,推测出这样一个审美规律:如果视觉刺激的特征与人的视觉机制的运行规律相合,那么人就能感觉到该事物的美。反之,神经细胞只对某些特定特征的视觉刺激做出反应,如果观察对象的特征超出人类大脑神经机制的处理范围,这些特征就无法被感知,人脑更不能对此进行审美了。

二、美学理论的新阐释

不同的审美主体在欣赏或创作艺术时,能通过艺术进行沟通,说明不同的正常人脑都存在一个共同的神经基础,美的艺术能够引起人们的美感,在于具备激发这一共同神经机制的外在表现。人脑与艺术的契合性,说明美的产生是有神经基础的,人脑产生审美体验背后都有着相似的神经机制。寻求事物恒定本质特征的大脑,与表现了恒定事物特征的艺术相遇,于是就产生了审美体验。一些神经美学家根据实验和观察,总结出一些美学与人脑关系的规律,如美国加州大学圣迭戈分校(University of California,San Diego)的拉马钱德兰教授提出关于各类艺术的共同特征以及艺术体验的八个法则,认为艺术家们有意识或无意识地展开这些法则,从而最适宜地激发了大脑的视觉区域。这八大法则有:"峰移效应"(Peak-Shift Effect)、"分类"(Perceptual Grouping)、"装订"(Binding)、"隔离"(Isolating)、"对比提取"(Contrast Extraction)、"对称"(Symmetry)、"类观点"(Generic Viewpoint)、"隐喻"(Metaphor)、实验测定(Experimental Test)等。[1]

审经美学研究可以从审美认知神经基础的角度来验证以前的美学理论,或开拓新的理论。"移情说"是西方传统美学中的代表性理论之一。该美学理论认为,当审美主体聚精会神地观照审美对象时,身体会不自觉地进行运动

---

[1]　Vilayanur Ramachandran & William Hirstein,"The science of art:A Neurological Theory of Aesthetic Experience",*Journal of Consciousness Studies*,Vol.6,No.6-7(January 1999),pp.15-51.

反应感受的内模仿,从而将自身的情感与审美对象融为一体,这样就把人的主观感情移到对象上,使对象显示出情感色彩。如今,神经美学中关于镜像神经元的研究可以证实移情说,为移情说提供了神经生物学基础。镜像神经元是一种视觉运动神经元,主要分布在腹侧前运动皮层、下顶叶皮层等处。镜像神经元能够对观察对象的动作做出模仿,并辨认出动作的潜在意义。另外,镜像神经元和杏仁核、颞上沟等情绪加工神经环路有联系。神经美学实验中,研究者发现被试者在观看表现动作的静态艺术时,如表现某种动作的雕像,分布有镜像神经元的脑区被激活,所以"人们观赏艺术作品(绘画、雕像、建筑等)所产生的身体反应感受不仅涉及对作品中所见或其所暗示动作的模仿感,而且还由此诱发其对该作品的情绪反应"①。可见,镜像神经元的发现和研究,为移情说提供了神经生理学的科学基础。

总之,神经美学的研究为美学发展提供了新的科学基础,为"美的定义"和"美的成因"等美学基本问题提供了新的理论解释和实验依据。就像泽基所说:"任何美学理论,若没有构建在脑活动的基础上,是不完备也不可能深刻的。"②或许我们可以说,"神经美学研究试图从神经生理学的角度为美学问题提供新的研究角度和解释框架,在视觉艺术、听觉艺术、审美体验以及艺术创造力等四个方面取得了许多有意义的研究成果,为传统美学研究提供了全新的思路"③。

第二节　审美脑机制研究的局限

神经美学家们在艺术、审美和神经机制方面取得了丰硕的研究成果,已基

①　张卫东:《西方神经美学的兴起与发展》,《华东师范大学学报》(教育科学版)2011年第4期。

②　Semir Zeki, *Inner Vision: An Exploration of Art and the Brain*, New York: Oxford University Press, 1999, p.52.

③　金晓兵:《美学研究的新取向:神经美学》,《医学与哲学》(人文社会医学版)2011年第9期。

本研究清楚各种与审美体验、判断等关联的脑区及其功能细化,并尝试建立了几种人脑神经审美加工过程的基本模型。随着研究越来越具体和深入,可望在将来彻底了解人脑审美的整个神经动态处理过程,及其每个子阶段的具体情况,然后在脑科学的实证基础上,建构起新的美学理论。为了推进神经美学的研究进程,我们需要清醒地看到当前神经美学研究所面临的问题:

一、跨学科研究人员的匮乏

目前,神经美学研究者缺乏跨学科、跨文化背景。当下神经美学的研究者绝大多数是英国、美国、丹麦、德国、意大利、西班牙等西方国家的神经生物学家、神经心理学家、神经病理学家、认知科学家,研究人员的这种结构不利于神经美学朝着美学方向进行深入发展。

一方面,目前神经美学实验主要是由认知神经科学家在操控,他们由于自身的专业知识背景,会倾向于把神经美学研究看作是认知神经科学中与研究学习、记忆、情感等平行的子学科来对待,很少关注美学领域的基本或具体问题。

而研究纯理论的美学家由于知识背景的缘故,很少有人参与神经美学的研究,导致当前研究不仅对美学本身的理论建设不够系统,对美学基本规律的研究和审美原理的抽象提炼不够透彻,也没有达到一定高度。所以,目前关于美学与认知神经科学融合的关联性以及融合的目标、前景研究做得也不好。

另一方面,由于一些非西方国家很少有研究者主持开展或参与神经美学研究,所以导致实验的艺术材料和被试者也大都以欧美国家为主,对于跨文化的审美神经机制研究严重不足,这样会影响研究结论的科学性和普遍性。

二、研究内容缺乏系统性

一是研究范围和材料不够广泛。一方面,实验的审美对象针对艺术材料时,"目前神经美学的研究还主要局限于视觉艺术(绘画)、听觉艺术(音乐),

其他艺术领域如动作艺术(舞蹈)、文学艺术(小说)等比较少见"①。另一方面,神经美学研究中对其他非艺术品方面的审美对象涉及得更少,如自然景色,以及建筑、服装、汽车、手机等产品的设计或外观。

二是研究任务过于简化。"神经美学为了追求其实验研究的科学性而往往需要将艺术审美问题简化为能满足限定实验条件的可观测的操作任务(例如偏好评分、美丽与否判断等),其所分析的只能是审美行为的某个特定侧面,而忽视审美行为及其发生背景(context)的整体性,因此其研究结果的构念效度(construct validity)和生态效度(ecological validity)难免受质疑"②。

三是不同层次实验的研究结论相互矛盾,研究缺乏整体感。"神经美学领域众多研究结论并不一致甚至相互矛盾,原因可能在于这些研究者站在不同角度进行观察,也可能因为不同的研究涉及了审美加工的不同阶段,因而对审美整体过程的了解如同'盲人摸象'"③。

第三节　审美脑机制研究的展望

神经美学作为一门新兴学科,正处于蓬勃发展时期,还有广阔的开拓空间。国内关注神经美学始于 21 世纪初,从认知心理学和脑科学的角度来介绍、引进国外神经美学的研究进展和成果,表明国内的研究者开始逐渐重视神经美学这一领域的研究,但对于运用神经美学实证成果进行美学原理的阐释和运用还需要进一步展开。此外,我们还需要进一步开展中国神经美学实验,进行审美神经机制的自主研究,为神经美学未来发展提供强劲动力。我们不仅要有跨文化的研究视角,更需要从中国文化艺术、中国美学的独特角度来研

---

① 金晓兵:《美学研究的新取向:神经美学》,《医学与哲学》(人文社会医学版)2011 年第 9 期。

② 张卫东:《西方神经美学的兴起与发展》,《华东师范大学学报》(教育科学版)2011 年第 4 期。

③ 黄子岚、张卫东:《神经美学:探索审美与大脑的关系》,《心理科学进展》2012 年第 5 期。

究审美神经机制,从而构建中国神经美学的研究体系。

当下,中国神经美学研究展现出前景远大的科学化发展方向,将会在探索审美机制的基本原理和实践应用上取得重大突破,这是中国美学同世界美学进行对话和交流的可能空间,是中国美学立于世界之前的希望。我们对神经美学这一领域的未来进行展望,还需在以下几个方面进行拓展:

一、推进中国神经美学的科学化发展

国外以神经美学为代表的科学化美学研究已经形成了相对成熟而独立的学科研究方向,主要体现在:一是有相对完整的研究范式、研究方法和研究内容;二是有数量众多的研究机构和研究人员,包括致力于研究人类审美的认知神经科学家和美学家等;三是学术活动频繁,研究成果丰富;四是进入课程教学阶段,并趋于常规化。①

相比国外神经认知美学已形成新学科之势,目前国内开展审美神经机制的研究虽然已取得一定成果,但整体还处于萌芽状态,除了引进和介绍西方相关成果,相关的中国自主研究报告还鲜有发表。不过西方神经认知美学的研究总体上起步不久,取得的一些成果也是粗浅的,很多空间有待拓展,虽然我国神经美学研究起步更晚,但已有一些学者和科研机构开始关注。

如果将来这些机构和学者能够继续有效地展开认知神经美学的研究,倒是可以在清晰了解西方研究成果的基础上,把握目前神经认知美学的主要问题和挑战,更好地推进世界神经认知美学的发展进程。也就是说,认知神经美学作为一门新兴学科具有很大的发展空间,中国美学家、实验美学家和神经认知科学家在研究认知美学尤其认知神经美学方面将大有可为,未来的研究课题可能在以下方面有所拓展和深化:

一是通过不同艺术形式、不同文化背景的审美对象和审美主体来研究跨

---

① 参见梁玉水、张蕊:《世界范围内美学的科学化发展与"审美认知"转向——兼论中国当代美学应有的三个向度》,《晋阳学刊》2012年第2期。

艺术、跨文化、跨地域的审美认知神经机制的异同。在艺术形式方面，"神经美学除了探索不同的艺术领域的神经机制，还要研究不同艺术领域中的审美活动是否存在相同的神经机制"①。此外在跨文化方面，还需要中国的美学家乃至神经美学家，进行中西审美神经机制的比较，研究不同文化背景的审美主体面对不同文化审美材料时的审美神经机制是否具有共同的基础，如关于西方油画和中国国画的中西方审美主体的审美体验的比较研究。

二是深入研究审美体验的复杂的神经动态处理过程。早期神经美学主要研究艺术审美活动对哪些脑区进行了激活，对相关审美加工脑区进行功能划分。当前神经美学研究更加关注人脑的审美加工过程，如查特杰、侯夫、莱德等分别提出不同的审美神经加工模型。这些审美神经机制的假设都是根据实验进行大胆推想的，审美神经机制复杂的动态过程究竟是怎样的，目前还没有科学的结论，这给中国的神经美学研究者留出了大片探索空间。

三是细化不同阶段、不同层面审美神经机制的差别。"从目前研究来看，'美感'、'审美体验'、'审美感知'、'审美评价'、'审美判断'等概念似乎是通用的。这些概念所包含的子加工过程及涉及的神经基础可能存在的差别在很大程度上被忽略"②。我们期待神经美学的进一步发展，可以对此进行差异细分，使得研究更加精确。

四是研究不同的内外部条件对审美认知神经机制的影响。当前神经美学研究认为情绪、决策、判断等内部因素，以及历史、文化、宗教、性别等外部因素，都对审美神经机制产生影响，但究竟是怎样在大脑中产生影响的，以及什么样的影响，这些都不是非常清楚，还需要中外美学家、认知和神经科学家、心理学家等共同面对和解决，也是中西神经美学研究可以进行未来交流和对话的地方。

---

① 金晓兵：《美学研究的新取向：神经美学》，《医学与哲学》(人文社会医学版)2011 年第 9 期。

② 王乃弋、罗跃嘉、董奇：《审美的神经机制》，《心理科学进展》2010 年第 1 期。

总之,我们需要加快神经美学在中国的研究进程,开展国际对话和交流。欧美国家的神经美学研究已经形成了一定的学术规模,并取得了丰硕的成果,但神经美学作为一门新兴学科仍具有很大的发展空间。目前中国虽然拥有世界上规模最大、热情最高的美学家队伍,但还需要推进对神经美学的关注和研究,所以未来的中国美学家如果携手心理学家、认知神经科学家共同探索研究神经美学,对以上几个方面的研究进行拓展和深化,那将会突破当前神经美学发展的瓶颈,对中国美学乃至世界美学的创新发展发挥重要作用。

二、深化神经美学成果到美育、人工智能等领域

如果掌握了人类审美活动的神经机制的理论规律,将来可以将相关神经美学成果和美学法则运用到审美教育、媒体投发、人工智能和审美治疗等方面。

其一,运用到艺术创作、艺术教育中。如画家、雕刻家在进行视觉艺术创作时,需要遵循并运用人脑视觉神经审美的运行机制,从而使作品成为美的艺术佳作。依据拉马钱德兰教授提出的艺术审美体验的"峰移效应",视觉艺术可以对事物的本质特征在形状、颜色等方面进行抽象提炼,从而加强视觉神经对此的刺激,诱发主体的强烈的审美体验。艺术家或初学者可以把神经美学实验总结出来的美学法则直接运用到艺术创作中去,从而提高艺术创作美的感受度。

其二,将来如果我们认识清楚了人类审美活动的神经基础,就可以将神经美学的理论规律运用到人工智能或机器人领域,创造出具有审美体验、审美情感,甚至艺术创作能力的高级智能机器人。随着科学的发展,我们依据神经美学的研究成果,精准解析人脑审美活动的复杂机制,我们有可能在人工智能领域开发出会模拟人脑审美的高端机器人,这可以应用到非常广泛的领域。未来社会的高级智能机器人将拥有人的知觉、情感和审美体验,使得未来机器人更加智能化、逼真化、情感化、人性化和社会化,易于和人类进行对话和交流,

更加适应后人类时代的生活,或者在审美创造方面开发出比中央美术学院研究生毕业的人工智能画家夏语冰(即少女 AI 画家小冰)等更加完美的"艺术家"机器人。这是人文和科技发展的融合趋势,需要中国美学家、计算机专家、心理学家、认知神经学家共同合作推进这类未来机器人的设计、开发和制造。

其三,将神经美学成果运用到广告投放和新媒体等领域。如根据神经美学的规律或实验结果,来预测甚至测量某条广告、短视频等投放后是否吸引观者的审美注意,以及观者是否会有审美愉悦感等。

其四,将神经美学理论运用于审美的医学治疗。如把镜像神经元与艺术欣赏的关系和规律,绘画、音乐、书法等艺术审美对神经机制的影响等神经美学的成果,转化并应用到抑郁症、自闭症等精神疾病的治疗和治愈中。

其五,提高中国文化走出去的审美效果。利用审美神经机制的人类共性以及东西方差异来提升中国文化走出去的实现效能,在审美神经接受的角度促进外国人更好地接受中国文化,从而提高中国文化的世界传播力和影响力。

神经美学由于兴起较晚,只有 20 多年的研究历史,目前关于人类审美活动的神经基础和机制没有形成系统完整的结论,也没有建立起以神经美学为基础的一整套美学理论,但是随着认知神经科学进一步推动美学的发展,随着中外越来越多的美学家、心理学家、认知神经科学家加入神经美学研究的阵营,一起深入开展神经美学的实证实验和理论研究,希望在不久的将来,神经美学研究终将逐步打开"人脑究竟如何审美"的黑匣子,在清晰探究和理解审美神经加工机制的科学基础上,使得相关美学基本原理和规律得以正确、科学地阐释,并能够广泛运用到教育、医疗、媒体等各行各业,这也将是神经美学对未来发展的巨大创造性革新。

三、呼吁人文与科学的交融汇通

神经美学未来发展需要继续突破学科壁垒,促进美学、神经科学和认知科学的大融合。当前神经美学发展的当务之急是缺乏一个跨学科的学术环境，尤其需要培养一批真正通晓认知科学、心理学、神经科学的美学专业人才。美学家们研究美学和艺术，一直是以哲学思辨的研究方法为主，现今一些西方学者从神经科学和认知科学等视角、方法和成果来进行神经美学研究，是随着近年来认知和神经科学的突破而兴起的。"在心理学发展史上，审美认知的研究从未中断，却似乎只是零星点缀，直至近几年引起关注"①。所以神经美学的未来发展需要突破学科壁垒，援引认知和神经科学的成果来激发美学研究的新方向，使神经美学成为美学发展的新路径。也就是说，需要通过促进人文与科学的融合，提高哲学家、美学家、艺术理论家和认知神经科学家、心理学家之间实质性的融合、交叉和协作，形成跨美学和认知神经科学的研究队伍和复合型专业人才队伍。

我们热切呼唤科学与人文的交融贯通。美学领域中人文与科学的不同研究路径，不仅是有差异的，更是可以相互滋养，共生相长的。人文精神的关怀是一个学者应有的态度，我们有着萦绕不开的人文情怀，有温情有温度的社会关怀是人类群体得以生存和发展的秘籍；同时我们也一直尊重求真的科学精神，它能指向探索人类未知的新领域，体现人类的智慧和开拓精神。人文与科学，两者并不矛盾，从人类科学史和人文思想史来看，两者是可以相互促进的。比如曾繁仁教授20年前就曾经在《文史哲》上呼吁："将美育同脑科学紧密结合，还能使美育吸取当代的科研成果，从而具有新时代的特色。"②很多人文学者是有科学精神的，也承认和接受科学研究的成果和发现，而且他们在人文社会科学领域也进行了严谨的科学探索，一些学者从人文精神的角度对神经美学进行关注，这种精神会鼓励更多学者参与人文与科学的跨学科研究和思考，促使神经美学研究朝纵深发展。科学和人文作为现代性发展中的学科分工模

---

① 陈丽君、赵伶俐：《美学与认知心理学的交叉：审美认知研究进展》，《江南大学学报》（人文社会科学版）2012年第5期。

② 曾繁仁：《美育与脑科学关系初探》，《文史哲》2001年第4期。

式,曾经为专业人才的培养作出历史贡献,然而随着知识大爆炸的发展,当前很多领域的研究,尤其是一些传统领域之外的边缘领域或交叉领域,需要跨界合作和融合。比如,当前更多脑科学和美学研究者加入神经美学实验及美学理论的探索研究中,可以逐步察明审美的具体脑神经机制以及发掘脑审美研究的更多意义和未来价值。

中国脑科学发展计划已写入"十四五"规划,中国学者将会开展更多有关脑实验、脑审美实验的探索,研究绘画、音乐、舞蹈、戏剧、文学、电影等审美脑机制的学者也会越来越多。据悉中国科学院、北京大学、北京师范大学、清华大学、复旦大学、华东师范大学、浙江大学、西南大学、上海音乐学院、深圳大学、厦门大学、杭州师范大学、辽宁师范大学、贵州师范大学、四川师范大学等,都引入世界最先进的核磁以及脑电实验仪器,可以开展高水平的脑成像和脑电实验,中国神经美学研究正走向它的美好未来。

人类已经逐步揭开了大脑语言认知等功能的奥秘,比如 2020 年 3 月,美国加州大学旧金山分校的科研人员利用人工智能解码系统,已经能够成功把人的脑电波转译成英文句子,而且最低平均错误率只达到 3%,由此我们可以通过脑波活动来解码语音感知与生成。2020 年 11 月,美国加州大学的研究人员成功从大脑信号中分离出影响动作和行为的信号,该研究也是基于对人脑脑神经信号的解码和读取,并利用复杂的数学算法,使机器向大脑传递反馈信号,目标是实现计算机和大脑之间真正的无声的双向信号传输。

审美与语言等相比,还是有着更为复杂的高级认知和情感加工机制。目前脑科学揭开的审美机制奥秘,包括审美相关神经元、审美脑区、审美脑电活动、审美计算评估和创作机制等还是远远不够的,我们所知道的人脑审美机制还是非常浅显的。

举例来看,目前人工智能创作诗歌或绘画还没有达到人类智慧的高度,甚至还远不能相提并论。从神经美学角度看,就是因为目前的人工智能机器只是把词藻或形状、色彩等根据某些流派的风格在艺术形式上进行计算式的拼接,并没有人脑中对于个人成长或生活经历的记忆储存,没有历史或文化意义的社会领悟能力,更没有对个人情感体验和社会认知进行自我反思的机制。如果说现在人工智能是未来的发展方向之一,那么要达到和人类相似的人工审美智能或者说人工艺术智能水平,模拟甚至超越人脑的复杂的审美欣赏和创造的能力,关键需要详尽解开基础领域中人脑审美机制的全部奥秘,而探索人脑审美活动机制正是神经美学目前的研究领域和目标。

关于大脑神经审美机制的研究领域,包括人脑对于山水风景等自然审美和人文加工因素较多的诗歌、音乐、绘画、电影、舞蹈、戏剧、建筑等艺术审美的人脑吸引力研究,正在越来越广泛地走进神经美学的研究视野,产生越来越多神经美学研究成果。人脑审美的黑匣子正在逐渐打开,这正是吸引一大批神经美学家、认知科学家、神经科学家、计算机学家、美学家、心理学家、文艺理论家和哲学家们去探索的迷宫之境。

主要参考文献

中文著作

［希腊］柏拉图:《文艺对话集》,朱光潜译,人民文学出版社 2008 年版。

［德］鲍姆嘉通:《美学》,简明、王旭晓译,文化艺术出版社 1987 年版。

［美］伯纳德·J.巴尔斯:《认知哲学译丛:意识的认知理论》,安晖译,科学出版社 2014 年版。

《蔡仪文集》,中国文联出版社 2002 年版。

蔡仪:《美即典型——蔡仪美学文选》,山东文艺出版社 2020 年版。

丁峻、崔宁:《当代西方神经美学研究》,科学出版社 2018 年版。

［美］格雷戈里·希科克:《神秘的镜像神经元》,李婷燕译,浙江人民出版社 2016 年版。

［德］黑格尔:《逻辑学》(下),杨一之译,商务印书馆 2001 年版。

李泽厚、刘纲纪:《中国美学史》(一、二卷),中国社会科学出版社 1984 版。

李志宏:《认知美学原理》,光明日报出版社 2012 年版。

(南朝)刘勰著,王运熙、周锋译注:《文心雕龙译注》,上海古籍出版社 2010 年版。

［美］鲁道夫·阿恩海姆:《艺术与视知觉》,腾守尧译,四川人民出版社 2001 年版。

［德］康德:《判断力批判》,邓晓芒译,人民出版社 2017 年版。

［美］马修利·伯曼:《社交天性——人类社交的三大驱动力》,贾拥民译,浙江人民出版 2016 年版。

马原野、王建红:《认知神经科学原理和方法》,重庆出版社 1999 年版。

汝信主编,彭立勋、邱紫华、吴予敏著:《西方美学史》第二卷,中国社会科学院出版

社 2005 年版

[英]鲍桑葵:《美学史》,张今译,商务印书馆 1983 年版。

钱钟书:《七缀集》,上海古籍出版社 1985 年版。

祁志祥:《中国美学全史》,上海人民出版社 2018 年版。

[荷兰]斯宾诺莎:《伦理学》,贺麟译,商务印书馆 1983 年版。

[英]托马斯·门罗:《走向科学的美学》,石天曙、滕守尧译,中国文联出版社 1984 年版。

[英]C.W.瓦伦丁:《实验审美心理学》,潘智彪译,三环出版社 1989 年版。

许明:《美的认知结构》,花山文艺出版社 1993 年版。

叶朗:《中国美学史大纲》,上海人民出版社 2005 年版。

朱光潜:《西方美学史》,人民文学出版社 2001 年版。

朱立元:《美学》(修订版),高等教育出版社 2006 年版。

张法:《中国美学史》,四川人民出版社 2006 年版。

英文著作

Albert Gleizes & Jean Metzinger, *Cubism*, London:Fisher Unwin, 1913.

Clive Bell, *Art*, London:Chatto and Windus, 1921.

Edmund Burke, *A philosophical enquiry into the origin of our ideas of the sublime and beautiful*, London:R.& J.Dodsley, 1757.

Margaret Livingstone, *Vision and Art:the Biology of Seeing*, New York:Abrams, 2002.

Steven Mithen, *The Prehistory of the Mind*, London:Thames & Hudson, 1999.

Semir Zeki, *A Vision of the Brain*, Oxford:Blackwell Scientific Publication, 1993.

Semir Zeki, *Inner Vision:An Exploration of Art and the Brain*, New York:Oxford University Press, 1999.

Vinod Goel, *Sketches of Thought*, Cambridge, MA:MIT Press, 1995.

后　记

　　弹指之间，我已在神经美学领域耕耘十年有余。自 2010 年博士毕业从事科研工作开始涉足神经美学，2014—2016 年到上海交通大学进行神经美学博士后研究，承担中国博士后基金一等项目并顺利完成十余万字的博士后出站报告；2017 年获国家留学基金前往美国佐治亚大学神经生物学实验室访学一年。这一路走来，虽然艰辛，亦有收获，已发表十余篇有关审美脑神经机制方面的重要论文，并被人大复印资料转载数篇；主持国家社科基金重大项目"审美主客体相互作用的中介范式及心脑机制研究"的子课题"神经美学——审美中介体及主客观的心脑体表征范式研究"，以及两项国家社科基金一般项目"中国美学视阈下的脑审美机制研究""当代西方神经美学对中国美学发展的影响研究"。本书的部分章节已经在《文艺理论研究》《社会科学》《探索与争鸣》《江汉论坛》等刊物上发表，有些被人大复印资料、《美学》《文艺理论》转载。

　　本书是我十余年来研究神经美学的一个积累和和阶段性小结，也是前期研究神经美学的一个纪念，将来的研究可能会结合中国本土理论进行深度融合和实践创新。这一路走来，我得到许多老师和同仁的关怀和支持。感谢申平、许明、王杰、丁峻、李志宏、王宁、朱国华、夏锦乾等诸位教授一直以来对本人研究神经美学的引导和教诲！感谢人民出版社安新文老师及其他老师的辛苦编辑和校对工作,才得以让本书面世！感谢我的父亲胡广宪、母亲余萍对我忙于学习和科研工作的竭力支持和帮助,让我一直心怀愧疚并感恩！感谢我的先生崔健一如既往的鼓励,我的灵感也得益于女儿崔心妍乖巧懂事,在我进入思想漫游、潜心写稿时,都知道不来打扰,安安静静做好自己的事！

　　人文和科学打破边界并进行有效融合是非常不易的。人工智能时代,对于数据的计算和分析运用难度已经降低;对于语言的翻译和模拟以及人机通过脑电波进行交流已成功实验,但关于人工智能审美及机器艺术创作还有待开发,主要原因正在于人类还没有完全破解人脑审美机制的奥秘。审美是一种非常高层次的智性活动,其复杂的脑机制还有待深入研究和进一步破解。审美脑机制研究乃至神经美学研究,需要更多学者参与、支持、鼓励和包容。

胡　俊

2021 年 8 月于上海

责任编辑：安新文
封面设计：吴燕妮
责任校对：王东歌

图书在版编目（CIP）数据

审美的脑神经机制研究/胡俊 著. —北京：人民出版社，2022.9
ISBN 978－7－01－023696－4

Ⅰ.①审… Ⅱ.①胡… Ⅲ.①神经科学-美学-研究 Ⅳ.①Q189-05

中国版本图书馆 CIP 数据核字（2021）第 169340 号

审美的脑神经机制研究
SHENMEI DE NAOSHENJING JIZHI YANJIU

胡 俊 著

人民出版社 出版发行
（100706 北京市东城区隆福寺街 99 号）

中煤（北京）印务有限公司印刷 新华书店经销

2022 年 9 月第 1 版 2022 年 9 月北京第 1 次印刷
开本：710 毫米×1000 毫米 1/16 印张：18
字数：250 千字

ISBN 978－7－01－023696－4 定价：52.00 元

邮购地址 100706 北京市东城区隆福寺街 99 号
人民东方图书销售中心 电话 （010）65250042 65289539